本书受上海杉达学院著作出版基金资助

区块链在碳排放权交易中的应用与金融支持研究

牛淑珍　曹爱红　著

 复旦大学出版社

▌序言

··

  随着全球经济的发展，世界人口飞速增加，人类在对自然进行改造的过程中，对环境造成的伤害也日益严重。极端气候一再出现，冰川融化速度加快，空气和水污染等问题正受到越来越多的关注。目前，全球性的极端气候严重威胁着人们的生存安全，给人们的身心健康和财产安全带来严重的损害。

  气候变化对全球经济和能源结构造成的影响也日益严峻，各国面对全球气候变化已经展开了行动，碳减排成为全世界的重要战略目标。2011 年 10 月，参考包括美国区域温室气体行动以及欧盟国际碳市场建设经验，国家发改委宣布，中国碳交易市场拉开序幕。截至 2021 年，我国已陆续建立了 7 个试点碳交易市场和全国统一碳交易市场。碳排放交易成为有效缓解全球气候变化、充分调动企业积极性的手段。

  我国的碳减排交易还处于起步阶段，仍有很大的发展空间。从我国国情出发，可在特定地区建立碳排放权交易平台，探索减排的有效措施；在特定领域开展碳减排试点工作，积极推进碳减排政策的落实。但同时也面临着诸多挑战，碳排放权交易是一种特殊的交易形式，与传统贸易不同，特别是交易的主体并非仅是传统的买卖双方，交易的标的物为碳排放配额，整个交易的过程存在一定的风险。

  我国现行的碳交易价格形成机制中，交易流程繁杂、多中心化监管体系、交易成本高、信息不对称等问题显著，极易发生道德风险，降低市场运行效率。具体表现为：（1）在初级分配市场，主要采用的是免费分配配额，由于碳配额可用于转让获利，若监管薄弱或惩罚力度不够，控排企业会产生谎报碳排放量的动机，通过收买第三方核查机构获得更多的配额，实现收益最大。（2）在二级流通市场，主要借助市场的流动性，实现价格发现作用，但目前国内各试点竞价方式尚未统一，主流的发展趋向、也是各方较为认可的做法是采用公开竞价中的双向拍卖，各交易主体集中在交易所内通过充分博弈、自由报价，由系统撮合匹配合适的交易方形成交易。这种竞价方式效率较高，不受交易人数的局限，适合交易分散、交易额较小的情形，可以快速达成交易，且交易价格趋向于竞争均衡。但这种方式下最终形成的价格并非完全符合交易者预期估价，是由交易所规定的取双方的报价均值，鉴于拍卖信息不对称的固有属性，双方报价时对彼此的信息掌握程度有限，尤其是减排成本的高低直接决定了报价策略，此时释放虚假价格信号、雇人参与竞标提高竞争实力等行为均会对市场的价格发现作用产生干扰，使均衡价格偏离企业真实意愿。另外，交易成本高、交易规模受限、中心化数据泄露等问题都会对企业参与的积极性产生干扰。

由此，区块链技术被引入。相较于传统的中心化交易模式，区块链技术因其去中心化、分布式交易、全民记账、信息透明等典型特性在各个领域都受到关注和试应用。

区块链技术可针对碳交易市场目前信息不对称、政府干预程度高、监管体系不完善等问题在技术层面加以完善。区块链作为一种分布式去中心化的数据库，每个节点的数据对其他节点都是公开透明的，运用数学算法保证链中存储数据保有安全不可篡改的特性，可以很好地将碳排放权这一虚拟物品存储到链中进行交易，利用密码学方式保证数据传输和访问的安全，利用自动化脚本代码组成的智能合约对链中数据进行智能交易。这点可以解决目前碳金融信息不对称、政府公信力低等问题。区块链与碳交易市场都不采用传统的从上而下的决策方式，而是各主体公平自主管理、参与决策，进而使各节点间交流更透明化。

在碳排放权交易市场中，碳权每发生一次转移，根据区块链的技术特点，相关交易信息即会同步到平台中的每一个节点中，使得交易的信息对于每一个主体（用户）透明化，且区块链中信息具有不可篡改性，从而保证了交易信息的可靠性、可追溯性。

同时，在二级市场中，区块链技术允许企业间直接发生交易，无中间机构的撮合，还原了最初的市场经济，企业自由选择合适的交易对象，交易成本较低。随着参与人数的增多，市场趋向于完全竞争，通过企业间自由竞价，得出各企业的最优出价为各自的边际减排成本，市场最终形成的最优的均衡价格等于最低的边际减排成本。这对碳交易市场释放了一个价格信号，激励高排放企业自觉减排，降低减排成本，否则会被淘汰，生产的产品也应向低排放方向转移，促进企业的转型升级。最终形成的是一个激励性质的价格发现机制，实现了企业效益与社会效用最大化的双重目标。

本书从人类面临的气候问题及应对措施开始，回顾了碳排放权交易市场的形成过程，介绍了碳排放权交易市场的国内外实践，分析了碳排放权交易市场结构，以及区块链在碳排放权交易中的应用，最后对碳排放权交易市场的金融支持进行了研究。本书的研究难免挂一漏万，希望充分借鉴欧盟、美国等交易管理体系的成熟经验，结合我国当前的国情，将碳排放权交易制度相关研究成果不断深化，加快我国碳达峰和碳中和目标的实现。

目录

第一章　碳排放权交易市场的形成 ·· 1

　　第一节　人类面临的气候问题 ······································· 2

　　第二节　人类面对气候问题的应对措施 ···························· 6

　　第三节　碳排放权交易市场的形成 ································· 11

第二章　碳排放权交易市场的国外实践 ······························· 19

　　第一节　美国的碳排放权交易市场进程 ···························· 21

　　第二节　欧盟的碳排放权交易市场进程 ···························· 37

　　第三节　以日本、韩国为代表的亚洲碳排放权交易 ················· 51

　　第四节　国外碳排放权交易机制对我国的启示 ···················· 55

第三章　碳排放权交易市场的国内实践 ······························· 59

　　第一节　中国"双碳"政策出台背景 ································· 60

　　第二节　中国"双碳"实践进程 ····································· 66

　　第三节　中国"双碳"政策解读 ····································· 75

　　第四节　中国碳排放权交易市场的形成 ···························· 82

　　第五节　我国碳排放权交易市场特点及运行效果 ··················· 98

　　第六节　我国碳市场实践过程中存在的问题 ····················· 103

　　第七节　我国碳市场规范发展措施 ································ 106

第四章　碳排放权交易市场结构 ···································· 111

　　第一节　企业碳管理 ·· 112

　　第二节　碳排放权交易市场结构及运行机制 ····················· 122

第三节　CCER 市场结构 ……………………………………… 137

第五章　区块链的源起、原理及应用领域 ……………… 145
　　第一节　区块链的源起及发展 ………………………………… 146
　　第二节　区块链的原理 ………………………………………… 154
　　第三节　区块链的应用领域 …………………………………… 158

第六章　区块链在碳排放权交易中的应用 …………… 167
　　第一节　碳排放权交易引入区块链技术的优势 ……………… 168
　　第二节　基于区块链的碳排放交易平台 ……………………… 171
　　第三节　碳排放权交易博弈分析 ……………………………… 180
　　第四节　基于区块链的碳排放权交易模型 …………………… 194
　　第五节　区块链在碳排放权交易中的风险管理 ……………… 203

第七章　基于区块链的碳监测平台 …………………… 207
　　第一节　碳监测平台的理论基础 ……………………………… 208
　　第二节　碳排放数据管控 ……………………………………… 210
　　第三节　区块链技术在碳排放核算中的数据质量 …………… 213
　　第四节　建设步骤 ……………………………………………… 215
　　第五节　平台可搭建功能 ……………………………………… 217

第八章　碳排放权交易市场的金融支持 ……………… 223
　　第一节　碳金融的概念和内涵 ………………………………… 224
　　第二节　碳金融产品谱系 ……………………………………… 225
　　第三节　我国碳金融发展现状 ………………………………… 238
　　第四节　金融支持碳排放权交易市场的政策建议 …………… 250

附录 ……………………………………………………………… 257
　　附录一　《温室气体自愿减排交易管理办法（试行）》 ……… 258
　　附录二　《湖北碳排放权交易中心碳排放权交易规则》 ……… 268

参考文献 ……………………………………………………… 278

第一章
碳排放权交易市场的形成

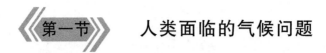

第一节　人类面临的气候问题

一、人类气候问题不断恶化

第二次世界大战结束后，虽然世界各国的经济体制和经济发展水平存在很大差异，但都有一种强烈倾向：把经济增长等同于经济发展，把国民（国内）生产总值的增加以及实现工业化当作经济发展的主要内容。在20世纪五六十年代，这种单纯或片面追求经济增长的工业化战略的普遍实施，的确获得了较高的经济增长率，但是也引发了一些严重的全球性问题，如环境污染、工业废物积累、自然资源枯竭、粮食短缺、居民公害病症增多，以及城市人口拥挤、交通阻塞、毒品泛滥等。这些问题互相牵连，日益严重，以致威胁到了人类的生存与发展，对人类文明的发展前途提出了严峻的考验。

在经济不发达的情况下，由于人们需求的资源和排放的污染物不多，而自然界自身又有一定的吸收和消化能力，因此不至于造成环境的退化。但是，自从工业化以来，以发达国家为首的各工业化国家，在发展以追求利润最大化为目标的市场经济过程中，推行大量生产、大量消费、大量废弃的模式，导致环境危机的产生，有些甚至对人类的生存和发展造成了严重的后果。此类事件在各国不胜枚举，例如，1986年的切尔诺贝利核电站爆炸事件、2010年的美国墨西哥湾原油泄漏事件以及2011年日本福岛核泄漏事件等特大环境破坏事件。

自然环境包括人类赖以生存的土地、水、大气和生物等。环境危机主要包括环境污染和生态破坏两大类。前者主要包含大气污染、水污染、土壤污染和污染衍生的环境效应，如温室效应、臭氧层破坏、酸雨等；后者主要包含森林破坏、物种灭绝、草原退化、土地沙化与盐碱化和水土流失等。在各种环境危机中，尤其以气候问题最为严峻。

作为气候科学领域最权威的机构之一，联合国政府间气候变化专门委员会（Intergovernmental Panel for Climate Change，IPCC）从1990年至今发布了6次评估报告。该报告在全球范围内的认可度较高，是联合国气候谈判的科学基础。

2014年11月，IPCC发表了其第5次评估报告。报告指出，自20世纪50年代以来，观测到的许多变化在几十年乃至上千年时间里都是前所未有的。大气和海洋已变暖，积雪和冰量已减少，海平面已上升，温室气体浓度已增加。

过去三个十年的地表温度已连续暖于1850年以来的任何一个十年。近五十年的变暖速率达到每10年0.13℃，几乎是近100年增温速率的2倍。北半球变暖比南半球明显，全球各个大陆的变暖比海洋明显，全球陆地夜间增暖比白天明显，北半球中高纬度地区冬季增暖比夏季明显。

统计结果显示，中纬度区域霜冻日数大幅度减少，极端暖昼数增加，极端暖夜数减少。各类"极端事件发生日数"的数据中，冷夜日数变化最显著[①]。自20世纪下半叶以来，高温天气数量一直在持续增加。

自1950年以来，人类已观测到许多极端天气和气候变化的事件。很可能的原因是，全球范围内冷昼和冷夜的天数在减少，而暖昼和暖夜的天数在增加。在欧洲、亚洲和澳大利亚的大部分地区，热浪的发生频率不断增加。北大西洋的强热带气旋活动频繁，这与热带海表温度上升相关。在其他一些备受关注的区域，也有迹象表明强热带气旋活动在增加。

海洋已经吸收了大约30%的人为排放二氧化碳，导致了海洋酸化。过去20年以来，格陵兰冰盖和南极冰盖的冰量一直在减少，全球范围内的冰川几乎都在持续缩减，北极夏季海冰和北半球春季积雪范围也在继续缩小。19世纪末至20世纪初出现了海平面从过去两千年相对较低的平均上升速率向更高的上升速率的转变。20世纪初以来，全球平均海平面上升速率则不断加快。

根据IPCC 2021年8月发布的第六次评估报告，2011—2020年全球地表平均温度要比1850—1900年上升1.09℃，比2014年第五次评估报告中发布的数据高了0.29℃。科学家识别了自然变化对气温的影响，指出其中1.07℃的温升是由人类活动导致的温室气体排放引起的，而非气候的自然改变。与第五次评估报告相比，第六次评估报告中最关键的进展之一是，人为造成的全球气候变暖与日益严重的极端天气之间的联系得到了加强。"毋庸置疑，人类活动使大气、海洋和陆地变暖。大气、海洋、冰冻圈和生物圈发生了广泛而迅速的变化。"第六次评估报告开篇的第一句话传递了IPCC迄

---

① 国家气候中心网站。

今发出的最强有力的信号。

联合国秘书长古特雷斯指出："这份报告（IPCC 第六次评估报告）是人类的红色警报。警钟震耳欲聋，证据无可辩驳：燃烧化石燃料和森林砍伐所产生的温室气体排放正使我们的地球窒息，并使数十亿人面临直接风险。"

IPCC 第六次评估报告还指出，当前人类对气候的影响是"明确的"：目前地球升温的速度是最近两千年以来前所未有的。2019 年，大气中二氧化碳（化学式 CO_2）的浓度处于至少 200 万年来的最高点，甲烷（化学式 CH_4）和一氧化二氮（化学式 N_2O）两种关键温室气体的浓度也处于至少 80 万年来的最高点。由于温室气体浓度上升，气候变暖的速度正在加快，全球地表温度在从 1970 年到现在上升的速度比过去至少两千年间的任意等长时间段都快。

气候变化导致极端气象灾害频发。自 1950 年以来，大多数陆地地区的极端炎热、热浪和暴雨变得更加频繁和剧烈。并且，如果没有人类对气候的影响，近些年发生的一些极端炎热天气很可能不会发生。更多的碳排放也会削弱土壤和海洋的固碳能力，使得升温更加严重。近年来，北美的持续高温、西欧和东亚的暴雨洪水、西伯利亚和东地中海的森林大火只是对这一未来的预演。

二、气候变化的经济社会影响

在世界经济范畴内，人口、资源、环境、经济和社会构成了一个系统链，相互依赖，相互影响，相互制约。一个好的人口、资源、环境、经济和社会的循环，应当是合理地利用资源，在注重经济增长的同时注意保护环境，在提高收入的同时提高环境质量，并进而实现社会可持续发展的良性循环。相反，人口的过度增长会造成人均资源的减少，人们不得不更多地掠夺资源以扩大生产，从而满足人口增长的需要，结果导致生态破坏，降低了经济增长速度，社会可持续发展在缺少经济增长支持的情况下也难以实现。如一些非洲国家，原来拥有丰富的资源，因为贫困不得不更多地向自然索取资源，最终超过了自然的再生能力，以至于资源不断减少，生存环境更加恶化。

世界银行的研究结果证实，随着经济不断增长，全球生态环境质量每况愈下，环境破坏减弱了经济发展的成果。印度每年因环境破坏造成的损失超

100亿美元。在世界许多地区，环境恶化已经是造成疾病和死亡的一个重要因素。在最不发达国家，每年死于腹泻、急性呼吸道感染等疾病的儿童超过千人。全球每年死于传染性疾病的人数达到1 700万人。在美国，也有许多人生活在对健康有害的受污染空气中，环境破坏已经超出国界，扩散到全球。酸雨和核尘埃越过了欧洲、亚洲和拉丁美洲的森林砍伐导致山脉下坡和河流下游国家的洪涝灾害。

随着全球经济的发展，世界人口飞速增加，人类在对自然进行改造和索取的过程中，所产生的毁灭性后果也日益加剧。极端气候一再出现，冰川融化速度加快，空气和水污染等问题正受到越来越多的关注。目前，全球性的极端气候严重威胁着人们的生存安全，给人们的身心健康和财产安全带来严重的威胁。

气候变化可能引起热浪频率和强度的增加，使某些传染性疾病的发生和传播机会增大，心血管病、疟疾、登革热和中暑等疾病发生的程度加深、范围扩大，危害人类健康；气候变化所伴随的极端气候事件及其引发的气象灾害的增多，对大中型工程项目建设的影响加大；全球变暖也将加剧夏季大中城市空调制冷电力消费的增长，给保障电力供应带来更大的压力。

从经济方面来看，根据瑞士再保险研究所在2021年发布的报告《气候变化经济学：不采取行动不是一种选择》，到2050年，由于气候变化，全球经济可能会损失10%的GDP。据预测，气候变化对亚洲经济体的负面影响最为严重，在乐观情况下对GDP的影响为5.5%，在严重情况下则可能达到26.5%。在严峻的形势下，中国有可能损失近24%的GDP，而美国、加拿大和英国的预测损失为10%，欧洲为11%。

此外，气候变化使国际安全形势更加复杂，国际斗争更加激烈，已经成为全球性非传统安全问题。气候变化通过影响粮食、水资源、能源等战略资源的供应与再分配，引发社会动荡、边界冲突，扰乱现有国际秩序和地缘政治格局。在容易遭受全球气候变暖影响的地区，由于粮食产量下降，人类疾病增加，可用水资源日益减少，大量人口为寻找新资源而迁移，经济和环境条件进一步恶化，可能成为滋生内部冲突、极端主义、独裁主义和种族主义的温床。全球气候变暖可能造成更为严重和持续的自然和社会灾难，导致社会需求超出政府掌控能力，引发政治不稳定。海平面上升可能使一些海岛国家和地区以及低地国家出现大量难民，给这些国家和地区自身及其邻国造成巨大压力。

 **人类面对气候问题的应对措施**

由温室气体排放所引起的气候变化已经成为影响全人类共同命运的重要威胁之一。为减缓气候变化，国际社会统一行动起来，制定了一系列减缓气候变化的公约和文件。针对气候变化的科学研究、影响及对策等问题，联合国环境规划署和世界气象组织于 1988 年成立了 IPCC。

在 IPCC 研究成果的基础上，联合国大会在 1990 年 12 月通过了第 45/212 号决议，决定在联合国大会的主持下成立政府间气候变化谈判委员会，在联合国环境规划署和世界气象组织的支持下谈判制定一项气候变化框架公约，即后来的《联合国气候变化框架公约》。此后，在科学和政治方面频繁地开展研究和讨论，形成了后来的《京都议定书》和《巴黎协定》等国际条约，为全球应对气候变化的行动作出了统一安排。

一、《联合国气候变化框架公约》

《联合国气候变化框架公约》是世界上第一个为全面控制二氧化碳等温室气体排放以应对气候变化而制定的国际公约，也是国际社会在应对气候变化问题上进行国际合作的一个基本框架。

世界各国于 1992 年联合国环境与发展大会前就《联合国气候变化框架公约》文本达成了妥协。该公约开宗明义，"承认地球气候的变化及其不利影响是人类共同关心的问题"，并认为人类活动已大幅提高了大气中温室气体的浓度，导致自然温室效应的加剧，将引起地球表面和大气的进一步升温，并可能对自然生态系统和人类产生不利影响。而应对气候变化的各种行动本身在经济上是合理的，还有助于解决其他环境问题。从这一点来看，《联合国气候变化框架公约》是国际社会朝着共同控制温室气体排放的目标迈出的一大步，为此后漫长的国际气候变化谈判奠定了基调，确定了原则。该公约于 1994 年 3 月生效，成为人类历史上第一个旨在全面控制温室气体排放以应对全球气候变暖给人类经济和社会带来的不利影响的国际公约。

截至 2021 年 12 月 31 日，共有 197 个国家和地区在该公约上签字。然而，《联合国气候变化框架公约》中没有对个别缔约方规定具体承担的义务，也没有规定具体实施机制，需要在后续谈判中予以确定。

二、《京都议定书》

1997年12月11日，联合国政府间谈判委员会就气候变化问题达成公约——《京都议定书》，作为《联合国气候变化框架公约》（以下简称《公约》）的补充条款。

《京都议定书》首次以国际法律性文件的形式定量确定了工业化国家排放温室气体的限额，这成为其最引人注目的特点，标志着人类社会开始以实际行动积极应对气候变化。

《京都议定书》与《公约》的最主要区别是，《公约》鼓励发达国家减排，而《京都议定书》强制要求发达国家减排，具有法律约束力。具有法律约束力的《京都议定书》首次为发达国家设立强制减排目标，也是人类历史上首个具有法律约束力的减排文件。

根据《京都议定书》附件一，37个缔约方同意：在2008—2012年的承诺期内使排放在1990年的基础上降低约5%；通过国内行动和利用国际市场机制实现这一目标。

《京都议定书》要求附件缔约方以它们1990年的温室气体排放水平为基准，在2008—2012年将CO_2、CH_4、N_2O、HFCs、PFCs、SF_6 6种温室气体的排放量平均削减至少5%。不同的工业化国家承诺了不同的削减幅度，其中欧盟作为一个整体，和其他几个欧洲国家一起，对6种温室气体的排放量削减8%，美国削减7%，日本和加拿大削减6%。《京都议定书》允许澳大利亚增加温室气体排放量8%，挪威增加1%，冰岛增加10%，俄罗斯、乌克兰、新西兰等国可以维持它们1990年的排放水平。对于广大发展中国家，《京都议定书》仍没有规定明确的强制性减排目标，只是要求包括中国和印度在内的发展中国家制定自愿削减温室气体排放量目标。

为了使附件中国家降低实现减排目标的成本，《京都议定书》引入了3个创新机制来高效率、低成本地实现各缔约国减排目标的新路径，由此将减排纳入市场机制，为各国碳排放权交易市场的建立提供了运行基础。

（1）国际排放贸易（international emissions trading，IET），允许附件国家（主要是发达国家）之间相互转让它们的部分排放配额单位。

（2）联合执行机制（joint implementation，JI），为转型经济国家资助项目，主要用于发达国家和东欧转型国家的合作减排，允许附件一缔约方从其在其他工业化国家的投资项目产生的减排量中获取减排信用。

（3）清洁发展机制（clean development mechanism，CDM），主要是指发达国家通过向发展中国家的减排项目提供资金和技术获得项目所实现的"核证减排量"（certificated emission reduction，CER），用于完成其在《京都议定书》第三条下的承诺。该机制为非附件中国家减少排放或通过造林或再造林提高碳汇的可持续项目提供资金。

自从《联合国气候变化框架公约》和《京都议定书》生效以后，各国围绕这两份文件的履行，每年都要举行一次缔约方会议，以评估应对气候变化的进展。

三、《巴黎协定》

2009 年在丹麦首都哥本哈根召开了世界气候大会，来自 192 个国家的谈判代表出席，商讨《京都议定书》一期承诺到期后的后续方案，即 2012—2020 年的全球减排协议。

大会未达成对《京都议定书》第二承诺期（2013 年 1 月 1 日至 2020 年 12 月 31 日）有约束力的目标，国际气候谈判矛盾交错，《京都议定书》的减排模式未能获得部分发达国家的支持，国际气候变化谈判和合作进入低潮期。

在 2015 年 12 月 12 日的《联合国气候变化框架公约》第 21 次缔约方大会上，195 个缔约方签署了《巴黎协定》，正式对 2020 年后全球气候治理进行了制度性安排，打开了全球气候治理的新格局。

《京都议定书》完全坚持了共同但有区别的责任与各自能力原则，规定发达国家应强制减排，而发展中国家则无须承担强制性减排任务，这是一种自上而下的制度安排。这种刚性要求限制了减排的责任主体，其执行的效果更因部分发达国家拒绝执行具体减排指标而大打折扣。而《巴黎协定》采取了缔约的方式，以"自主贡献＋盘点"的形式安排减排目标和行动，强调减排的差异性与自主性，通过权衡各方诉求，激励各国积极参与全球气候治理，有利于实现各国乃至全球总体的减排限排目标，这样的法律形式符合当前国际社会的现实需要与全球气候合作治理的新格局。

《巴黎协定》明确了全球各国在碳排放上共同的"硬指标"。按照协定，各方将加强对气候变化威胁的全球应对，把全球平均气温水平的升高控制在较工业化前2摄氏度之内，并为把升温控制在1.5摄氏度之内而努力。

"自主贡献+盘点"是《巴黎协定》确立的全球减排行动框架，通过国家自主贡献及公布各自的排放量以确保透明度，利用全球盘点促进日益深化的行动力度。在备受各方关注的国家自主贡献问题上，根据协定，各方将以"自主贡献"的方式参与全球应对气候变化行动，并根据不同的国情，逐步增加当前的自主贡献度，同时负有共同但有区别的责任。

与《京都议定书》不同的是，《巴黎协定》中对各缔约方的层次划分由发展中国家和发达国家细化为发达国家、发展中国家、最不发达国家和小岛屿发展中国家。发达国家将继续带头减排，并加强对发展中国家的资金、技术和能力建设方面的支持，帮助后者适应气候变化。

《巴黎协定》第六条中最受关注的两个条款是第二款和第四款。其中，第二款提出了基于各国自愿合作完成国家自主贡献减排目标的国际合作机制；第四款提出了代替CDM的可持续发展机制（sustainable development mechanism，SDM）。《巴黎协定》第六条为建立一个全新的全球气候框架、推动各国之间通过市场机制的国际合作达成更有成效的减排创造了可能。

此外，《巴黎协定》规定于2018年安排一次盘点各国自主贡献整体力度的"促进性对话"，算是对全球盘点机制的一次预演，以评估减排进展与长期目标的差距，推动各国制定新的自主贡献承诺。此次对话于2018年《联合国气候变化框架公约》第23次缔约方大会上展开，且在此基础上，从2023年起，每5年对全球应对行动的总体进展进行一次盘点，以帮助各国加大减排力度，加强国际合作，实现全球应对气候变化的长期目标。同年，IPCC提交了一份关于全球升温1.5℃的影响及其相关全球排放路径的专题评估报告，敦促全球进一步加大减排力度。

四、《格拉斯哥气候协议》

虽然《巴黎协定》于2015年通过，并且在2016年11月迅速生效，但彼时的《巴黎协定》仍是一个制度框架，各缔约方需在特设工作组和公约附属机构下就协定条款的实施进一步制定细化导则。

《巴黎协定》缔约方之间的政经关系、利益诉求等问题相当复杂，而且各方在如何避免双重计算等关键问题上仍存在分歧，给《巴黎协定》关键内容的制定带来了困难。首先，《巴黎协定》第六条措辞比较含糊，为具体解释留下了很大空间——需说明国际合作机制应如何在一个多重目标下进行具体操作，即如何在不统一的国家自主贡献目标框架下实施碳减排的转移。其次，《巴黎协定》第六条必须适应多项现行地区性、国家性与国家内地方性政策，特别是应具体阐明各国如何将成功转移的碳减排计入其在《巴黎协定》的减排承诺中。最后，重复计算问题也不容忽视。重复计算的存在最终会导致产权边际模糊、冲突，造成碳市场运行效率下降。

2021年11月13日，《联合国气候变化框架公约》第26次缔约方大会在英国格拉斯哥顺利闭幕。经过长期谈判，大会形成了《格拉斯哥气候协议》，就《巴黎协定》第六条、透明度框架、国家自主贡献共同时间框架等问题形成了统一意见，在气候适应、资金支持方面提出了新的目标和举措，为各国落实《巴黎协定》提供了规则、模式和程序上的指引。

《格拉斯哥气候协议》的达成，意味着各缔约方就《巴黎协定》实施细则最终达成一致。在国际碳排放权交易方面，以《京都议定书》为基石的全球碳市场正在过渡为以《巴黎协定》下新减排协议为基础的碳市场，从而使《巴黎协定》真正进入实施阶段，全球踏上21世纪中叶碳中和的征途。

综上所述，人类面对气候问题的应对历程中的主要事件如图1-1所示。

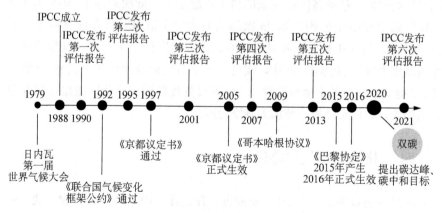

图1-1 人类应对气候问题主要事件

第三节　碳排放权交易市场的形成

IPCC 发表的第五份评估，认为气候变化将给地球的生态环境带来无法挽回的损害，而目前的人类活动正使全球气候体系的退化更加严重。相对于以往的几次评估，该报告更明确地表明，在目前的情况下，人为因素，如温室气体的大规模排放等，都是导致全球气温变化的最重要因素。CO_2 是人类活动排放的最主要的温室气体，其分子结构稳定，在空气中存在的时间可以超过一百年。所以，实施低碳经济、降低大气 CO_2 浓度，既是人类自身生存与发展的必然要求，也是促进世界发展的一个重要的经济增长点。

一、减缓气候变化的措施

全球温室气体累积排放过多是造成气候变化的原因，必须形成全球共识，摆脱对化石燃料的依赖，完成低碳转型，才能解决问题。主要可以通过以下三个方面的措施减缓气候变化。

（一）发展再生能源技术和清洁能源

在目前世界经济发展不断提速、全球能源需求持续增长的背景下，除了节能外，还需考虑发展清洁能源。在节能方面，开发和应用先进技术是减少排放的最有效手段，它包括大规模使用太阳能、风能、生物质能、水力发电等可再生能源技术。而在发展清洁能源方面，可以从发展先进清洁煤技术、燃料电池技术、先进核电技术、先进天然气发电技术、非常规能源利用技术、合成燃料利用技术、脱碳和封碳技术等方面入手。

（二）固碳增汇

固碳增汇就是利用生物生产过程把大气中的 CO_2 转化为有机物而留在生态系统中，从而减少大气中的 CO_2 含量。基本途径有以下三条：一是增加地表绿色植物的覆盖度和生产力。通过植树造林，加强森林管护，通过提高生态系统的生产力来固定 CO_2，将大量的碳封存在林地和绿地中。只要是适合绿色植物生长的地方，均可通过此途径来增加碳汇。二是通过增加土壤有机质含量来提高土壤对 CO_2 的封存量。一般 40 cm 土层每增加 1% 的有机质就可以储存大约 1.5 吨的碳。增加土壤有机质可以通过对森林土壤、农田土壤进行人工培育而实现，其中最有效的方法就是增加有机物的返还率和施用有机肥。三是通过生态农业和循环农业实现农业生产废弃物的资源化利用。减少农业生产中废弃物的排放，实现生物质能的多级利用和营养物全球节能环保网质的循环利用，把多余的碳固定在农业生态系统中。

（三）限制碳排放

限制碳排放的手段归纳起来主要有三类：碳排放权交易、碳税以及行政手段。碳税、碳排放权交易属于经济手段，与传统的行政手段相比，运用经济手段控制碳排放可以降低社会总成本，同时能使公司在决定如何满足碳排放目标上拥有较大的自主权，会激励公司不断采用新的减排技术来控制污染，并实现成本最小化，因此经济学家建议采用碳排放权交易或者碳税实现减排。

1. 碳排放权交易机制

与碳税政策相比，碳交易机制在碳排放权总量设定与分配的基础上，允许交易主体在一定范围内以货币形式相互调剂碳排放权，从而以最低成本实现区域的宏观碳减排目标。区别于碳税政策相对稳定的价格信号，碳交易机制下的排放权交易价格可以根据市场供需状况上下波动，因此具有更高的政策灵活性。但与此同时，碳交易机制更为复杂，如何设定区域碳排放权总量、确定行业覆盖范围、分配初始碳排放权成为其设计过程中的基础性问题。

发展碳排放权交易市场，有利于激励企业优化产业结构，充分调动市场的积极性、灵活性，促进企业自觉减排、节能。目前，世界各国纷纷建立碳排放权交易市场，我国也在积极开展碳排放权交易的试点。

2. 碳税政策

碳税政策作为价格控制工具，可以根据化石燃料中的含碳量向上游能源生产者或下游能源消费者征收一定价格的税费，分别形成基于能源生产和基于能源消费的征税方式，通过将外部成本内部化，最终实现减少化石能源使用、控制温室气体排放的目的。

由于碳税的征收会增加企业的生产成本，因此为了将影响降低到最小，企业会想方设法转变生产方式，征收碳税有利于产业结构的优化调整。对于由于征收碳税而增加的财政收入，政府可以将其用于研发节能减排的技术和增加环境保护的投入。

鉴于碳税政策制度成本相对较小、释放的价格信号相对稳定等优点，该政策率先在丹麦、芬兰、瑞典等国家实行。至今，全球已有近 30 个国家和地区利用碳税政策推动区域温室气体减排。

二、碳排放权交易的形成

(一) 产生背景

大气是全球最大的公共资源，大气具有流动性特征，界定其产权成本太高，目前还没有界定大气产权的成熟方法，大气也没有明确的产权主体。在全球气候变暖没有提上议事日程之前，经济主体的 CO_2 等温室气体的排放权没有得到限制，企业或组织肆意排放。

以 CO_2 为主的温室气体排放导致的温室效应是目前最大的环境问题。在碳排放活动中，排放源复杂多样，既有经济活动中的生产者，也有能源的购买者，甚至还有畜牧业、农业等排放源。人类和社会组织向大气中排放 CO_2 是难以禁止的，唯有抑制或减少排放，才能缓解全球气候变暖的危害。

IPCC 第五次评估报告认为要避免全球进一步变暖，各国必须推行"净零计划"。科学家们明确指出，各国还需要控制 CO_2 以外的其他温室气体的排放，尤其是控制 CH_4 排放。倘若未来几十年碳排放量没有下降，那么全球温升将很有可能达到 $3℃$，甚至有可能达到 $4℃—5℃$。

然而，该报告中的内容并非都是坏消息，人类仍然可以阻止地球继续变暖。要做到这一点，各国需要协同努力，立即开始迅速放弃化石燃料，到 2050 年左右停止向大气中排放 CO_2。该报告总结说，如果努力见效，全球变暖的过程很可能会停止，但全球气温仍将比工业化前的水平高出 $1.5℃$ 左右。IPCC 第六次评估报告的作者之一、利兹大学的皮尔斯·福斯特（Piers Forster）教授认为，近期的减排可以"真正降低前所未有的变暖率"。他补充说："该报告科学而有力地表明，净零度确实有助于稳定甚至降低地表温度。"

各国政府为实现本国在《京都议定书》中的减排承诺，在对本国企业实行二氧化碳排放额度控制的同时允许其进行交易，如果一个公司通过研发和投资节能减排技术，使其排放的二氧化碳少于获得的配额，就可以通过碳市场出售剩余的配额，得到利润回报；如果一个公司未投资节能减排技术，使其排放量超出获得的配额，则必须购买额外的排放配额用来履约，这样才可以避免政府的罚款和制裁，从而实现国家对二氧化碳排放的总量控制。

由于《京都议定书》中规定发达国家与发展中国家有着共同但又有区别的减排责任，即发达国家现阶段有减排责任，而发展中国家暂时没有，因此，碳排放权出现了流动的可能。发达国家的能源利用效率高，新的能源技术被大量采用，本国进一步减排的成本高、难度大；而发展中国家能源效率低，减排空间大，成本也低。这便导致了同一减排单位在不同国家之间存在着不同的成本，形成了价差，因此碳排放权交易市场自 2005 年《京都议定书》生效后，曾出现过爆炸式的增长。

（二）碳排放权交易的定义、原理及模式

1. 碳排放权交易的定义

碳排放权交易是指为了有效利用有限的大气环境容量资源、逐步减少二氧化碳等温室气体的排放、减缓温室效应，充分发挥市场机制的基础性作用，允许企业、基金组织、个人等主体依照法律规定的程序和要求买卖碳排放权的行为。碳排放权交易制度是以国际公约和法律为依据，以市场机制为手段，以温室气体排放权为交易对象的制度安排。这一制度建立在总量控制的基础之上，通过充分发挥市场机制的作用来控制温室气体的排放，在减少温室气体排放的同时能够有效降低减排成本。

2. 碳排放权交易的基本原理

碳排放权交易的原理是：通过设定排放总量目标，确立排放权的稀缺性，通过无偿（配给）或者有偿（拍卖）的方式分配排放权配额（一级市场），依托有效的检测体系、核证体系，实现供需信息的公开化，依托公平可靠的交易平台、灵活高效的交易机制（二级市场）实现碳排放权的商品化，通过金融机构的参与为市场提供充足的流动性，发挥市场配置资源的效率优势，降低减排成本。

3. 碳排放权交易的模式

全球现有的碳市场主要有两种交易模式：强制减排模式和自愿减排模式。强制减排模式是国家层面给企业规定了减排额度，超过或低于减排额度

都可以到碳市场上买卖余缺额度，否则要接受处罚。欧盟交易体系是全球最大的碳市场，也是典型的强制减排体系。而自愿减排模式是以自愿减排的企业或团体为会员，它们自愿加入减排体系，按照自愿市场确定额度减排，比如芝加哥气候交易所等。

（三）碳排放权交易的优势和阻力

1. 优势

碳市场是应对气候变化的重要政策工具之一，其最大的创新之处在于通过"市场化"的方式为温室气体排放定价。通过发挥市场机制的作用，合理配置资源，在交易过程中形成有效碳价并向各行业传导，激励企业淘汰落后产能、转型升级或加大研发投资。碳市场机制的建立，特别是碳金融的发展，有助于推动社会资本向低碳领域流动，鼓励低碳技术和低碳产品的创新，培育推动经济增长的新型生产模式和商业模式，为培育和创新发展低碳经济提供动力。

碳排放权交易的好处是有减排义务的经济组织的减排具有了灵活性。这些经济组织可以进行减排成本的核算和比较，比如进行内部减排成本和减排配额购买成本的比较。企业可以灵活地采用各种减排方法，比如改进技术、优化管理、使用新能源等。政府确定了碳市场的交易规则，确定了排放组织的排放配额和排放标准体系，对排放组织的实际排放额进行盘查和检测，督促排放组织履行其排放义务。

以在美国国内 GDP 排名第一的加利福尼亚州为例。为实现"到 2020 年温室气体排放量降至 1990 年水平"的减排目标，加利福尼亚州于 2013 年 1 月启动了碳排放权交易体系。高额的碳价激发了清洁技术的创新，并吸引了大量相关行业的投资，如今加利福尼亚州的清洁技术投资和专利数量在美国处于领先地位，清洁技术专利的注册数量比排名第二的纽约州高出 4 倍，仅 2016 年就有 14 亿美元的清洁技术风险投资流入加利福尼亚州，占当年美国全国清洁技术风险投资总额的 2/3。此外，碳排放权交易也推动了加利福尼亚州清洁电力的发展，在过去几年间，加利福尼亚州太阳能发电成本下降了 80%—90%，风能发电成本下降了 60%。与此同时，加利福尼亚州碳市场及其他相关政策帮助该州创造了 50 多万个工作岗位，其中与太阳能电源有关的工作岗位就有超过 15 万个。加利福尼亚州的经验证明，实施碳排放权交易不仅不会损害经济发展，反而会为经济的可持续发展助力。

2. 阻力

当然，一方面，碳市场也存在推行成本，政府要确立不同排放源的排放标准，取得众多企业真实的排放数据，督促排放组织遵守碳市场的交易规则，及时落实其排放额等。

另一方面，碳市场上存在众多交易主体，它们的生产技术、减排意愿等千差万别，这些都给碳市场的推行带来了难度。按照《京都议定书》的减排路径，建立全球的碳市场是可行的办法。但是国家层面的利益诉求很难一致，加之政治格局纷争，各个国家对《京都议定书》的执行也存在很大的差异。

三、碳排放权交易的发展历程

碳排放权交易机制作为促进低碳转型的重要措施，在全球备受青睐。自1992 年联合国大会发布气候变化框架公约后，全球各地区、国家相继设定碳减排目标，并探索碳交易市场的建立。过去十多年，碳排放权交易市场在全球范围内迅速扩张，其覆盖的温室气体占全球温室气体的比例从 2005 年的 5%扩大到 2021 年的 16%，且在美国、欧洲等国家和地区证明了其有效性。

（一）碳排放权交易起源于美国

20 世纪，美国一度是世界上二氧化硫排放量最大的国家，深受二氧化硫的困扰和危害。美国环保署资料显示，1960 年，美国二氧化硫排放量超过了 3 000 万吨，达到了排放的最大峰值，此后不断有环保团体、专家学者站出来呼吁，认为"控制二氧化硫排放，是美国今后 50 年最大的环境任务"。

1990 年，美国《清洁空气法修正案》出台，正式确定了发电厂二氧化硫排放的许可证发放和跨区域的排放权交易制度。在美国环境保护局的年鉴中，《民生周刊》记者发现，1990—2007 年，通过二氧化硫排放权交易，美国二氧化硫排放减少 43%，比预订计划提早 3 年，成本也只有预算的 1/4。据当时一位美国经济专家的评价，"美国二氧化硫排放权交易不仅减少了污染，同时对当地企业的发展并没有产生消极的影响，是世界上最成功的减排尝试"。

除此之外，美国大多数州、地区已经通过或正在通过限制温室气体排放的法案，如"加利福尼亚气候变暖解决法案（第 32 号法案）"已经在 2012 年开始执行。

（二）碳排放权交易兴起于欧盟

如果说碳排放权交易的起源在美国，那么欧盟理所当然是碳排放权交易的发扬、兴盛之地。换句话说，欧盟碳排放权交易的整个发展历程，是世界碳排放权交易的发展缩影。

作为《京都议定书》的主要推行者，1996 年 8 月，欧盟部分成员国签署了一个费用分摊协议，承诺在欧盟范围内开展碳排放交易。之后，为更好地实现控排目标，降低减排成本，欧盟提出在 2005 年前建立欧盟内部交易体系。

此后，碳排放权交易在欧盟 30 多个国家火速铺开，涉及发电、炼油、钢铁、水泥、玻璃、陶瓷等万家企业。世界银行的资料显示，截至 2011 年，欧盟碳排放交易额高达 1 480 亿美元，占全球的 48%。如今，欧盟已经成为世界上碳排放权交易发展最快、规模最大的市场，为世界节能减排做出巨大的经济贡献。

（三）碳排放权交易的最新发展

碳排放权交易机制作为促进企业低碳转型的重要措施，在全球备受青睐。在过去二十几年里，碳市场在全球范围内迅速扩张。根据国际碳行动伙伴组织（ICAP）发布的《碳排放权交易实践：设计与实施手册》（第二版）和世界银行发布的《碳定价机制发展现状与未来趋势 2023》，截至 2022 年年底，全球范围内共有 34 个正在运行的碳排放权交易体系（1 个超国家机构、8 个国家、18 个省和州、6 个城市），其中包括中国的全国碳市场和 8 个区域碳市场、欧盟碳市场、新西兰碳市场、瑞士碳市场、韩国碳市场、加拿大魁北克碳市场、美国加利福尼亚州碳市场和覆盖美国东部 11 个州的区域温室气体倡议（Regional Greenhouse Gas Initiative，RGGI）、日本东京和埼玉县碳市场等，这些碳市场覆盖了全球 GDP 的 55%。全球主要碳市场的建立时间如图 1-2 所示。

新冠疫情使各国的经济活动都受到了不同程度的影响，并对各地碳市场的运行带来了一定程度的冲击，导致碳价下跌。但主要碳市场依旧表现出了

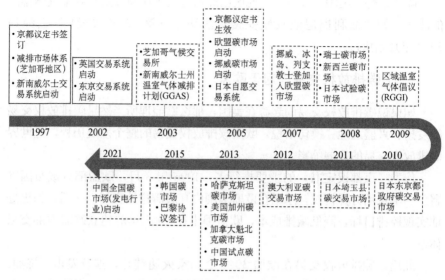

图 1-2 全球碳市场建立时间顺序

市场韧性，经历了短时间的波动后，价格稳步回升。各国家和地区纷纷提出碳中和目标，重视和加大了对低碳绿色发展的投入。究其原因，应对气候变化、发展低碳经济、加大对新能源和可再生能源领域的投资，不但有利于减少污染物排放，更有利于刺激本国经济走出发展困境，创造新的就业岗位并制造新的经济增长点，从而拉动经济的恢复和可持续增长，提高长远竞争力。

虽然新冠疫情造成部分地区碳市场的实施推迟，但从整体上看，各个国家和地区对于应对气候变化的决心并未动摇。越来越多的企业气候目标承诺推动着自愿市场的发展，预期未来产品将不断丰富，交易量及交易额也将逐步增加。除此之外，各国碳市场之间的连接和全球碳市场的统一将是一大趋势。

第二章
碳排放权交易市场的国外
实践

全球各个国家及各经济体根据发展程度及不同发展需求，借助适合自身特色的碳排放权交易体系以加快碳减排的步伐，全球碳排放权交易体系也因此得以丰富，并呈现出各碳排放权交易市场自成体系的发展态势。

《京都议定书》发布后，多个碳市场机制先后建立起来，包括欧盟碳排放交易体系（EU ETS）、区域温室气体减排行动（RGGI）、新西兰碳排放交易计划等。根据北京理工大学能源与环境政策研究中心统计，截至2022年12月31日，全球共34个碳排放权交易体系投入运行，这些碳排放权交易体系的司法管辖区温室气体排放量、GDP、人口分别占全球总量的17%、55%和33%。国际主要碳市场的运行情况如表2-1所示。

表2-1 国际主要碳市场运行情况

市场名称	建立时间	覆盖范围	覆盖行业	配额分配方式	2022均价美元/吨二氧化碳当量
欧盟排放交易体系（EU ETS）	2005年	欧盟及部分国家	国内航空、工业、电力	拍卖免费分配	83.1
新西兰碳排放交易计划	2008年	新西兰	林业、垃圾、国内航空、交通、建筑等	拍卖免费分配	48.11
瑞士碳排放交易体系（Swiss ETS）	2008年	瑞士	国内航空、工业、电力	拍卖免费分配	80.55
区域温室气体减排行动（RGGI）	2010年	美国东北部州	电力	拍卖	13.46
东京总量控制与交易计划	2010年	东京	建筑、工业	免费分配	4.94
加州总量管制与交易计划	2012年	加利福尼亚州	交通、建筑、工业、电力	拍卖免费分配	28.08
韩国排放交易计划	2015年	韩国	国内航空、交通、建筑、工业、电力	拍卖免费分配	17.99

资料来源：ICAP。

本章将以美国、欧洲、日本、韩国为例，对碳排放权交易市场的国外实践进行介绍，回顾这些国家碳排放权交易市场的发展进程，总结归纳碳排放权交易的运行机制和主要特点，探讨其对我国碳排放权交易市场的启示。

美国的碳排放权交易市场进程

一、美国碳排放权交易市场发展

（一）美国的碳减排行动

美国早在 1955—1970 年就相继颁布法案，以治理大气污染，如 1955 年的《空气污染控制法》（Air Pollution Control Act），1963 年的《清洁空气法》（Clean Air Act），1967 年的《空气质量法》（Air Quality Act）以及 1970 年、1977 年颁布的《清洁空气法》修改法案。但当时的政府过于热心经济发展，这些法案并未落到实处。

1988 年，由于严峻的干旱，农作物产量大幅下降导致价格陡升，美国政府开始关切气候变化。1990 年，政府颁布了《清洁空气法》修正案，对 SO_2 排放实施总量控制与市场机制相结合的制度。1992 年，政府批准了《联合国气候变化框架公约》，同意实施减排目标，至 2000 年把 CO_2 排放量降低至 1990 年的排放水平。同年，政府颁布了《能源政策法》（Energy Policy Act）。

1993 年，美国政府颁布《气候变化行动方案》（The Climate Change Action Plan），承认过多的温室气体排放造成海平面上升，破坏生态系统，危害农业生产，因此要减少温室气体的排放。1997 年，美国国会批准了《伯瑞德—海格尔决议》（Byrd-Hagel Resolution），明确了美国气候变化的对外政策原则，如果欠发达国家不承诺温室气体减排义务，将会严重损坏美国经济，美国不会签订任何同 UNFCCC 相关的协定。1998 年，政府签订了《京都议定书》（Kyoto Protocol），但未采取减排的实质性行动，也未把《京都议定书》交由参议院表决。

2001 年，美国政府明确反对《京都议定书》，并不再参加 UNFCCC 缔约方会议。2002 年，政府颁布了《清亮天空与全球气候变化行动倡议》（Clear Skies and Global Climate Change Initiatives），表示要削减电力部门 NO、SO_2 和 Hg 排放量的 70%；在 10 年内降低 18% 的温室气体排放强度；鼓励应用开发清洁技术，以税收激励自愿减排行动。2005 年，政府颁布了

《能源政策法》（Energy Policy Act of 2005），第一次提出以财政资金补贴清洁能源与可再生能源的研发及应用。2007 年，颁布了《能源独立和安全法》（Energy Independence and Security Act of 2007）。美国政府承认温室气体排放增加造成全球气候变暖，危害了美国国家安全，可经由技术解决气候变化问题，美国可在 2025 年前制止温室气体排放增加，但政府并未施行具体的减排举措。

2009 年的《美国清洁能源和安全法案》（The American Clean Energy and Security Act of 2009）第一次提出清晰的减排目标：温室气体排放 2020 年要比 2005 年下降 17%，2030 年要比 2005 年下降 42%，2050 年要比 2005 年下降 83%。2009 年的经济复兴计划（Economic Recovery Plan）关注绿色发展，指出政府要在今后 10 年内投资 1 500 亿美元，发展可替代能源，严控汽车与建筑的能效标准，给予可再生能源企业财政补贴与税收减免，在全美构建总量控制与碳排放交易体系。2015 年政府推动深度减排温室气体，目标到 2025 年碳排放量比 2005 年下降 26%—28%。在国际上，美国参加了多边气候合作，参加 UNFCCC 谈判，与八国集团（G8）、20 国集团（G20）、亚太经合组织（APEC）合作。美国在清洁能源方面所做的主要部署计划如表 2-2 所示。

表 2-2　美国在清洁能源方面的主要部署计划

清洁能源	时间	部署计划	主要内容
电力	2015 年 8 月	《清洁发电计划》	第一次提出对现有发电厂设定碳污染限制，减排标准是 2030 年较 2005 基准年下降 35%
	2016 年 7 月	《水电愿景：美国最早的可再生能源新篇章》	评估美国低碳、可再生水电（水力发电和抽水蓄能）的未来发展路径，专注于持续的技术发展、增加的能源市场价值和环境可持续性
风能	2016 年 9 月	《国家海上风电战略：促进美国海上风电产业的发展》	介绍了美国海上风电的现状，提出降低部署成本的相关计划与时间表，规划其路线图，以支撑产业增长
森林碳汇	2016 年 12 月	根据观测优化陆地封存项目	通过开发先进技术和作物品种，使土壤碳积累增加 50%，同时将 N_2O 排放量减少 50%，并将水生产力提高 25%

（续表）

清洁能源	时间	部署计划	主要内容
碳捕集、利用和封存	2019 年 12 月	《迎接双重挑战：碳捕集、利用和封存规模化部署路线图》	提出了未来 25 年碳捕集、利用和封存大规模部署的路线图，以及未来 10 年的研发资助建议
核能	2020 年 4 月	《恢复美国核能竞争优势：确保美国国家安全的战略》	提出了美国应采取的行动建议，以提升美国核电竞争力，确保与美国防核扩散目标保持一致并支持国家安全
	2020 年 5 月	先进反应堆示范计划（ARDP）	加速下一代先进反应堆技术的商业应用进程，为美国提供可靠清洁能源和创造经济增长动力
	2020 年 12 月	《储能大挑战路线图》	专注于技术开发、制造和供应链、技术转化、政策与评估、劳动力培养五大重点领域
生物质	2020 年 8 月	《实现低成本生物燃料的综合战略》	提出降低生物燃料成本的 5 个关键战略，以实现 2 美元/加仑汽油当量的成本目标
氢能	2020 年 11 月	《氢能计划发展规划》	提出了未来 10 年及更长时期氢能研究、开发和示范的总体战略框架
太空能源	2021 年 1 月	《太空能源战略：强化美国在太空探索领域的领导力》	围绕如何确保美国在未来 10 年内的太空探索和应用领先地位，提出了具体的发展目标、实施原则和实施机制
电池	2021 年 6 月	《2021—2030 年锂电池国家蓝图》	旨在引导对美国锂电池制造价值链的投资，实现拜登政府国家安全和能源气候目标

资料来源：美国能源署。

美国既是发达的工业国家，也是一个碳排放大国，但美国在碳减排行动议题上摇摆不定。作为世界的超级大国及排放量位居全球第二的碳排放大国，美国始终在碳减排与追求经济高速发展的权衡中发展低碳经济。2001 年美国退出《京都议定书》，成为令国际社会瞠目结舌的一大事件。2017 年美国又上演了与之极其相似的一幕，总统特朗普宣布退出《巴黎协定》，尽管在时隔 16 年后，国际减排的形势与全球减排合作的趋势均取得突破性进展，但从《定都议定书》到《巴黎协定》，美国两次退出全球减排协定的举动遭到了来自世界各方的质疑及强烈反对。面对气候问题，美国在碳减排的道路上按照自己的方式探索，凭借其自身先进减排技术及雄厚资金开创出一条提高能源使用率的减排道路，并在国内形成了以芝加哥气候交易体系与区域温室气体减排行动为主要构成的美国碳排放交易市场。

尽管美国没有构建全国层面的碳市场，但是区域性的碳市场在不断的发展中也取得一定成效。芝加哥气候交易所、区域温室气体减排行动、西部气候倡议的减排活动，为美国其他地方树立了典范，引起关注，带动其他各州与城市的碳减排活动。多个州依照当年各自的资源、经济与政治结构提出了相应的温室气体减排目标，具体如下。

新墨西哥州（New Mexico）温室气体减排目标是到 2020 年温室气体排放量在 2000 年的基础上下降 1/10。

缅因州（Maine）温室气体减排目标是到 2020 年温室气体排放量在 1990 年的基础上下降 1/10。

纽约州（New York）温室气体减排目标是到 2020 年温室气体排放量在 1990 年的基础上下降 1/10，提高供暖用燃料中的生物燃料占比，增加油电混合动力车的应用。纽约州计划在 2020 年前对政府所属学校、医院、机关的老旧电器设备系统进行升级换代，并提供低息贷款，以实现 20% 的碳减排目标。

多数州建立基金投入清洁能源项目、提高能源使用效率项目，颁布施行了能源有效利用标准。加利福尼亚州在 2009 年颁布《低碳燃料标准》，要求至 2020 年前在加利福尼亚州的汽车燃料含碳量下降 10%。

美国有 13 个州制定了可再生能源标准，有 11 个州采用加利福尼亚州的《低碳燃料标准》，这 11 个州是肯塔基州、特拉华州、马里兰州、缅因州、马萨诸塞州、新泽西州、新罕布什尔州、纽约州、宾夕法尼亚州、罗得岛州与佛蒙特州。美国各州政府在气候变化碳减排上主动积极，交相呼应，推动着相互间采取更为科学的碳减排行动。

（二）芝加哥气候交易所

芝加哥气候交易所（Chicago Climate Exchange，以下简称 CCX）是世界上第一个具有法律约束力的碳排放权交易平台，成立于 2003 年，该交易所试图通过市场机制来解决温室效应问题，并且拥有世界上最完善的碳排放权交易体系。它不仅具有法律约束力，更形成了独特的交易规则与制度，涉及电力、航空、交通、环境等十个行业。

　　CCX 采取会员制运营方案，由注册平台、交易平台、清算结算平台组成整个体系，会员可自行设定具有法律约束力的减排承诺。CCX 规定，全体会员的共同利益包括：第一，降低财务、操作及名誉上的风险；第二，减排额通过第三方以最严格的标准认证；第三，向股东、评估机构、消费者、市民提供在气候变化上的应对措施；第四，建立符合成本效益原则的减排系统；第五，获得驾驭气候政策发展的实际经验；第六，通过可信的有约束的应对气候变化措施，得到公司领导层的认可；第七，及早建立碳减排的记录和碳市场的经验。

　　CCX 以会员在 1998—2001 年三年的平均排放量为基准，自 2003 年起会员每年至少减排 1%，而一旦进入 2006—2010 年，则在 2003 年度的基础上以不同的幅度降低碳排放，但需保证到 2010 年的排放量较 2003 年减少 6%。

　　按照上述规则，CCX 结合会员的历史排放基准线和各自承诺的减排时间进程分配相应的碳减排配额，没有实现减排承诺的会员可购买碳金融工具合约（carbon financial instrument，CFI）作为对超出承诺排放限额的抵消。所有交易主体都能通过互联网登录并在该平台进行交易，保障了碳交易的公开透明和安全。

　　该交易平台也会定期测量排放数据并进行记录，平台的所有会员都能从平台获取相关数据，有利于及时调整减排策略；同时，平台还能为企业提供气候变化数据，预测未来气候变化的发展趋势，为企业制定减排战略提供支撑。而且平台还制定了完善的激励政策来推动企业实现减排目标，使企业在交易中获得利润的同时超额完成减排任务。但该交易平台为了控制购买占比的不断扩大影响减排目标的实现，还规定所有会员的购买碳汇量的占比不能超过其减排目标总量的一半。交易平台中设有完善的登记注册系统和结算系统，并且根据实际交易需求对交易规则不断细化，在原有交易模式的基础上不断创新，为其他国家构建交易平台发挥了导向作用。

　　CCX 买卖的是碳金融工具合同。减排目标有：用公开透明的价格推动温室气体排放许可交易的顺利开展；设置必要的制度规范，基于成本效益最大化来治理温室气体排放；推动公共部门与私人部门温室气体减排能力的提高；加强温室气体减排所需的智力支持建设；激励社会成员共同应对全球气候变化危机。

　　CCX 的减排交易项目关联着 6 种温室气体：CO_2、CH_4、N_2O、HFCs、

PFCs 与 SF$_6$。减排阶段分为：第 1 阶段（2003—2006 年），6 种温室气体基于 1998—2001 年平均排放水平每年减排 1%；第 2 阶段（2007—2010 年），6 种温室气体基于 2000 年排放水平减排 6%。

CCX 的交易以自愿的限额和交易（voluntary cap-and-trade）为基础，同时辅以排放抵消项目。减排计划基于会员以前年度及现阶段温室气体排放情况而定，如果会员的减排目标超额达成，可卖出或留存多出的减排配额；如果会员未实现减排目标，需买入排放权以达标。碳金融工具合同交易标的有交易配额（exchange allowances）与交易抵消信用（exchange offsets credits），交易配额由 CCX 按照各会员的减排要求与减排计划分配给正式会员，交易抵消信用产生于合格的抵消项目。

监测、报告、核定 CCX 会员的温室气体排放量是非常重要的工作基础，这决定着交易体系的登记结算能否顺利有序地开展。温室气体排放量核定要按照芝加哥气候交易所的指示，确保核定的排放量数据真实、可靠。核定人要严格、专业、客观、实事求是地核定排放量。

芝加哥气候交易所温室气体排放权交易平台的设立，为美国企业参加世界温室气体排放权交易夯实了基础。经由该平台，会员累积了碳排放交易的丰富经验，并卖出剩余排放配额取得盈利，有利于会员企业规划合理可行的应对气候变化的长期发展计划，帮助企业打造绿色环保的市场形象。碳金融工具还为资本市场的风险管理供应了运作对象，大量投资者的介入，有利于社会关注气候变化议题。

基于自愿性交易平台的属性，CCX 的核心理念是完全依靠市场的调节作用，虽然能够充分发挥市场机制的优越性，但鉴于交易市场自身构建的不完善、市场供需之间较大差异、美国欠缺碳限额交易的联邦层面的立法等一系列问题，造成 CCX 会员不多，市场交易规模不大，交易价格不高，1 个交易单位碳金融工具合同（1 个交易单位代表 100 吨 CO$_2$）的价格从最高时 7.4 美元降到 0.05 美元。

CCX 在发展后期面临着价格波动剧烈、交易冷清等局面，最终于 2010 年 10 月停止交易活动，2011 年第 3 期交易活动取消，CCX 不再进行交易，但是依然保留排放抵消项目。尽管如此，CCX 也在其运行的八年时间里超额完成了减排目标，自愿参与的限额交易减少了 7 亿吨排放量，相当于每年公路上减少 1.4 亿部机动车，其中 88% 减排量来自工业，12% 减排量来自排放抵消项目。

（三）区域温室气体减排行动

美国区域温室气体减排行动（Regional Greenhouse Gas Initiative, RGGI）是美国最知名的碳交易市场，于 2005 年启动，目前由 10 个州组成。RGGI 是美国第一个强制性的、市场基准的 CO_2 减排限额与交易（mandatory cap-and-trade）项目。

RGGI 碳减排管控选择电力部门，电力部门为美国区域碳排放交易体系中的重要部门。电力部门是主要的碳排放源，减排成本不是太高，监管较为规范与完善，数据信息较为完备，对国家经济的影响面可以管控。

RGGI 设立两个阶段的减排目标：在第一阶段（2009—2014 年），确保碳排放总量维持在本阶段伊始的水准；而在第二阶段（2015—2018 年），碳减排量要以每年 2.5% 的降幅发展，直至 2018 年实现所有排放主体较 2009 年排放量整体减少 10% 的减排目标。

RGGI 的突出特征便是其总量控制与交易模式，根据上述阶段性目标，RGGI 总量发行等量的碳排放配额，基于各州的历史碳排放量并综合人口、用电量、新碳排放预测等因素分配给州，而在各州内则采用拍卖的方式将碳排放配额分配给各排放实体。由此，RGGI 成为国际上第一个以拍卖方式进行碳排放配额分配的总量控制与交易体系。

RGGI 温室气体排放权交易机制有四个组成部分：CO_2 配额拍卖、市场管控、CO_2 排放与配额追踪、CO_2 排放抵消项目。

1. CO_2 配额拍卖

RGGI 会发放与规定排放总量相同的碳排放权配额，1 个配额为 1 万吨的 CO_2 当量，再考量各州过去的碳排放规模、用电规模、人口规模、预期的新排放源等的基础，制定出碳排放交易的总量。"标准规则"在初始分配时以拍卖的方式分配碳配额。配额的拍卖以每个季度为单位举行。为了防止市场中的不正当竞争行为，"标准规则"对每个竞标者设定了获得配额的上限，即在每次拍卖中最多可购买拍卖中配额数目的 25%。实际执行中，各州所拿出的可进行拍卖的碳排放配额比例有的是 90%，还有的是 100%。电力部门通过拍卖活动获得的碳排放配额可以自用，还可用于交易，或存储留待未来使用。电力部门还可通过碳排放抵消项目取得碳排放抵消信用，进而获取额外的碳排放配额。除了电力部门是碳排放配额的竞标者外，金融投资者也可以参加竞标，为避免过度投资扰乱市场，RGGI 对竞标者设置了可购买碳排放配额的最大额度，每次拍卖中最多可以买走当次拍卖总额的25%。金融投资者购买的配额主要用于交易以获得盈利。一级市场每季度拍卖一次碳排放配额，采取统一价格、单轮竞价、密封投标的方式进行拍卖。碳排放配额在一级市场拍卖之后，就可在二级市场上交易。在协议期完结时，若电力部门未达成所设定的碳减排要求，则会受到严肃的处置。

2. 市场管控

RGGI的拍卖活动与交易活动皆受到中立的第三方市场管控机构——Potomac Economics的监督，从而提高市场透明度，规避碳排放配额拍卖的副作用，防范强势的电力部门或金融投资者操纵拍卖价格或交易价格。Potomac Economics的职责是确保碳排放配额拍卖市场与交易市场的公正、公开、平稳、有序运作，增强社会各方对市场的信心。为准确可靠地核定碳排放量，除了进行常规监测，RGGI还要求电力部门配备合规的碳排放监测装置，且需对监测装置进行年检，确保监测装置的正常监测活动。

3. CO_2 排放与配额追踪

RGGI的 CO_2 排放与配额追踪（CO_2 allowance tracking system—RGGI COATS）主要是追踪调查管制的排放源的碳排放量；追踪碳排放配额的账户持有情况与交易情况；判断碳排放情况与州碳预算交易项目是否相符；向RGGI州提交特别许可的额外配额；向RGGI州提交碳排放抵消项目申报与管控证明报告；追踪碳排放抵消信用额度；向公众报告碳排放进展和市场数据。

4. CO_2 排放抵消项目

RGGI碳排放抵消项目产生的碳减排量会获得碳抵消配额，碳排放抵消项目限于9个RGGI州中的5类项目：垃圾填埋场甲烷捕捉与破坏、电力部门 SF_6 减排、林业项目的碳封存、建筑业石化能源使用效率提高引起的碳减排、农业肥料管理甲烷减排。碳排放抵消是各个RGGI州碳预算交易项目中的重要内容，碳抵消提供一定的配额灵活性，也为碳减排创造可能。RGGI州在这五类项目中发展碳抵消项目，获得碳抵消奖励，取得配额之外的碳排放配额，碳排放抵消配额可以用来补足电力部门的限额短缺，但在每个履约期（为期3年）不得超过电力部门排放限额的3.3%，而且碳排放抵消必须是真实的、额外的、可信的、可执行的、长期的。

据统计，2019年RGGI交易额占世界总额的0.84%，交易量为2.93亿吨二氧化碳。RGGI主要采取分散交易的模式，由参与的各州分别设立交易所进行配额拍卖，企业拍卖获得的配额可以在 RGGI 框架下所有的交易所进行交易。

RGGI 在设立之初就将碳排放权的拍卖配额设定为 90%，是第一个以市场为基础的强制性总量限制交易协议。此外，RGGI 与大多数交易体系不同，属于单行业交易体系，仅对火力发电行业进行碳排放限制。

由于采取重视市场化的发展模式，美国碳交易市场在设立之初就具备较高的金融化程度。这一发展模式在市场效率上体现出较大优势，但对碳排放总量的约束力有限。

RGGI 的实践具有重要的标杆性作用，以拍卖配额的方式提高了配额分配的效率，其拍卖所获收益不仅支持了能效技术的研发及改进，更促进了减排进程与经济发展的有益互动及良性循环，创造了一批新的就业机会，带来显著的环境与经济收益。强劲的市场监管也为减排道路扫清障碍，整个计划的实施不仅为美国区域内排放量的降低发挥了巨大的推动作用，更从根本上支持了低碳经济的快速发展。

(四) 西部气候倡议

西部气候倡议（Western Climate Initiative，WCI）是发端于 2007 年，由亚利桑那（Arizona）、加利福尼亚州（California）、新墨西哥州（New Mexico）、俄勒冈州（Oregon）和华盛顿州（Washington）所签署的区域温室气体减排协议。WCI 源于两个已有州的区域性减排协议，一个是 2003 年加利福尼亚州、俄勒冈州和华盛顿州建立的西部海岸全球变暖倡议（West Coast Global Warming Initiative，WCGWI），还有一个是亚利桑那州和新墨西哥州发起的西南气候变化倡议（Southwest Climate Change Initiative，SCCI）。2007—2008 年，加拿大的不列颠哥伦比亚省（British Columbia）、曼尼托巴省（Manitoba）、安大略省（Ontario）、魁北克省（Quebec）和美国的蒙大拿州（Montana）、犹他州（Utah）以及墨西哥的一些州也加入了 WCI。各个地区在 2010 年共同发展 WCI 地区减排规划。

WCI 的减排目标是，WCI 地区的温室气体排放量在 2020 年时要比 2005 年减少 15%，推动清洁能源技术的开发与应用方面的投资，创造绿色就业岗位，保护公共健康。

2011 年，WCI 组建了 WCI 公司，这是一个非营利性公司，对各州、省的温室气体排放权交易进行管理和技术指导。每个 WCI 成员指定一名代表在 WCI 公司任职。WCI 成员规划 WCI 的整个活动，为温室气体减排目标的实现制订计划和政策。WCI 公司的主要工作是开发碳排放配额和抵消证书的追踪系统，管理配额拍卖，对配额拍卖、配额与抵消证书交易进行市场管控。WCI 公司的董事会成员包括来自加利福尼亚州、魁北克省与不列颠哥伦比亚省的官员，其服务对象涵盖已有会员和未来加入 WCI 的会员地区。WCI 成员还组建了工作委员会来完成职责，工作委员会可以组建任务组来完成特定工作，还司职委员会委员的任命，负责指定工作组的任务范围和进行结果评定。

温室气体排放权交易机制及运作情形如下所述。

1. 碳排放数据报告制度

WCI 限额与交易项目包括严厉的碳排放汇报要求，从而可以准确及时地测算与记录各实体所排放的温室气体情况。每 3 年，各个实体需要就其排放和报告的每吨 CO_2 当量上交一个配额。准确、及时、连续的温室气体排放数据是有效减排所必需的，限额与交易项目尤其要求所有排放者有高质量的排放数据，才能递交相应数量的排放配额从而抵补排放量。

2. 碳排放限额

WCI 限额与交易项目包括各个州、省按各自规定所实施的限额与交易项目。项目涉及 7 种温室气体排放，包括：发电（包含从 WCI 区域外进口的电力）、工业燃料、工业加工、交通燃料、居民用燃料与商业燃料所产生的二氧化碳，一氧化碳，甲烷，全氟化碳，六氟化硫，氢氟碳化物，三氟化氮。成员在施行限额与交易项目时，会按各自地区减排目标发放碳排放配额。所有可发放配额就是排放限额。配额可以买卖。各成员互认配额，就使得各成员发放的配额在整个 WCI 区域内是可用的，产生了区域性配额市场。排放多少温室气体，就需要上交相应数量的配额。为减少碳排放总量，发放的配额数量会逐年减少。对于谁可拥有碳排放配额没有限制要求，配额可以在排放温室气体的实体和第三方之间买卖。如果实体减排量低于拥有的配额数，可以卖出多余的配额或持有配额以备未来所需。需减排的实体若卖出多余的配额就可以弥补一些减排成本，若持有配额以备未来所需会减轻未来减排成本。碳排放配额交易由于能够使实体在如何减排与何时减排上有所松动，从而可以减少实体的遵从成本，而且碳排放配额交易在排放上设置了价格，从而激励实体想方设法去减排。

WCI 明确要求了温室气体排放的区域减排限额，各州、省的减排限额就是各州、省所发放的排放配额。WCI 要求排放者每年报告排放情况，排放者要提交足够的排放配额和抵消证明来补足排放量。地区的碳排放配额预算及可用的抵消证明额是地区内排放者排放上限的主要决定因素。WCI 要求各地按相同方式来发展碳排放配额从而确保项目的连续性和透明性，还要求抵消证明也采用同样的限制。

WCI 的配额有部分采用拍卖方式分配，至于拍卖的配额占比由 WCI 各成员自行决定。WCI 要求拍卖要公正、透明、效率最大化，且符合各地法律要求。拍卖采用密封投标、单轮竞价、统一价格的方式进行，一个季度拍卖一次，密封投标、单轮竞价的拍卖方式可减小市场控制的可能性，且易于理解。按季度进行拍卖可平衡投标人的竞买成本，给出规范的市场价格信号。

3. 碳抵消

WCI 在限额与交易项目中引入碳抵消来减轻碳减排的遵从成本。碳抵消项目带来的碳减排等同于碳排放源减少的碳排放。关键是要确保碳抵消的品质，不仅达到环境目标，也让国家和全球了解抵消行动。温室气体抵消是限额与交易项目之外领域的项目或活动引发的温室气体减排。WCI 成员发放的碳抵消证代表每吨二氧化碳当量的减排。要获得 WCI 成员发放的碳抵消证，减排要符合碳抵消原则，有明晰的权属，遵循协议要求，碳抵消项目要发生在加拿大、美国或墨西哥。

4. 碳市场管理协调

WCI 限额与交易项目旨在经由市场力量以尽可能低的成本刺激技术革新、减少温室气体排放，为实现这些目标，参与者要能在一个良好运作的市场中交易碳排放配额和抵消证。这要求市场运作公开透明、信息披露及时、减少投机行为，使市场价格完全反映供求关系。WCI 还要加强对配额和抵消证现货交易的监管，WCI 可以与贸易组织共同进行监管。美国商品期货交易委员会监管衍生市场，加拿大省级管理部门监管衍生市场，两者可加强合作。

WCI 的限额与交易项目的实施要求有效的管理流程。碳排放配额和其他遵从工具的追踪系统、碳减排遵从验证与执行、地区管理组织这三方面需要加强协调。追踪系统作为 WCI 限额与交易项目的一个重要组成，目的是确保配额发放、持有、转移、退出与取消的准确账户记录，追踪系统在使用上简便、可靠，符合法律要求，满足公开透明要求。执行区域的限额与交易项目需要 WCI 成员间的合作与协调，这样才能确保完整性、有效性与连续性。这种协调需要通过一个区域管理组织执行上述职责才能达成。

WCI 设定的限额与交易项目要可靠、经济地实现环境目标。该项目有利于经济增长和就业岗位的创造。碳减排遵从弹性和项目管理遵从成本的适应性确保了减排环境目标和经济增长目标的实现。但是在特定情况下，可能会增加遵从成本，这会影响消费者或工业竞争力，还会增加碳泄漏风险。特定情况涵盖技术成本、气候、碳排放估计的不确定、经济复苏的时间和力度的不确定造成对不同年份碳减排预期的不确定等。

5. 温室气体排放权交易市场合作

WCI 不仅要实现成员间相互合作以推动碳减排，还要与其他碳减排市场合作。这给企业带来更多减排机会，同时能降低减排成本。扩张碳减排价格覆盖面可减少碳泄漏，维持竞争力。扩大碳排放配额和抵消市场从而提高市场流动性，减少市场动荡，降低市场投机的可能性。各市场间合作，还可共担管理职能，减少市场运作成本，增强市场间的协调性。各个碳市场的合作可以通过互认碳减排工具展开，各碳市场发放的抵消证和配额可在各市场间通用。在合作之前，各碳市场会审视配额预算，信息要求，追踪系统，区域内交易电力的排放账户，管控、报告、认证、执行以及碳排放抵消处理等内容。WCI 也在积极探求与其他市场的合作，如 WCI 与 RGGI 在尝试展开合作，在多边或双边联系上开启了良好的序篇。

二、美国碳排放权交易市场管理

（一）总量控制

美国碳排放权交易主要通过绝对控制和相对控制进行管理。绝对控制是指总量控制与交易模式，相对控制是指基线与信用额模式。

绝对控制的管理模式是指先由环保部门根据所有控排企业的最大排放限值，设置国家或区域的碳排放总量。环保部门会向控排企业发放排放许可证，排放量的具体信息会在该许可证中体现，交易许可证中的排放量同样适用于各排放源。

相对控制的管理模式是指当某个排放源的碳排放量未达到排放基准线，且此后会持续性减少时，就可以申请"排放削减信用"，该信用可以出售。

这种相对控制的管理模式曾被芝加哥气候交易所采纳，并且《京都议定书》也将该模式收入清洁发展机制当中。

美国并未参与《京都议定书》，但为了应对气候变化对美国经济和生活造成的影响，其各州也分别制定了碳减排计划，并出台了相关法案。2006 年 7 月，美国出台了《加州全球气候变暖解决法案》。该法案的管制重点是电力、传输以及配电损耗设施，并通过市场激励机制保障减排目标的实现。2007 年，联邦最高法院将二氧化碳解释为大气污染物，《清洁空气法》的调整范围至此扩大。2009 年，美国通过《2009 年清洁能源与安全法案》，明确在美国建立统一的排放限额和交易体系，控制温室气体的排放。

（二）碳排放权的初始分配

碳排放权的初始分配，直接影响碳交易的市场效率，若碳排放的目标是控制区域总量，则初始配置要重点围绕公平和效率进行，而环保部门在进行初始配额分配时，需要考虑多方面因素，比如每个地区的产业特征、历史的排放数据、对未来碳排放的预测以及部门排放标准等。同时，环保部门应根据总体排放量、配额达成情况以及总量的落实情况，每年重新审核排放配额并对配额数量做出调整。

碳排放权在初始分配时主要有两种方式，分别是无偿分配和公开拍卖。无偿分配的原则是根据每个企业的历史排放数量进行无偿分配。公开拍卖是指由政府部门拍卖一定数量的排污许可证，收入归政府所有，这种方式能够促进碳减排目标的实现。在对碳排放权进行初始分配时，要对总量进行定量控制，并且要确保碳交易市场发挥真正的减排作用，就要使交易价格高于企业的减排成本。

美国加州主要采用无偿分配和公开拍卖两种混合的方式对碳排放权进行初始分配，并且加州法案要求用最低的成本获取最大的经济效益，即在初始分配时先预留一部分用于公开拍卖，其余的进行无偿分配，但用于公开拍卖的碳排放权占比也会逐年增加。2009 年的众议院法案对此也做出规定，即初始分配时预留 20%的额度，以后逐年增加，计划到 2030 年将拍卖比例提升至 70%。2010 年参议院提出《2010 年电力法案》，该法案主张在今后陆续将所有额度都进行拍卖，并且将拍卖收入用于向低收入群体发放福利。

（三）碳市场监管

美国在对碳交易市场监管时重点加强碳排放权的登记、排放数据的监测以及第三方机构的核查。美国加州法案也对此出台了相关规定，要求全州都要对各企业的排放源进行登记并加强监测数据的管理和核查，确保报告按照标准上报，相关管理部门也要定期复查，并根据实际情况更新排放报告要求；对所有排放报告计划进行复查，以确保所有减排计划的协调一致和管理制度要求的统一。

另外，美国的市场咨询委员会还提出，要制定规范的认证标准并严格执行。初始阶段可由加州先制定抵消额度清单，然后逐年扩大抵消额度的范围。美国自 1994 年开始允许企业自愿报告碳排放计划，2008 年起筹建强制性登记报告制度，在 2009 年确立了登记、监测和公开制度，使所有参与碳交易的企业能够实时了解市场信息的变化，并对自身的交易做出风险或收益评估，为参与碳交易的企业提供科学的决策依据。《2010 年电力法案》为了使其制度与原有的监管制度形成互动，暂停了各州的碳交易制度，暂停时间从 2012 年至 2017 年，目的是构建统一的气候监管体系。

（四）碳交易市场价格形成机制

碳交易的市场价格会随着交易的数量和规模而变化，并且数量和规模的变化是循序渐进的，从市场交易情况来看，所有现货的交易都不集中，导致交易双方无法了解更多的市场信息，其所能掌握的信息并不代表真正的市场供需。而只有现货交易才能反映真正的供需和价格，在现货交易分散的情况下，其价格仅体现在交易的某个时间点，而无法体现整体市场的价格走势，不利于碳交易市场价格的稳定性，也不利于参与者对价格作出准确预测。期货市场的建立，能够更全面地反映供求双方的力量，形成稳定的价格走势，并且参与者通过期货市场能够掌握更完整的信息和预测方法，由此体现的价格更接近供求变动的趋势。

世界上第一个碳交易平台是于 2003 年在芝加哥成立的气候交易所，目前也是全球气候交易品种最多的市场。该交易所的成功，也使得美国的碳交易更加透明化。虽然美国未参与《京都议定书》，但作为碳排放大国，仍积极采取有效措施控制温室气体的排放。芝加哥的气候交易所交易采取两种分配方式：第一种是相对控制模式，即通过排放基准线和排放减量进程进行分配；第二种是排放基准模式，即通过低于减排标准的项目来换取减排额度，实现碳平衡，这种方式主要用于可再生能源。交易方式主要为配额交易和抵消交易。抵消交易要求参与者事先在交易所登记，然后通过减排证明进行抵消。为了确保交易信息的准确性、交易的公平性和透明化，交易所会为参与者提供交易的标准程序，并采用独立的核证书。

三、美国碳排放权交易市场运行效果

尽管美国没有构建全国层面的碳市场，但是区域性的碳市场在不断的发展中，也取得了一定成效。

（一）推动联邦层面的政府减排行动

应对气候变化、减少温室气体排放不仅需要地方采取行动，更需要各国政府、国际社会的共同行动。地区性的行动固然好，但不能取代整齐划一的全局行动。在各区域的减排行动激励下，特别是在一些地区的正面样板示范作用下，州政府通常起到政策实验室的作用，州政府的碳减排政策及其实施作为联邦政府制定实施碳减排政策的参照样本，推动着联邦政府制定全国性减排政策，有力地激励联邦政府加快碳减排步伐。

各州的碳减排行动对美国温室气体总排放量的减少贡献斐然。许多州的经济规模巨大，温室气体排放量也高，甚至在经济规模、碳排放量上超过一些国家，但由于缺乏全局调控，碳泄漏时有发生。加之更宽广的地理区域的碳减排活动能够消除大量的重复工作，激励和约束着联邦政府采取统一的减排行动，打造更为协调统一的宏观管制氛围，规避碳泄漏，更为有效地减少碳减排成本，产生碳减排的规模经济效应。

（二）激发企业的共同利益诉求而参与减排

在碳减排活动中，要形成普遍认可的交易体系，就需要参与其中的各实体有着相同的交易理念和一致的目标。这就要求参与的各个实体有着趋同的利益诉求。市场经济中，企业追求的是利润最大化，只有在可实现利润最大化的情形下，新的市场模式或技术革新才能得到推广。在应对气候变化、推动温室气体减排之时，对于企业而言，碳减排是一种挑战，碳排放量大的企业，若不早早准备技术革新，将来会遭遇重大损失。然而，碳市场的发展对企业同样是一种机遇，迫使企业开展技术革新，积极应对碳减排的要求，化压力为动力，还可以为企业打造良好的社会形象。碳减排会影响能源利用的效率与能源利用的结构，清洁能源、可再生能源的利用比例会大幅增加，主动参与减排活动可以使其在能源结构调整中占据先发优势。对于投资者来说，碳市场提供了一个新的投资途径，只要操作得当，就能获益匪浅。总体来看，推动碳市场发展，对于企业、投资者来说，可以增强其社会责任感，改善企业的社会形象，推动技术进步，占领市场优势地位，更能够满足其利润最大化的利益诉求，从而激励各实体共同推动碳市场的进步。

但是，美国碳市场发展中也有一些不和谐的负面效果，如碳泄漏和市场投机行为，加上政府对减排资金的规划不合理，导致了许多问题。从美国碳市场的运转来看，芝加哥气候交易所、区域温室气体减排行动、西部气候倡议的发展中皆有过配额过剩的状况。由此可见，碳市场要素设计的关键是碳排放总量的设定和配额的分配。配额分配涉及企业参与碳市场的积极性、市场活跃水平及公平性议题。美国各碳市场皆对配额的分配方法展开了各自的探求。虽然这些问题发生的缘由各不相同，但都不利于碳市场的发展和减排活动的开展。

四、美国碳市场的经验启示

美国碳市场发展经验表明，碳市场运作中的问题很普遍，还需经由后续调整持续完善，因此在碳排放市场机制设计时要导入自我评估和调整机制，这才是碳市场可持续发展的动力。我国碳市场起步较晚，可以从美国碳市场发展的经验与教训中得到一定的启示。

（一）加快建立以市场机制为主导的温室气体减排的长效机制

美国一直致力于对环境污染物的有效控制，并将市场机制作为重要的手段之一，形成了稳定长效的机制。我国目前也面临节能减排、大气污染防控等现实问题，且逐步认识到市场机制的重要作用，应加快对碳市场在顶层设计、实施保障等方面的理论研究和工作推进，建立适合中国国情的长效的减排市场机制。

（二）碳市场配额分配设计应体现行业的差异和社会公平

配额分配是碳交易制度核心问题之一。美国的区域碳市场在配额分配上采用的方法因覆盖范围不同而存在较大差异。RGGI 项目覆盖单一电力行业，设计了"拍卖—投资"的收入中性机制。加州碳市场覆盖行业多、差异大，更多考虑避免企业泄漏的问题，通过免费配额给予企业过渡支持。建议我国在碳市场顶层设计中加强对配额分配机制以及可能带来的额外收入和对企业、行业乃至整个社会影响的分析和研究。地区碳交易试点在实施过程中应加强对碳泄漏问题的研究，合理设计和使用免费与拍卖的配额分配方法。

（三）建立对碳排放数据的科学的质量控制制度

真实、准确的数据是碳市场的关键和基础。目前，实测法和计算法是获取碳排放数据的两大基本方法，并且实测法在数据的科学性和准确性方面被普遍认为高于计算法。美国在对污染物排放长期采用 CEMS 测量的基础上，重视碳排放实测法的应用，并对工厂排放数据的现场实测和收集有严格的质量控制要求，投入大量的人力物力来保证数据的质量。加州坚持引入第三方核查机制，也是为了保证数据的质量。建议我国加快建立对企业级数据排放报告和核查的制度建设，加强对排放数据从产生、收集、报告、核准到使用的全程精细化质量控制，保证碳排放数据的质量。

（四）碳市场建设应重视法律强制力和技术执行能力的充分结合

美国在管制污染物排放、建立排放报告制度等方面都有立法保障强制实施，并且法律条文详细明确、可操作性强。同时，美国环保部、加州空气资源委员会等单位在法律实施过程中，制定了有关技术标准和指南，开展了大量研讨培训和能力建设工作，从而保证管制企业有足够能力履行减排义务。建议我国在碳市场建设过程中，加强有关碳交易立法的研究工作，明确主管部门、企业、核查机构、交易机构、金融机构等参与主体的责任和义务；同时加快有关"MRV"配额分配方法等技术支撑工作的建设。

 **第二节** **欧盟的碳排放权交易市场进程**

自《京都协议书》签订后，欧盟为实现其减少碳排放量的义务，于

2005 年正式实施欧盟碳排放交易体系（EU ETS）。该体系是世界上首个且目前全球最大的跨国碳排放交易市场。作为欧盟碳金融市场的核心，欧盟碳排放交易体系在限额交易的基础上，将碳排放量与成本直接挂钩，以此达到节能减排的目标。

一、欧盟碳排放权交易机制建立的过程

为了应对全球气候变化，实现《京都议定书》所规定的目标，欧盟于 2005 年 1 月正式启动了世界上第一个温室气体排放配额交易机制。由于不同国家经济发展程度及新技术应用程度不同，为履行《京都议定书》的规定，不同成员国碳排放量配额不同，在市场经济的作用下，相互交易必然产生。在这种特殊的国际背景下，欧盟碳交易市场诞生了。欧盟碳交易市场规范了世界碳交易市场，将碳排放权的市场交易合法化，如今欧盟碳交易市场已获得全世界"最大的排放贸易体系"的称号。

1997 年，欧盟在《京都议定书》中承诺，将附件 I 的 15 个成员国作为一个整体，到 2012 年时温室气体排放量将比 1990 年至少削减 8%。为了帮助成员国实现《京都议定书》的承诺，1998 年 6 月，欧盟委员会发布了题为《气候变化：后京都时代的欧盟策略》（Climate Change：Towards an EU Post-Kyoto Strategy）的报告，提出应该在 2005 年前建立欧盟内部的温室气体排放权交易机制。同时，根据《京都议定书》中 8% 的整体减排承诺目标，欧盟成员国签署了一个各国的分摊协议。2001 年，欧盟温室气体排放交易机制（Emission Trading Scheme，以下简称"ETS"机制）意见稿提交欧盟委员会并正式讨论。2002 年 10 月，欧盟委员会通过了该意见稿。

2003 年 10 月 13 日，欧盟委员会通过了温室气体排放配额交易指令（Directive2003/87/EC），这个指令建立起了欧盟排放交易机制的法律基础和运营基础，并规定欧盟 ETS 机制从 2005 年 1 月起开始实施。

2006 年 11 月，欧盟委员会对欧盟 ETS 机制的运营情况进行报告，并首次将第二阶段国家分配计划（NAPII）纳入议程。

2008 年 1 月，欧盟 ETS 机制进入第二阶段。2008 年 1 月 23 日，欧盟委员会公布了欧盟 ETS 机制第三阶段的提议意见稿。

展望第三阶段，欧盟提出了"3 个 20%"的减排目标（即到 2020 年减

少 CO$_2$ 排放 20%，减少能源使用 20%，可再生能源使用占能源使用总量的 20%），有力助推了欧盟碳排放权交易市场的发展壮大。

2019 年 12 月，欧盟委员会公布《欧洲绿色协议》，其地位相当于我国"双碳"战略行动中"1＋N"政策体系中的"1"，是欧盟实现 2050 碳中和目标的指导性协议，其核心主要有两个：应对气候变化和可持续发展转型。具体的行动方向和目标见图 2-1。

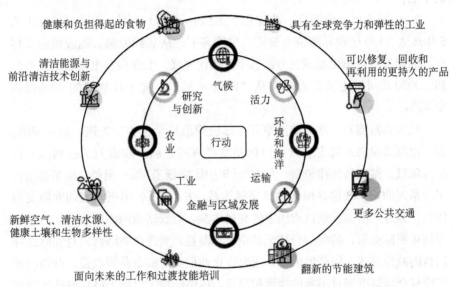

图 2-1　《欧盟绿色协议》8 个行动方向和最终目标

为保障协议的落实，欧盟在 2020 年提出了"可持续欧洲投资计划"（EGDIP），又名《欧洲绿色交易投资计划》，计划中规定长期预算中至少有 25% 专门用于气候行动。

2021 年 7 月 14 日，欧盟委员会提交了"减碳 55%"一揽子立法提案，其核心是气候和能源问题，以 2030 年为时间节点，提出了碳减排 55% 的目标，并力争在 2050 年前实现碳中和。

该法案是对《欧洲气候法案》的一种补充。《欧洲气候法案》规定，欧盟到 2030 年实现减排至少 55% 是一项法律义务，而"Fit for 55"则是通过一揽子计划旨在使欧盟立法同 2030 年目标保持一致。

法案共分为四部分，包括背景和框架、欧盟经济的三项转变、科技创新和绿色投资以及欧盟与其他国家的关系，主要包括强化碳交易、实施碳边境调节机制、2035 年停止内燃机车销售、替代燃料基础设施、航运中的绿色燃料、社会气候基金等 12 项具体内容。

该法案将为欧盟实现碳减排目标，推动经济转型提供强有力的法律保障，并且希望通过一揽子立法提案推动欧盟各领域的绿色转变。该法案是以欧盟现有法律条例和政策规定为前提，在此基础上对气候和能源有关的法律进行了修订，以尝试寻求定价、制定目标和标准、制定规则和支持措施之间的平衡。

2022 年 5 月，欧盟进一步提出了 REPowerEU 计划。该计划涉及未来 5 年高达 2 100 亿欧元的资金规模，三管齐下，从节约能源、能源供应多样化、加速推进可再生能源三方面着手，取代家庭、工业和发电领域的化石燃料，2030 年可再生能源占比将从 "Fit for 55" 一揽子计划时的 40% 提高至 45%。

从世界范围看，欧盟的温室气体排放规范是全世界最先进、最完善的。自《京都协议书》规定了减排目标和减排方式之后，欧盟为了达到这一目标，降低了温室气体排放量，与 1990 年相比降低了 8%。另外，欧盟也出台了一系列的减排政策并构建减排交易体系，并在 2008 年正式启动欧盟交易体系。另外，借鉴其他试点国家的交易体系，对管辖范围内的企业实行总量控制和配额交易，将配额分摊至各企业。而且，允许企业结合自身实际选择适合的减排方式，以降低成本，还允许企业拍卖配额来获得收益。欧盟的碳排放权交易制度经过不断的探索和完善，最终形成了世界上最成熟的排放交易体系。

二、欧盟碳排放交易体系发展阶段

欧盟碳排放权交易体系可以分为 2005—2007 年、2008—2012 年、2013—2020 年、2021—2030 年四个发展阶段（见表 2-3）。

表 2-3　欧盟碳排放交易系统的四个发展阶段

时间	参与国	目标	排放许可上限	配额分配	覆盖范围
第一阶段，2005—2007	欧盟成员国	探索建立基础设施和碳市场，完成《京都议定书》承诺目标的 45%	二氧化碳年排放上限为 22 亿吨	95% 免费发放	仅二氧化碳，部分高能耗的工业部门

（续表）

时间	参与国	目标	排放许可上限	配额分配	覆盖范围
第二阶段，2008—2012	欧盟成员国及冰岛、挪威、列支敦士登	全面履行《京都议定书》，比2005年减排6.5%	二氧化碳年排放上限为20.81亿吨	90%免费发放，10%拍卖	仅二氧化碳，部分高能耗的工业部门和航空业
第三阶段，2013—2020	欧盟成员国及冰岛、挪威、列支敦士登	2020年比2005年减排21%	2013年为20.39亿吨，以后每年下降1.74%，2020年降至17.2亿吨	免费和拍卖约各占一半	不限于二氧化碳，行业扩大到化工、石化等部门
第四阶段，2021—2030	欧盟成员国及冰岛、挪威、列支敦士登	2030年将温室气体净排放量在1990年的基础上减少至少55%	每年以2.2%的速度下降	拍卖成为主要形式	纳入更多行业

第一阶段为2005—2007年的初步探索阶段，建立初期有28个成员国加入，实行"总量控制、负担均分"的原则，分配方式上则根据各国历史排放水平来确定对应的碳排放额度。这一阶段主要针对特定行业进行交易体系的建立，限排行业主要集中在能源、钢铁、水泥、造纸等，这些行业的碳排放量总额占欧盟排放量总和的近50%。

第二阶段为2008—2012年的改革发展阶段，这一阶段在总结上一阶段的交易体系建立的经验以及实际交易情况的基础上，扩大了交易主体的范围，并允许其他国家参与交易。这一阶段新增3个成员，覆盖了欧盟约45%的碳排放量。在行业范围进一步扩大的同时，减排的气体范围中也增加了其他的温室气体。在这一阶段中，欧盟完善了分配制度，在原有依照历史水平确定分配额的基础上增加了核实和监督环节；改革市场交易制度，设立市场稳定基金将碳价格控制在合理水平，保护市场参与者的积极性；修订相关法律法规，保障了碳金融市场的发展。

第三阶段为2013—2020年的深化发展阶段，这一阶段在总结前两阶段交易体系的适用情况下，继续扩大了交易的范围，同时调整了配额的分配方式，增加了拍卖配额方式，计划取代无偿配额的发放，并在此期间做出了欧盟整体排放量的规定。为了确保交易体系的稳定运行，欧盟还设置了完善的监督管理体系和惩罚机制。欧盟碳排放交易体系已经涵盖了超过11 000个实体单位，超 12 000 座工业基础设施。而为了达到 2050 年减排 60%—80%的长期目标，欧盟碳金融市场的要求也更加严格，在分配制度上进行了大刀阔斧的改革，以市场化机制取代计划式机制，灵活有效地减轻了配额供给超标的问题，进一步促进了减排效率的提高。与前两阶段不同的是，第一、第二阶段的配额分配几乎全是免费分配，只有少量采取了拍卖方式，而到了第三阶段，拍卖成为主要的配额分配方式，电力行业实现 100%拍卖。

第四阶段为 2021—2030 年的超越发展阶段，承诺 2030 年将温室气体净排放量在 1990 年的基础上减少至少 55%，覆盖范围纳入更多行业。

三、欧盟碳排放交易体系制度设计

欧盟的交易体系共由三个部分组成。其一，监测报告由欧盟制定统一的范本，欧盟各成员国在此基础上制定监测程序和报告；其二，各国根据欧盟的指导，制定本国的监测标准，并按程序如实报告，还需指定专门的第三方核查机构，对监测数据和异常数据进行核查；其三，各成员国指定的第三方核查机构应确保企业上报的减排数据与国家系统内认证的数据一致。对此，欧盟也出台了相应的惩罚机制，明确了排放指令和检测报告指令所涉及的法律责任，对违反法律规定的行为也制定了惩罚机制。主要运行机制如下所述。

（一）总量限额与配额的分配机制

欧盟排放交易机制从本质上讲，属于"限额与交易"（cap-and-trade）机制，欧盟 15 国总的限额是 2008—2012 年排放总量在 1990 年的基准上下降8%。1998 年欧盟 15 国签订了分担协议，根据"共同但有区别的责任"原则，确定各自国家的温室气体减排目标，其总和达到整体比 1990 年排放量下降 8%的目标。由于没有预先确定排放总量，在试验阶段欧盟采取分权化的治理机制，由各成员国详细制定本国的"国家分配计划"（National Allocation Plan，以下简称 NAP）来落实减排目标，但需要通过欧盟委员会的审批。成员国在制定完 NAP 后，最重要的是列出涵盖的排放实体的清单，确定分配给各个部门或各个企业在每个承诺期的排放配额数量。NAP 还应当涵盖新加入者如何参与欧盟排放交易计划的安排，包括三种方式：免费方式、在市场上购买配额方式、通过定期拍卖获取配额方式。

在第一阶段 NAP 中，分配给企业的排放配额的 95％是免费的，剩余部分由各成员国通过拍卖或者其他方式进行分配；到第二阶段，免费配额下调为 90％，以后阶段继续下调。2008 年以前，分配排放配额总量应该与各成员国在减排量分担协议和《京都议定书》中承诺的减排目标相一致，同时还要考虑到企业正常生产活动的需要以及实现减排的技术潜力。由于分配给企业的排放配额是有限的，这就导致了排放配额的稀缺性，使得排放配额有了价值，为排放交易市场的产生奠定了基础。

（二）许可和核证机制

排放实体首先需要向主管机关提交温室气体排放许可证的申请书，如果经营者能够监控和报告温室气体的排放，并得到主管机构的满意，主管机构将向其颁发温室气体排放许可证，授权其部分或者全部装置排放温室气体。许可证对监控要求和报告要求都做了规定，并要求经营者在当年结束后的四个月内，有义务提交每年核证装置排放温室气体总量相等的配额。如果经营者没有按规定进行核证，使主管机构对提交的上一年温室气体排放的报告不满意，则该经营者不能再转让或出售其配额，直到其报告核证令主管机构满意。完善的许可和核证机制，可以保证参与主体碳排放量和减排量相关数据资料的正确性，从而保障了排放权分配与交易过程的合法性和公平性。

（三）配额的转让和存储借贷机制

取得排放许可证后，各个排放实体的排放许可量就要受到分配到的配额量的限制，每一份配额（European union allowance，EUA）代表排放一吨二氧化碳或二氧化碳当量的权利，EUA 成为在欧盟范围内碳排放交易市场流通的"通货"。配额的颁发、持有、转让和注销，是通过成员国以电子数据库形式建立的登记系统进行的，以确保配额的转让没有违反《京都议定书》的义务。欧盟委员会指定一个核心管理人维护独立的交易日志，用来记录配额的发放、转让和注销，以及每笔交易的核查，以确保配额的发放、转让和注销不存在违规现象。任何主体都可以持有配额，任何企业、机构、非政府组织甚至个人都可以进行登记并获取独立账户来记录每个人拥有的配额，可以自由进入市场进行买入或卖出的交易。

每个阶段配额可以在不同年份中进行存储和借贷，但试验期的配额不能跨阶段存储，即 ETS 第一阶段的配额不能存储于第二阶段以后使用；但从 ETS 第二阶段开始，可以把本阶段的配额存储到下一阶段使用。

（四）信息披露与交易规则

为建立公开透明、统一规范的碳交易市场，欧盟专门出台了《建立欧盟温室气体排放配额交易体系指令》，并进行了多次修订。从披露渠道看，欧盟以欧盟委员会官方网站为核心建立了披露平台；在配额分配及交易信息披露方面，主要由欧洲能源交易所和欧洲期货交易所及时披露有关配额拍卖、交易等信息。从披露内容看，欧盟披露的温室气体排放信息包括 3 个层面：欧盟层面，主要披露年度配额分配数量、交易数量等；成员国层面，主要披露成员国配额总量、履约限额比例等；设施层面，每年 4—5 月定期发布履约情况等。此外，欧盟每年发布欧洲碳市场运行报告。

（五）监管规则

成熟的碳交易分为现货交易和衍生品交易，其中，衍生品交易涉及金融问题，金融监管规则的适用不可或缺。在欧盟，适用于排放配额交易的主要金融市场规则包括：一是金融工具市场指令和条例，规定了交易场所和金融中介机构的授权要求、主管当局间的监督和合作规则等；二是禁止市场滥用监管，相关规定适用于所有市场参与者；三是反洗钱指令，规定了防止洗钱和恐怖融资的重要保障措施。从监管力量看，欧盟下设专门的气候行动部门，全面负责欧盟层面碳交易体系的执行、碳减排情况监测等；碳金融业务纳入欧盟金融监管，注重宏观审慎和微观审慎监管模式的结合，以稳定碳金融市场秩序，保护投资者合法权益。

（六）金融支持

为促进碳排放交易体系的发展，欧盟设立了专门的资助机制，助力减排企业转型。例如，欧盟成立了创新基金和现代化基金。其中，创新基金旨在支持所有成员国在低碳技术和工艺方面的创新，目前已发展成为世界上最大的创新低碳技术示范资助计划之一。在具体实施中，基金总额 15 亿欧元，发放方式为中标制；中标项目涵盖大型项目（超过 750 万欧元）和小型项目（低于 750 万欧元）。现代化基金则专项用于支持 10 个低收入欧盟国家向气候中和过渡。

（七）处罚机制

欧盟采取行政处罚、声誉处罚等多种方式，严厉惩处不履约的减排企业。对于碳排放超过配额但不履约的企业，欧盟要求各成员国采取有效、相称和劝诫性的惩罚措施，包括声誉处罚、行政处罚、刑事处罚等。根据规定，企业排放二氧化碳每超标 1 吨的，处 100 欧元罚款，并在次年的排放许可额度中扣除相应数量，相关罚款金额可以根据欧盟通胀率进行调整。同时，公布超额排放的企业名称。

在每年的 4 月 30 日之前没有提交足够配额以满足其上一年的温室气体排放的经营者，需支付其超额排放的罚款。对超额排放的处罚标准是：对没有提交相应数量配额的经营者，在第一阶段试验期采用较轻的处罚，每吨当量二氧化碳配额罚款 40 欧元，从第二阶段开始升至 100 欧元。罚款额度远远高于配额同期市场价格。对于超额排放的罚款并不豁免该经营者在接下来的年份里提交同等数量超额排放的配额的义务。也就是说被罚款的经营者在下一年度仍需加大节能减排的力度以节省下一年的配额使用量，不然就需通过市场购买足够多的配额，把上年的差额抵消掉。

此外，欧盟还要求各成员国出台其他处罚措施，如新西兰针对未按时完成履约的减排企业，按照配额缺口数量以 3 倍于当前市场价格为单价计算罚款金额。

四、欧盟碳排放交易市场的特点

（一）欧盟排放交易体系采用分权化治理模式

分权化治理模式指该体系所覆盖的成员国在排放交易体系中拥有相当大的自主决策权，这是欧盟排放交易体系与其他总量交易体系的最大区别。其他总量交易体系，如美国的二氧化硫排放交易体系都是集中决策的治理模式。欧盟排放交易体系覆盖 27 个主权国家，由于它们在经济发展水平、产业结构、体制制度等方面存在较大差异，采用分权化治理模式可以在总体上实现减排计划的同时，兼顾各成员国的差异性，有效地平衡各成员国和欧盟的利益。

欧盟交易体系分权化治理思想体现在排放总量的设置、分配、排放权交易的登记等各个方面。例如，在排放量的确定方面，欧盟并不预先确定排放总量，而是由各成员国先决定自己的排放量，然后汇总形成欧盟排放总量。

不过，各成员国提出的排放量要符合欧盟排放交易指令的标准，并需要通过欧盟委员会审批，尤其是所设置的正式运行阶段的排放量要达到《京都议定书》的减排目标。在各国内部排放权的分配上，虽然各成员国所遵守的原则是一致的，但也可根据本国具体情况，自主决定排放权在国内产业间分配的比例。此外，排放权的交易、实施流程的监督和实际排放量的确认等都是每个成员国的职责。因此，欧盟排放交易体系某种程度上可以被看作遵循共同标准和程序的 27 个独立交易体系的联合体。

总之，欧盟排放交易体系虽然由欧盟委员会控制，但是各成员国在设定排放总量、分配排放权、监督交易等方面有很大的自主权。这种在集中和分散之间进行平衡的能力，使其成为排放交易体系的典范。

(二) 欧盟排放交易体系属于总量交易

总量交易是指在一定区域内，在污染物排放总量不超过允许排放量或逐年降低的前提下，内部各排放源之间通过货币交换的方式相互调剂排放量，以实现排放量减少、保护环境的目的。欧盟排放交易体系的具体做法是，欧盟各成员国根据欧盟委员会颁布的规则，为本国设置一个排放量的上限，确定纳入排放交易体系的产业和企业，并向这些企业分配一定数量的排放许可权——欧洲排放单位（EUA）。

如果企业能够使其实际排放量小于分配到的排放许可量，那么它就可以将剩余的排放权放到排放市场上出售，获取利润；反之，它就必须到市场上购买排放权；否则，将会受到重罚。欧洲较为活跃的碳交易所如表 2-4 所示。

表 2-4 欧洲较为活跃的碳交易所

	荷兰气候交易所 (Climax)	欧洲能源交易所 (EEX)	欧洲气候交易所 (ECX)	奥地利能源交易所 (EXAA)	北欧电力交易所 (NordPool)	欧洲环境交易所 (BlueNext)
交易品种	EUA/ERU/VER 现货与远期	EUA 现货与期货	EUA 期货，CER/ERU	EUA 现货，以电力现货为主	EUA 年度远期，以现货为主	2012 年前最大的 EUA 现货市场
交易日	工作日	工作日	工作日	每月第2、4 个周二	工作日	工作日
合约单位	1 t	1 000 t	1 t	1 t	1 000 t	1 000 t

（三）欧盟排放交易体系具有开放式特点

欧盟排放交易体系的开放性主要体现在它与《京都议定书》和其他排放交易体系的衔接上。欧盟排放交易体系允许被纳入排放交易体系的企业在一定限度内使用欧盟外的减排信用。但是，它们只能是《京都议定书》规定的通过清洁发展机制或联合履行机制获得的减排信用，即核证减排量（CER）或减排单位（ERU）。在欧盟排放交易体系实施的第一阶段，CER和ERU的使用比例由各成员国自行规定；在第二阶段，CER和ERU的使用比例不超过欧盟排放总量的6%，如果超过6%，欧盟委员会将自动审查该成员国的计划。

此外，通过双边协议，欧盟排放交易体系也可以与其他国家的排放交易体系实现兼容。例如，挪威二氧化碳总量交易体系与欧盟排放交易体系已于2008年1月1日实现成功对接。

（四）欧盟排放交易体系的实施方式是循序渐进的

为获取经验、保证实施过程的可控性，欧盟排放交易体系的实施是逐步推进的。第一阶段是试验阶段，此阶段主要目的并不在于实现温室气体的大幅减排，而是获得运行总量交易的经验，为后续阶段正式履行《京都议定书》奠定基础，该阶段仅涉及对气候变化影响最大的二氧化碳的排放权的交易。第二阶段是欧盟借助所设计的排放交易体系，正式履行对《京都议定书》的承诺。第三阶段是从2013年至2020年。在此阶段内，排放总量每年以1.74%的速度下降，以确保2020年的温室气体排放要比1990年至少低20%。

五、欧盟碳排放交易成效

（一）欧盟碳排放交易机制对碳减排起到了积极推动作用

作为全球气候行动的领跑者，欧盟排放交易系统已连续运转超过17年，纳入减排企业1.1万余家，涵盖欧盟近半数的减排总量，碳交易额占全球交易总额的近九成。

作为碳排放的主要源头，电力行业一直是欧盟碳减排关注的重点，从实际减排量看，自第三阶段以来，欧盟排放交易体系覆盖的固定装置（发电厂和制造装置）排放量下降了近29%，从温室气体的排放总量看，自2008年以来的3个履约周期，碳排放量的年均减少幅度为1.4%。

过去十年间，欧盟的煤和石油生产量减少了三成，初级能源消耗仅占全球的一成左右，而可再生能源发电比例则升至六成左右，也为实现欧盟确定的2030年将可再生能源发电全球占比提升至65%的远景目标，奠定了坚实基础。

此外，欧盟碳市场涉及减排企业、金融机构、碳基金、私募股权投资基金等众多主体，不仅活跃了碳交易市场，还推动了碳金融产品与服务的发展，包括远期、期货、期权、掉期等，期货交易非常活跃，碳衍生品合约交易量已达到现货交易量的6倍左右，在总交易中的占比达八成以上。

（二）欧盟碳排放交易机制促进了欧盟企业能效的提高

由于碳排放交易机制的运行，欧盟企业可以利用节能减排低碳技术，将企业二氧化碳的排放降低下来，企业二氧化碳的排放量降低也就相当于把排放许可配额节省下来，企业则可以把这些多余的配额拿到市场上去卖。因此，碳排放交易机制把原本一直游离在资产负债表外的碳排放，通过许可配额纳入企业的资产负债表中，排放配额就成为一项资产。正是由于排放许可配额已被纳入欧盟企业的资产负债表中，因此碳排放成本必然会影响到欧盟企业的战略投资与决策，特别是对温室气体排放量大的企业影响较大。

碳排放交易机制的运行扭转了一些企业在提高能效方面的研发资金一直减少的趋势。由于提高能效和减排技术等方面的投资都是不能直接产生效益的长期投资，在碳排放交易机制没实行之前，企业并没有碳成本的约束，市场对提高能效的技术需求也不大。这些都导致企业对降低碳排放方面的技术研发没有积极性，提高能效研发费用预算曾一度减少。而碳排放交易机制的实施成了它们提高能效研发费用的主要动力。

当然，碳排放交易机制对提高企业能效的刺激作用是通过调节排放许可配额价格来实现的，配额价格越高，刺激作用就越强。但由于第一阶段免费配额分配过多，第二阶段又受全球金融危机的影响，配额价格并不理想，因此，碳排放交易机制对企业提高能效的刺激作用还没有完全体现出来。到了第三阶段，随着欧盟经济增长的恢复，以及碳排放交易机制的改善，排放上限更严格、实行跨阶段的配额存储机制、配额免费比例下降、拍卖比例上升、拍卖收入的 20%将被用来提高能效的技术创新等，可以预测将来配额的价格将更高，这将对提高能效起到更强的刺激作用。

（三）欧盟碳排放交易机制推动了低碳技术在全球的发展

欧盟碳排放交易机制推动了欧盟内部低碳技术和低碳产业的发展。欧盟碳排放交易机制运行后，短期内的影响是使一些公司和行业（特别是电力行业）开始考虑转换燃料，例如从煤炭到天然气的转换。而从长期来看，开始影响一些公司和行业的投资决策，如电力行业和公司，开始重点投资可再生能源、清洁煤和低碳技术，或通过 CDM 和 JI 机制对其他国家的低碳领域进行投资。

通过 CDM 项目的发展，欧盟成员国以提供资金和技术的方式与发展中国家开展项目合作，进一步推动了低碳技术在全球的发展。在世界银行《2010 碳市场现状和趋势》的报告中提到，可再生能源项目和提高能源利用效率项目分别占了 CDM 市场 43%和 23%的份额，也就是说在 2009 年 CDM 市场上清洁能源项目总共占了 2/3 的份额，而 CDM 项目的最主要需求方是欧盟成员国。

欧盟碳排放交易机制的不断完善以及欧盟和全球碳交易市场的不断成熟，又带动了投资银行、对冲基金、私募基金以及证券公司等金融机构参与到碳交易市场中。一个以与碳排放权相关的直接投资融资、银行贷款、碳指标交易、碳期权期货等一系列金融工具为支撑的碳金融体系正逐步形成。

作为一项重要的公共政策，欧盟碳排放交易体系实现了远超其他国家的实施效果，并带动了 27 个欧盟主权国家温室气体减排量的下降，使得欧洲市场的碳排放量整体下滑，同时形成了反映碳排放权资源稀缺性的价格机制，也为其他国家解决气候变化问题提供了丰富的借鉴经验。

纵观欧盟碳排放权交易体系的发展，该体系也是在不断的试错和改革中一步步趋于完善。该体系的成功极大地帮助了欧盟碳金融市场的发展完善，显著的减排成效也使得欧盟在国际气候谈判中有了较大的话语权。

六、欧盟碳排放权交易机制实施的经验启示

欧盟碳排放权交易机制在创建排放交易市场的有效性方面取得了较大的成功，这一机制能给我们提供许多经验启示。

（一）交易机制的建立要循序渐进

碳排放交易机制的建立因涉及众多利益相关者，作为先驱者的欧盟在排放交易机制的建立与实施过程中，采取了循序推进的方法，提高了可控性和有效性，从而增加了相关利益者的支持，在政治上也更具有操作性。如欧盟排放交易机制在实施过程中，为了降低风险采取划分多个阶段的方法；在产业选择范围，排放配额分配方式，总量限额控制上都尽量减少反对为目标。

（二）碳排放量统计数据的支撑至关重要

在欧盟排放交易机制试运行的初始阶段，由于各国和相关企业的实际排放情况的数据非常缺乏，各企业的初始排放限额主要是根据粗糙的统计数据和企业的自我评估来分配；但排放配额（EUA）的市场价格决定于企业实际排放量和市场流通的配额数量，因此在 2006 年 4 月第一次官方的核查报告及排放数据发布后，投资者发现企业实际排放量并没有预期的那么多，市场对配额的需求量并不大，已分配的配额数量偏多，这导致 EUA 市场价格很快跌落下来，造成了市场价格大幅度的波动。而有了第一阶段的排放数据后，第二阶段投资者的市场预期、欧盟对排放上限的设置、配额的分配都得到了有依据的调整，第二阶段的配额价格波动幅度有所减缓。因此，各国在建立碳排放交易机制时要注重对企业碳排放量数据的盘查和统计，这是建立碳排放交易机制和交易市场的重要基础工作。

（三）存储机制能对配额的价格波动起到平滑作用

欧盟第一阶段没有利用存储机制的调节作用，导致配额价格到了试验阶段结束时滑落到接近 0 欧元，价格波动幅度巨大，到了第二阶段，欧盟改善了 ETS 机制中这一缺陷，允许第二阶段的配额存储到第三阶段使用，这样对配额的价格波动幅度起到了平滑作用。因此，在 2008 年下半年到 2009年，即使因全球金融危机出现配额过剩现象，也并没有出现同第一阶段那样配额价格大幅下降的现象。因为企业认为第三阶段配额可能会因为免费分配比例下降而出现短缺，配额价格将会上涨，因此出现了有些企业在第二阶段从市场逢低买入配额，以备第三阶段使用的投资行为，这样就抑制了配额价格大幅波动的趋势。

（四）排放总量限额需长期规划

为了保证排放配额价格的稳定性，并鼓励碳投资者对低碳环保技术长期投资的积极性，在第二阶段还没有结果时，欧盟就在 2009 年提出到 2020 年温室气体排放要比 1990 年至少低 20%，并将第三阶段时间延长为 8 年（2013—2020 年），而且在 2010 年 7 月公布了 2013 年以后的排放总量控制目标。据英国《金融时报》分析，与过去碳排放配额供给富余之后，价格迅速下降不同，2009 年前几个月，欧盟的碳排放交易价格还略有上升，随后直至进入 2010 年，都稳定在约 13.5 欧元/吨的水平上。其原因在于，欧盟长期坚定的碳减排规划，使企业可以做出相对较长时期的投资决策，同时企业可以利用配额跨阶段存储机制将其拥有的排放限额保留到未来几年备用，以待未来经济形势好转。

（五）多种减排政策手段与碳排放权交易机制配套使用

碳排放交易机制的最终目的是经济、有效地降低碳排放，而降低碳排放离不开提升能源使用效率、研发可再生能源技术、调整产业结构等。由于目前低碳技术的市场需求还在开发中，与减排相关的低碳技术发展离不开政府财税金融优惠政策的扶持，离不开政府对产业的指导。只有让更多企业积极投入低碳技术和低碳产业中来，排放配额的供给量才会提升，配额市场才会不断壮大。ETS 机制和其他低碳产业市场已起到相互促进的作用，因此，ETS 市场的发展离不开其他气候和环保政策的支持，只有综合各项相关的政策，ETS 机制才能更有效地起到减少温室气体排放的作用。

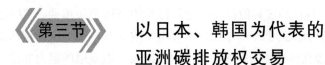

第三节　　以日本、韩国为代表的亚洲碳排放权交易

一、日本碳排放权交易市场进程

（一）日本双碳进程

气候变化对自然不断施加影响，更是直接关系到全球人类的生存和发

展。气候变暖导致冰山融化，海平面不断上升，使日本这样的岛国面临更大的威胁。日本四周临海，国土面积较小，国内资源较为匮乏，若想保障本国的经济长远稳定发展，只能调整能源结构，向绿色新能源转变。因此，日本为了减缓气候变化对经济造成的负面影响，在国际碳减排政策的指引下，也出台了相关立法和碳排放权交易等措施。

2020 年 10 月底，日本首相菅义伟首次发表施政演说时宣布，日本将于2050 年实现温室气体"净零排放"。为实现这一目标，日本政府 2020 年12 月 25 日发布"绿色成长战略"，将在海上风力发电、电动车、氢能源、航运业、航空业、住宅建筑等 14 个重点领域推进减排（见图 2-2）。

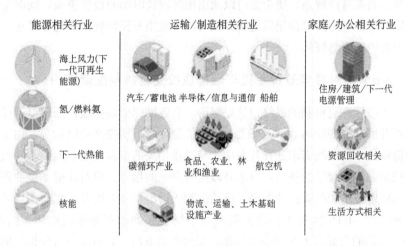

图 2-2　日本"绿色成长战略"14 个重点领域

日本经济产业省资料显示，目前日本二氧化碳排放量中发电站等能源行业占 37%，远远超过其他行业，能源行业的减排至关重要。"绿色成长战略"设定的目标是到 2050 年让日本发电量的 50%—60% 来自清洁能源。由于 2011 年福岛核事故的影响，日本国内扩大核能发电的阻力非常大。海上风力发电成为日本可再生能源发电的主要增长目标。战略提出，到 2040 年使海上风力发电能力达到最多 4 500 万千瓦，相当于 45 个核电机组。

氢能源利用方面，日本"绿色成长战略"规划到 2050 年将氢能源使用量提高到 2 000 万吨，在交通、发电等行业推动氢能源的普及应用。然而，氢燃料用于发电有高成本问题，现在 1 标准立方米的氢约 100 日元（约合4.6 元人民币），远高于相同体积的液化天然气的 13 日元，因此，政府需提供大额补贴和税收优惠。

（二）日本碳排放权交易的法律制度

为了增加绿色新能源的利用，日本于 2003 年 4 月 1 日出台了《电力事业者新能源利用特别措施法》，该法对新能源电力的应用范围作出了明确规定，并要求所有电力事业单位尽到自行生产新型能源的义务，与此同时，还需承担购买一定份额的任务。有了新能源的生产立法后，日本还出台了其他多部节约新能源的法律法规。这些法律法规的制定，虽然从表面上看与碳排放权没有直接关系，但却能够推动碳减排政策的实施，为碳排放权交易相关立法的出台奠定了基础。

日本还先后出台了多部法律和制度来控制温室气体的排放量，其中包括《节约能源法》《合理用能及再生资源利用法》《年能源供应和需求展望》等。日本于 2006 年拟定了《国家能源新战略》，计划从 6 个方面推行新能源战略，并计划在 2030 年前实现；在 2008 年提出了新的减排对策"福田蓝图"；2009 年公布了《绿色经济与社会变革》草案。

（三）联合信用机制的发布

日本认为能够通过核能源缓解全球气候变化和能源安全问题，并且能够发挥碳定价的作用。在未出现 2011 年的福岛核泄漏事件以前，日本很可能会将核能源作为该国的主要能源，并预计到 2100 年在一次能源中的占比达到 60%。但由于核危机的出现，所有公众都反对使用核能源，通过核能改变能源结构的计划被搁置，只能生产其他新型能源来代替。随着化石能源的减少以及可再生能源的开发，国际碳市场合作已成为各国减排的重要工具。

日本的碳排放权交易主要通过碳市场组合来实现，并且持续实施帮助参与企业减排的自愿性计划。2010 年，东京都政府提高了工厂和大型办公楼等领域的减排要求，并且对相关领域启动了碳排放权交易体系，还连接了埼玉县的碳排放权交易体系。虽然日本制定了一系列的强制减排措施，但是否能够真正实现控制总体排放量的目标还有待验证。

日本的碳减排很早就按照国际战略执行，通过投资和项目开发抵消排放量。日本企业通过在其他国家投资减排项目来产生减排量，其中一部分归被投资国，一部分归日本用于抵消信用。日本也在不断加强联合信用机制的应用，使其在碳减排中发挥最大的作用。

二、韩国的碳排放权交易市场进程

韩国科学技术信息通信部于 2022 年 11 月 21 日举行第 5 次碳中和技术特别委员会会议，审议通过《碳中和技术创新战略路线图》。根据该路线图，政府将在国内新设世界最大规模的二氧化碳储存库，加大氢能供给，并扩大零排放燃料的使用占比。

2023 年 3 月 21 日，韩国环境部和 2050 碳中和绿色发展委员会发布 "碳中和绿色发展基本规划"（2023—2042 年）政府方案。根据方案，政府力争到 2030 年将碳排放量较 2018 年减少 40%。

韩国是东亚地区第一个启动全国碳市场交易的国家。韩国碳排放权交易市场（KETS）自 2015 年 1 月在韩国全国范围内启动，第一阶段和第二阶段各为期三年，之后每五年为一个阶段，每个阶段分别制定相应的政策目标和规划。

韩国碳排放权交易市场初期对全部碳配额实行免费分配，自 2018 年开始，对 3% 的配额进行有偿拍卖，并计划未来将有偿拍卖比例扩大至全部碳配额的 10% 以上（见表 2-5）。

表 2-5　韩国碳排放权交易市场的发展阶段

阶段	特　征
2015—2017 年	100% 配额免费分配
2018—2020 年	97% 的配额进行免费分配，3% 的配额进行有偿拍卖
2021 年起	超过 10% 的配额进行有偿拍卖

据统计，2020 年韩国碳市场配额约为 5.48 亿吨，占全球碳市场配额总量的 11.5%，是当时市场规模仅次于欧盟的全球第二大碳市场。KETS 目前已覆盖钢铁、水泥、石油化工、炼油、能源、建筑、废弃物处理和航空等八大行业，纳入了 599 家大型企业排放源。

韩国碳交易市场在建设过程中重视积累实践经验。正式投入运行之前，通过建立能源管理工业园区，进行了近十年的试验准备。在市场运行的第一阶段，由于配额逐年缩减，大部分配额被控排企业自持，市场配额严重不足，碳价呈现单边上涨趋势，企业减排成本较高。此外，由于行业间配额分配不够合理，半导体、钢铁、汽车等主导产业的配额紧缺，引发全国经济人联合会和产业行业的不满。

为了提高市场活跃度，韩国碳市场交易机构积极采取灵活的措施推出碳信用等交易产品，鼓励企业出售配额，并积极鼓励金融机构参与交易。随后，在第二阶段，韩国政府在全国碳市场建设过程中针对交易主体、碳配额分配方式等进行了一系列积极的探索和改革。

 国外碳排放权交易机制对我国的启示

综合各国碳市场的发展经验看，政府在碳市场发展中发挥了主导作用。政府通过出台有效的监管和激励政策，一方面能够引导资金、技术等资源流向碳市场，促进碳交易市场的快速高效发展；另一方面，能够规范交易秩序，实现碳市场的有序健康发展。但同时，在碳市场发展的过程中，应充分发挥市场在资源配置中的决定性作用，防止由于监管过度造成的市场失灵。此外，碳交易市场本质上是一个金融市场，需要通过活跃市场交易，推动碳价充分反映市场风险，最大化发挥碳价的激励约束作用。

一、建立以登记、监测与核证为主要内容的碳排放交易体系

一个良好的交易体系，离不开健康高效的市场环境、管理有序的法律环境和多元化的交易产品。欧美国家均经历了从试验阶段到发展成熟的"试错"过程，我国碳金融市场虽起步较晚，但有许多国际碳金融市场的成功经验可以吸收。比如，完善交易市场中的中介制度，促进市场交易信息的流动，降低信息不对称的程度；建立统一的服务标准，明确市场主体的责任与义务，形成一个透明、规范的市场环境。

构建完善的碳排放交易体系，首先要根据环境管理的相关法律建立登记报告制度，要求所有拥有排放许可证的企业必须按程序进行排放登记。

其次，要建立环境管理监测系统，实时掌握排放信息，为政府管理部门和参与企业提供准确的监测数据。为了确保企业完全按照标准进行排放监测，且上报的监测数据真实、准确，还应通过完善立法明确相关法律效力。

最后，要保证排放权指标的质量，引入合格的核证机构以保证交易产品符合交易的要求。《京都议定书》在清洁发展机制中明确了核证制度，以期通过第三方对所收集到的数据监测计划和报告中提到的减排量进行查证，便于排放企业通过此种方式获得排放指标。运用核证制度保障排放指标分配的科学性，需要由政府主导构建核证制度的相关法律法规，明确核证主体的权利和职责、核证的标准流程以及虚假核证结果应承担的法律责任等。

二、建立多层次的碳市场交易价格调控机制

当前，碳排放权的额度分配大多采取无偿分配和拍卖分配以及两者混合的分配机制。从欧盟免费配额与拍卖配额的历史经验来看，要更好地发挥市场作用，分配制度不能仅仅依靠免费发放配额，而应逐步推进其市场化进程，直至完成从免费配额到有偿竞拍的转变。欧盟因其跨国跨区域的特殊性，其特色的分权化治理机制也为我国市场提供了新的思路。各试点市场在了解区域行业需求后，可根据具体情况确定本地温室气体排放量，同时对行业提交的需求进行核查，对于区域市场碳排放权的交易过程进行监督和确认，最终递交给全国系统审查、分配。这也要求我国碳排放体系在协调区域间排放量时考虑到各地经济水平、能源发展效率的差异与平衡，以此激发碳交易市场的活跃程度。

一级碳交易市场应逐渐取消无偿分配，而全部改为拍卖分配。可由政府在拍卖前预先设置基准价格，然后通过拍卖的方式，使企业有偿获取初始的碳排放权配额。

碳交易的二级市场，又可以细分为场内交易市场和场外交易市场，重点进行现货和金融衍生品的交易。受优化资源配置的监管机制影响，碳市场的交易价格会受到诸多因素的控制，包括碳排放权的价值、参与者的实力、能够承受的风险水平以及交易成本等。因此，在二级市场中交易的现货，其价格会受到政府的规制。二级市场作为整个碳交易市场的枢纽，交易价格需要通过经济和法律等多种手段不断调整。

碳交易衍生品市场，应通过各种手段和渠道收集信息资源；吸引更多的金融机构加入碳交易市场，增强市场的融资能力，扩大市场的交易范围，增加新型金融衍生产品；加强中介服务，建立科学的风险评估体系，加强碳金融业务的管理。

　　碳交易市场的多层次划分，使得市场的监管难度加大，政府应制定相应的措施确保交易市场的平稳发展。详细分析每年碳市场的交易数据，及时对碳交易价格做出调整，可通过设立最高价和最低价来确保价格的浮动在可控范围内。适当放宽碳市场的参与行业，扩大交易所的辐射范围，不断优化碳市场的经济结构，保证交易市场的透明度，避免出现恶意操纵碳市场价格的投机行为。

三、加强碳排放交易体系市场监管力度

　　欧盟于 2007 年颁布《欧盟环境责任指令》，2008 年末发布《欧盟能源气候一揽子计划》，为碳排放交易搭建法律框架，并明确各阶段强制完成的目标；美国则先后通过《加州全球气候变暖解决法案》《低碳能源标准》《清洁能源与安全法案》《中西部温室气体减排协议》等，逐步完善相关法律制度。而我国近年来虽陆续颁布了一些政策性文件，但多是地方性政策引导，内容也仅停留在清洁能源、节能减排等方面，存在立法层次较低、权威性不够等问题。我国不仅缺乏对二氧化碳及其他温室气体减排的奖励制度，同时惩罚机制的实行也未能有全国统一的具有权威性的法律文件作为执法保障。针对碳金融市场发展，需在法律层面明晰碳排放权交易过程中的核查、管理等环节，明确市场参与主体的责任，以建立奖惩分明的管理制度。可以通过税收优惠、降低准入门槛等政策优惠鼓励更多社会参与者进入市场交易。

　　另外，欧美国家也建立了较完备的监管体系，比如欧盟有向联合国报告碳排放管理进展的义务，其碳金融市场受欧盟委员会气候行动总司的监管；美国"自上而下"都设立了针对碳排放权交易的监管机构。碳排放权因其自身难检测、难核查的特点，仅依靠市场去确认碳排放量等数据十分困难，不利于碳金融市场上的正常交易。因此，政府应大力构建碳排放量检测平台，制定碳排放信息披露制度，定期审查企业碳排放情况，在严格监管下创造一个更加公平的交易市场。

　　碳排放权交易是一种特殊的产品交易方式，监管的难度比较大，政府部门也面临着新的挑战。碳市场的政府监管应秉承信息公开透明、降低交易成本的原则，保证对风险的评估和收益的预估是碳交易市场真实供需的体现。

四、培养专业型人才，提高社会参与度

现阶段，我国仍采取自愿减排机制，相对于强制性减排而言，自愿减排的交易量虽不能直接达到目标，但自愿减排的过程实际上是提高全社会减排责任意识、推动金融市场专业人才队伍培养的必经之路。唯有将节能减排和低碳环保的意识深深根植于全社会、全民内心才能形成良好的低碳经济氛围，推动各方参与，在加快推进碳金融产品创新的同时，构建多元化、多层次、专业、规范、高效的碳金融市场。目前，我国在资金、人才、技术上的差距也是碳金融发展动力不足的重要原因。培养专业人才，有利于创新碳金融业务、提高服务水平和意识、促进碳金融信息的传播、降低市场信息的不对称性。

第三章

碳排放权交易市场的国内实践

第一节　中国"双碳"政策出台背景

气候变化问题不仅是 21 世纪人类生存和发展面临的严峻挑战，也是当前国际政治、经济、外交博弈中的重大全球性问题。中国碳市场的建立有其时代背景和发展的必然，既有国际环境的压力，也有中国自身的原因。

一、国际环境的压力

（一）政策驱动：全球减排压力

自 1992 年 5 月《联合国气候变化框架公约》约定了采取具体措施限制温室气体的排放，1997 年《京都协议书》首次以法规形式限制温室气体排放，直到拜登上台后美国重返《巴黎协定》，全球在走向碳中和之路上经历了诸多坎坷。

根据国际能源署的数据，全球二氧化碳排放数据不断攀升，2022 年达到 36.8 亿吨，较前一年同比增长了 0.9%。其中，能源燃烧产生的二氧化碳排放量增长了约 1.3%，即 4.23 亿吨，而工业过程产生的二氧化碳排放量下降了 1.02 亿吨。2022 年由化石燃料导致的二氧化碳排放中，煤炭占比最大。国际气候科学机构全球碳项目数据显示，2022 年煤炭导致的碳排放量达到 151 亿吨，占化石燃料碳排放总量的 41.2%，较前一年增长 1%。石油和天然气紧随其后，碳排放量分别为 121 亿吨和 79 亿吨，占比分别为 33.1% 和 21.6%。

中国作为全球最大的化石能源消费国和温室气体排放国，二氧化碳排放量居世界首位，在 2022 年达到 114.78 亿吨，而在中华人民共和国成立初期只有 7 858 万吨，因此面临着巨大的国际减排压力。

截至目前，全球已有约 126 个国家已经提出碳中和目标，占全球碳排放总量约 51%，绝大多数国家/地区计划在 2050 年前实现碳中和（见表 3-1）。

表 3-1 全球 126 个国家/地区已经提出碳中和目标

国家/地区	进展情况	碳中和年份
不丹	已实现	2018 年起负排放
苏里南		2014 年起负排放
乌拉圭	政策宣示	2030
芬兰	政策宣示	2035
奥地利、冰岛	政策宣示	2040
瑞典、苏格兰	已立法	2045
英国、法国、丹麦、新西兰、匈牙利	已立法	2050
欧盟、西班牙、智利、斐济	立法中	2050
德国、瑞士、挪威、葡萄牙、比利时、韩国、加拿大、日本、南非等	政策宣示	2050
美国	拜登竞选承诺	2050
中国	政策宣示	2060

资料来源：路孚特数据。

2023 年 1 月 30 日，英国石油公司在 2023 年版《BP 世界能源展望》中表示，俄乌冲突将降低全球能源需求，加速能源转型，加上《通货膨胀削减法案》带来的影响，将减少全球的碳排放。

从欧盟 2000 年发布《温室气体绿皮书》，正式宣布以碳排放权交易为欧洲气候政策的重要组成部分，到欧盟碳排放交易体系（EUETS）的最终运行，其间草案和法律经过多次完善和修订，随后又吸取试运行过程中所累积的经验，不断改进和延伸，目前已进入第三阶段。EUETS 运行的经验和教训为中国建立碳交易市场提供了良好的模板。目前，中国各地碳交易试点的运行基本是结合各地特点在 EUETS 的基础上改进的。

（二）市场驱动：欧盟碳边界调整机制倒逼中国企业绿色转型

碳关税，也称边境调节税，指主权国家或地区对高耗能产品征收的二氧化碳排放特别关税。

2022 年 12 月，欧洲通过最新的碳关税政策，要求进口或出口的高碳产品缴纳或退还相应的税费或碳配额，2023 年 10 月 1 日—2025 年 12 月 31 日为过渡期，所涉及的行业范围是钢铁、水泥、化肥、电力、铝、氢等 6 大行业的直接排放，2026 年 1 月 1 日后为正式执行期，可能会拓展到其他行业，包括有机化工、塑料行业等（见图3-1）。

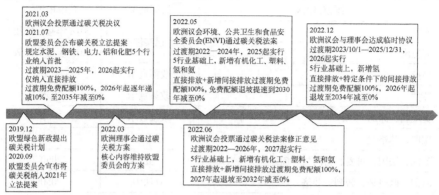

图3-1 欧盟碳关税历程

2023年2月9日，欧洲议会环境、公共卫生和食品安全委员会正式通过了欧盟碳边境调整机制（CBAM）的协议。CBAM将按照委员会的提议涵盖钢铁、水泥、铝、化肥和电力，并扩展到氢气、特定条件下的间接排放以及一些下游产品，例如螺钉、螺栓和类似的铁或钢制品。欧盟碳边境调整机制于2023年10月1日生效，开始试运行，过渡期至2025年年底，2026年正式起征，并在2034年之前完成全面实施。

以贸易额计，2022年向欧盟出口"CBAM有形产品"并且未来会被CBAM征税的排名前十的国家和地区分别是中国大陆、土耳其、俄罗斯、印度、中国台湾、韩国、美国、越南、埃及和乌克兰。其中，中国大陆排名第一，出口额为199.6亿欧元（见图3-2）。

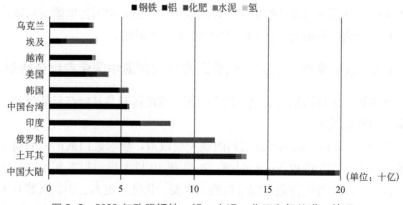

图3-2 2022年欧盟钢铁、铝、水泥、化肥和氢的进口情况

资料来源：欧盟统计局。

2020—2023 年中国对欧盟出口量分别为 3 838 亿、4 720 亿、6 250 亿欧元，未来，这些出口的商品大部分都需要进行碳资产管理。2012 年 6 月—2022 年 6 月中国对欧盟贸易进出口情况如图 3-3 所示。

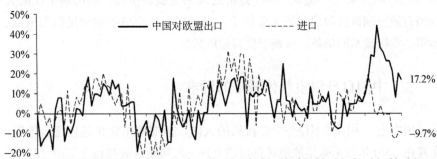

注：2021年1—6月、2020年1—6月增速均采用了2021年1—6月相对于2019年1—6月的两年复合增长率。

图 3-3　中国对欧盟贸易进出口情况（2012 年 6 月—2022 年 6 月）

资料来源：Wind。

CBAM 针对进口产品的碳含量，征收欧盟碳价与出口国碳价的差额，实质效果使得进口产品承担与欧盟产品一样的碳价成本。CBAM 虽然是欧盟碳市场的内部措施，但具有极强的外溢效应。CBAM 一旦开征，会直接使相关产品成本增加，致使相关企业实施碳管理，加速绿色转型，增强国际贸易竞争力（见图 3-4）。

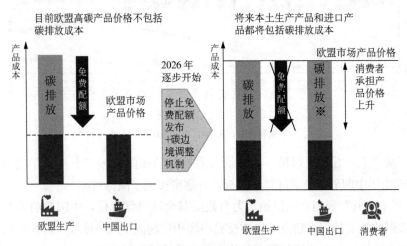

图 3-4　欧盟碳边境调整机制影响示意图

此外，碳交易市场机制正向激励中国企业通过碳市场交易降低成本，获取收益。根据复旦碳价指数预测，2024 年 5 月全国碳排放配额（CEA）的买入价格预期为 93.63 元/吨，卖出价格预期为 101.67 元/吨，中间价为97.65 元/吨。未来，我国经济社会将进入深度脱碳阶段，碳市场不仅成为我国有效控制碳排放总量的主要抓手，而且碳市场形成的碳价足以为低碳、零碳、负碳技术的创新、实践提供有效的激励。

二、中国自身温室气体减排的诉求

历史上，中国并不是一个碳排放的大国，但随着工业化进程逐步推进，尤其在 2000 年以来碳排放绝对量快速上升，人均碳排放量也在 2010 年升至发达国家水平。"双碳"目标的确立意味着中国相对"提早"承担了全球碳减排的责任（见图 3-5）。

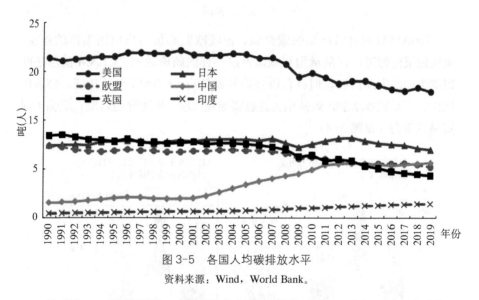

图 3-5　各国人均碳排放水平

资料来源：Wind，World Bank。

从"十一五"规划起，我国就大力推行节能降耗，"十一五"规划在2005 年年中明确了节能降耗的指标，并逐渐实现了减排目标。

"十二五"规划实施伊始，为有效应对全球气候变化，中国政府发布了一系列政策文件促进建立碳排放交易市场和控制温室气体排放，旨在以碳排放权交易机制为手段控制温室气体排放，推动低碳经济发展，自此，碳排放

权交易开始进入大众视野。中国于 2011 年年底开始启动"两省五市"七个
碳交易试点，旨在为建设全国碳交易市场提供经验借鉴。

"十三五"规划纲要明确提出，主动控制碳排放，落实减排承诺。在有
效控制温室气体排放方面，"十三五"规划纲要指出有效控制电力、钢铁、
建材、化工等重点行业碳排放，推进工业、能源、建筑、交通等重点领域低
碳发展。支持优化开发区域率先实现碳排放达到峰值。深化各类低碳试点，
实施近零碳排放区示范工程。控制非二氧化碳温室气体排放。推动建设全国
统一的碳排放交易市场，实行重点单位碳排放报告、核查、核证和配额管理
制度。健全统计核算、评价考核和责任追究制度，完善碳排放标准体系。加
大低碳技术和产品推广应用力度。

自"十二五"规划以来，我国在国内开展了一系列应对气候变化的工
作；在国际上于 2016 年加入了《巴黎协定》，积极推动全球减排行动，成为
全球应对气候变化的参与者、贡献者和引领者。

早在 2015 年《巴黎协定》谈判过程中，我国就向联合国递交了关于温
室气体减排的国家自主贡献（NDCs）目标，承诺"二氧化碳排放总量在
2030 年达到峰值并争取尽早达峰；单位国内生产总值 CO_2 排放（即碳排放
强度）较 2005 年下降 60%—65%"，初步形成碳排放强度下降和总量达峰的
"双重"目标。

为积极响应联合国关于更新与强化各国 NDCs 目标的号召，2020 年
9 月 22 日，习近平主席在第 75 届联合国大会一般性辩论上宣布中国二氧化
碳排放力争于 2030 年前达到峰值，努力争取 2060 年前实现碳中和；在同年
12 月召开的气候雄心峰会上，又进一步将我国 2030 年碳排放强度的下降目
标提升至 65% 以上。至此，碳达峰、碳中和概念正式提出（见图 3-6）。

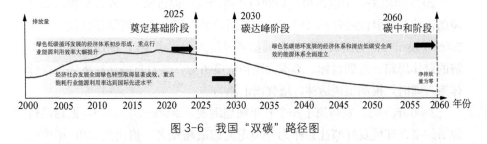

图 3-6　我国"双碳"路径图

诚然，NDCs 目标的提出与更新充分彰显了我国积极应对全球气候暖
化、深度参与全球气候治理的决心和担当，但如此雄心勃勃的减排目标势必

给我国未来经济社会发展带来严峻挑战。如何运用经济管理手段在落实我国碳减排"双重"目标的同时降低碳减排成本，成为我国气候治理领域的重要议题。

实现碳达峰、碳中和是一场广泛而深刻的经济社会系统性变革，面临前所未有的困难挑战。当前，我国经济结构还不合理，工业化、新型城镇化还在深入推进，经济发展和民生改善任务还很重，能源消费仍将保持刚性增长。与发达国家相比，我国从碳达峰到碳中和的时间窗口偏紧。做好碳达峰、碳中和工作，迫切需要加强顶层设计。在中央层面制定印发意见，对碳达峰、碳中和这项重大工作进行系统谋划和总体部署，进一步明确总体要求，提出主要目标，部署重大举措，明确实施路径的意义重大。

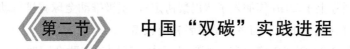

第二节　中国"双碳"实践进程

一、国家层面

作为一个负责任的大国，中国为减缓气候变化采取了一系列措施：成立了国家气候变化对策协调小组，制定了有利于减缓气候变化的《中华人民共和国节约能源法》《中华人民共和国可再生能源法》等，通过调整经济结构、转变经济发展方式，大力倡导节约资源能源、提高资源能源利用效率、优化能源结构、植树造林增加碳汇等，遏制高耗能、高排放行业过快增长，并取得了明显效果。

2003年以来，中国政府先后颁布《清洁生产促进法》《固体废物污染环境防治法》《循环经济促进法》《城市生活垃圾管理办法》等法律法规，并于2005年发布《国务院关于加快发展循环经济的若干意见》，提出发展循环经济的总体思路、近期目标、基本途径和政策措施，并发布循环经济评价指标体系。同时，推动植树造林，增强碳汇能力。

2006年3月，发布第十一个五年规划纲要（2006—2010年），把建设资源节约型、环境友好型社会作为一项重大的战略任务，提出到2010年单位GDP能耗比2005年降低20%左右，并作为重要的约束性指标。鼓励发展循环经济，减少温室气体排放。

2006 年 6 月，中国政府调高甚至取消了部分商品的出口退税，其中锡、锌、煤炭部分资源产品取消出口退税，限制"两高一资"（高耗能、高排放、资源型）产品出口，淘汰落后产能，提高环保准入标准。

2007 年 5 月，国务院印发《节能减排综合性工作方案》，首次明确"十一五"期间淘汰落后产能的分地区、分年度计划，涉及包括电力、钢铁、建材、平板玻璃等在内的 13 个行业。

2021 年 9 月，《中共中央、国务院关于完整准确全面贯彻新发展理念做好碳达峰碳中和工作的意见》提出构建绿色低碳循环发展经济体系、提升能源利用效率、提高非化石能源消费比重、降低二氧化碳排放水平、提升生态系统碳汇能力等五方面主要目标，确保如期实现碳达峰、碳中和。交通运输部《绿色交通"十四五"发展规划》提出要对空间布局和空间运输结构进行优化，建设绿色交通基本设施，提升综合运输效能；推广运用新能源，构建低碳交通运输体系；健全推进机制，完善绿色交通监管体系。国务院国资委《关于推进中央企业高质量发展做好碳达峰碳中和工作的指导意见》提出中央企业在关系国家安全与国民经济命脉的重要行业和关键领域占据重要地位，同时也是我国碳排放的重点单位，应当在推进国家碳达峰、碳中和历史进程中发挥示范引领作用。

2021 年 11 月，国家能源局、科学技术部印发《"十四五"能源领域科技创新规划》，围绕先进可再生能源、新型电力系统、安全高效核能、绿色高效化石能源开发利用、能源数字化智能化等方面，制定了技术攻关路线图。

2022 年 11 月，国家海事局发布《关于印发船舶能耗数据和碳强度管理办法的通知》，为进一步做好船舶能耗数据收集和碳强度管理工作明确了行业管理办法，并且授权上海海事局具体负责全国船舶能耗数据的统计、分析和验证，并具体负责中国籍国际航行船舶碳强度管理有关实施工作。

2022 年 12 月，国家发展改革委、科技部联合印发了《关于进一步完善市场导向的绿色技术创新体系实施方案（2023—2025 年）》，提出加快节能降碳先进技术研发和推广应用，充分发挥绿色技术对绿色低碳发展的关键支撑作用，进一步完善市场导向的绿色技术创新体系，明确了重点任务和具体举措，推动形成绿色技术创新新格局。

2023 年 2 月，由国家电投和国经中心联合编写的《中国碳达峰碳中和进展报告（2022）》在京发布。《报告》认为，未来我国"双碳"支持政策体系将更加完善，不同地区和行业的碳达峰路径将进一步差异化、明细化。

2023 年 3 月，国家发展改革委、市场监管总局《关于进一步加强节能标准更新升级和应用实施的通知》要求持续推进节能标准更新升级和应用实施，支撑重点领域和行业节能降碳改造，加快节能降碳先进技术研发和推广应用，坚决遏制高耗能、高排放、低水平项目盲目发展。

2023 年 3 月 13 日，十四届全国人大一次会议表决通过了《关于 2022 年国民经济和社会发展计划执行情况与 2023 年国民经济和社会发展计划的决议》，其中明确提出，发展储能产业，促进绿色低碳发展，推动节能降碳改造。

国家通过不断制定促成碳达峰、碳中和的政策，推动"1＋N"体系的构建，逐步实现"双碳"目标。

二、地方层面

（一）上海

2022 年 7 月 8 日，上海市人民政府发布《上海市瞄准新赛道促进绿色低碳产业发展行动方案（2022—2025 年）》，方案提出，目标到 2025 年，产业规模突破 5 000 亿，基本构成 2 个千亿、5 个百亿的产业集群发展格局，重点培育 10 家绿色低碳龙头企业、100 家核心企业和 1 000 家特色企业。

2022 年 9 月 27 日，全国碳交易市场在上海上线运行，上海地方碳市场是全国唯一连续 8 年实现企业履约清缴率 100% 的试点地区，国家核证自愿减排量（CCER）成交量始终稳居全国第一。

2022 年 10 月 25 日，上海市政府常务会议原则同意《上海市碳普惠体系建设工作方案》并指出，上海创新建立碳普惠机制，对消费端"小、杂、散"的低碳行为进行量化、价值化，有利于探索建立个人碳账户。该方案于同年 12 月 5 日印发。

2023 年 1 月 18 日，上海市生态环境局等八部门联合印发《上海市减污降碳协同增效实施方案》，提出于"十四五"期间逐步调整汽油消费规模，大力推进低碳燃料替代传统燃油。

（二）北京

2021 年 3 月，北京市发布《北京市国民经济和社会发展第十四个五年规划和二〇三五年远景目标纲要》，主要内容如下。

"十四五"发展目标：能源资源利用效率大幅提高，单位地区生产总值能耗、水耗持续下降，生产生活用水总量控制在 30 亿立方米以内。碳排放稳中有降，碳中和迈出坚实步伐，为应对气候变化做出北京示范。

重点任务：发布实施碳中和时间表和路线图，实现碳达峰后稳中有降，率先宣布碳达峰。研究开展应对气候变化立法。制定应对气候变化的中长期战略规划。开展碳中和路径研究。综合考虑产业结构、能源结构、技术进步、生产力布局、节能减排等多方面因素，系统建立碳排放强度持续下降和排放总量初步下降的"双控"机制。完善低碳标准体系。强化二氧化碳与大气污染物协同控制，实现碳排放水平保持全国领先。深化完善市场化碳减排机制，积极争取开展气候投融资试点。研究低碳领跑者计划。优化造林绿化苗木结构，推广适合本市的高碳汇量树种，进一步增加森林碳汇。积极开展应对气候变化的国际合作交流。推动产业绿色化发展，完善能源和水资源总量和强度双控机制，大力发展循环经济，推动资源利用效率持续提升。

（三）四川

2022 年 11 月，四川省节能减排及应对气候变化工作领导小组办公室印发《四川省碳市场能力提升行动方案》，其中提出，到 2025 年需要形成并完善低碳相关管理体系，同时稳步推动钢铁、电解铝等重点行业的节能降碳行动。

（四）海南

2022 年 8 月 22 日，海南省人民政府印发《海南省碳达峰实施方案》，其中明确，到 2025 年，初步建立绿色低碳循环发展的经济体系与清洁低碳、安全高效的能源体系，且公共服务领域和社会运营领域新增和更换车辆使用清洁能源比例达 100%。到 2030 年，全岛全面禁止销售燃油汽车。除特殊用途外，全省公共服务领域、社会运营领域车辆全面实现清洁能源化，私人用车领域新增和更换新能源汽车占比达 100%。

（五）其他

碳达峰目标包括达峰时间和达峰峰值。上海提出确保在 2025 年前实现碳排放达峰；天津正在深入研究碳达峰方案编制和能源、工业领域碳达峰工作安排。全国已开展了三批共计 87 个低碳城市试点，共有 82 个试点城市研究提出达峰目标。其中，第三批低碳试点的申报条件之一为"明确碳排放峰值及试点建设目标"（见表 3-2）。

表 3-2　第三批低碳城市试点公布的达峰时间

峰值年	数量	城市
2017	1	烟台市
2019	1	敦煌市
2020	2	黄山市、吴忠市
2021	1	伊宁市
2022	2	南京市、衢州市
2023	4	嘉兴市、吉安市、常州市、长阳土家族自治县
2024	3	逊克县、合肥市、拉萨市
2025	17	乌海市、大连市、朝阳市、淮北市、宣城市、济南市、潍坊市、长沙市、株洲市、三亚市、琼中黎族苗族自治县、兰州市、西宁市、银川市、昌吉市、和田市、第一师阿拉尔市
2026	2	抚州市、柳州市
2027	4	沈阳市、共青城市、三明市、郴州市
2028	3	湘潭市、安康市、玉溪市
2030	1	六安市
2020 左右	1	金华市
2023—2025	1	中山市
2025 之前	2	普洱市思茅区、成都市

三、企业层面

（一）ESG 推动中国企业履行社会责任

环境、社会和公司治理又称 ESG（environmental, social and governance），

指可从环境、社会和公司治理三个维度评估企业经营的可持续性与对社会价值观念的影响。ESG 理念强调企业要注重生态环境保护、履行社会责任、提高治理水平。

1972 年,第一届联合国人类环境会议在瑞典斯德哥尔摩召开,会议首次发表了与环保相关的《人类环境宣言》,并确定每年 6 月 5 日为"世界环境日"。

从 1992 年始,联合国开始举办环境与发展会议,率先提出《21 世纪议程》,倡导在促进发展的同时注重环境的保护,成为世界范围内注重经济可持续发展的开端。

与此同时,与环境相关的各类法律法规不断充实完善,投资者逐渐意识到企业环境绩效可能也会影响企业财务绩效。于是,ESG 和绿色金融等概念就逐渐进入理论研究者、政策制定者和投资者的视线。

随着"双碳"目标的提出,践行 ESG 发展理念,提升 ESG 治理水平俨然已从部分企业的可选项变成了必答题,ESG 成为企业实现可持续发展和"双碳"目标的有效综合衡量指标。

中国的 ESG 信息披露由针对强制披露要求、证券交易所发布的资源披露指引,以及上市公司在年报和社会责任报告中的资源披露所组成。目前中国内地对于 ESG 信息披露暂时还不是强制性的,但对上市企业,尤其是中央企业而言,正面临逐步趋于严格的 ESG 信息披露要求。

2021 年 6 月以来,随着证监会发布新修订的上市企业年报和半年报格式准则,进一步完善了 A 股上市公司的 ESG 信息披露框架,A 股上市公司 ESG 信息披露框架持续完善。

2022 年 5 月,国务院国资委印发《提高央企控股上市公司质量工作方案》,要求中央企业统筹推动上市公司探索建立健全 ESG 体系,推动更多央企控股上市公司披露 ESG 专项报告,力争到 2023 年相关专项报告披露"全覆盖"。

进行 ESG 信息披露的上市公司数量和比例逐年增加。截至 2022 年上半年,上市超过半年的沪深 A 股上市公司共有 4 566 家,有 1 431 家公司发布了 2021 年 ESG 相关报告,占比 31.34%。上市公司发布的 2021 年 ESG 相关报告数量与发布比例在增量和增速上均为过去 5 年最高值。

中国上市公司绿色治理(ESG)评价系统主要涉及绿色治理架构、绿色治理机制、绿色治理效能和绿色治理责任四个维度。评价结果显示,

2022 年我国上市公司绿色治理（ESG）指数平均值为 56.58，较 2021 年的 56.13 提高了 0.45，表明上市公司绿色治理（ESG）指数持续上升，推动我国"双碳"目标的实现。

（二）"双碳"目标成为企业积极承担的社会责任与义务

"双碳"目标为中国经济社会发展的全面绿色转型指明了方向，即将将粗放型、高碳排放型企业转型升级为精细型、低碳排放型企业，坚定不移地推动企业的高质量发展。企业做好碳中和是向高质量转型的契机。

责任 1：企业自身实现碳中和

（1）监测、报告、盘查企业温室气体排放情况、碳相关资金计量；

（2）确定企业净零目标应涵盖的排放范围，科学制定目标；

（3）根据企业情况选择减排、中和、补偿措施，验证措施的可行性，制定具体时间框架与路线；

（4）设立内部碳管理体系和考核制度；

（5）做碳达峰、碳中和规划宣传，发布碳宣言；

（6）对碳信息进行阶段性监测、报告、核算、披露，形成体系。

责任 2：企业赋能社会实现碳中和

（1）对于有引领能力的实体经济企业：

① 运用低碳节能改造技术，输出领先节能技术，改造框架，完善国家节能改造目录；

② 推动场景中未成熟技术（负碳）、模式等的研发与市场化应用。

（2）对于新兴技术企业：

① 推动新兴技术与绿色低碳产业的融合，将其研发能力融入绿色低碳产业，开发新技术、产品；

② 探索碳排放密集场景的融合，推动新兴技术在高耗能环节的应用，披露技术节能量。

责任 3：企业发声与披露，影响区域、行业、民众

（1）以企业"双碳"行为影响供应链上下游的企业、生态合作伙伴、行业联盟内企业，带动行业形成"双碳"意识，重视二氧化碳减排行为；

（2）影响企业所在地区"双碳"事业的发展，推动地区"双碳"政策体系的搭建、推动地区绿色低碳产业链的构建；

（3）以企业的影响力、产品及服务的渗透能力，影响民众。

责任 4：企业作为确保"双碳"目标完成的后备保障

为企业"双碳"发展提供标准计量服务、核查服务、碳金融类服务、碳资产管理服务、"双碳"路径规划等第三方咨询服务，保障企业"双碳"工作顺利进行。

（三）央国企在"双碳"实践中起示范带头作用

2021 年 11 月，国务院国资委印发《关于推进中央企业高质量发展做好碳达峰碳中和工作的指导意见》。意见提出，中央企业要处理好发展和减排、整体和局部、短期和中长期的关系，把碳达峰、碳中和纳入国资央企发展全局，着力布局优化和结构调整，着力深化供给侧结构性改革，着力降强度控总量，着力科技和制度创新，加快中央企业绿色低碳转型和高质量发展，有力支撑国家如期实现碳达峰、碳中和。

1. 主要目标

（1）到 2025 年，中央企业产业结构和能源结构调整优化取得明显进展，重点行业能源利用效率大幅提升，新型电力系统加快构建，绿色低碳技术研发和推广应用取得积极进展；中央企业万元产值综合能耗比 2020 年下降 15%，万元产值二氧化碳排放比 2020 年下降 18%，可再生能源发电装机比重达到 50% 以上，战略性新兴产业营收比重不低于 30%，为实现碳达峰奠定坚实基础。

（2）到 2030 年，中央企业全面绿色低碳转型取得显著成效，产业结构和能源结构调整取得重大进展，重点行业企业能源利用效率接近世界一流企业先进水平，绿色低碳技术取得重大突破，绿色低碳产业规模与比重明显提升，中央企业万元产值综合能耗大幅下降，万元产值二氧化碳排放比 2005 年下降 65% 以上，中央企业二氧化碳排放量整体达到峰值并实现稳中有降，有条件的中央企业力争碳排放率先达峰。

（3）到 2060 年，中央企业绿色低碳循环发展的产业体系和清洁低碳安全高效的能源体系全面建立，能源利用效率达到世界一流企业先进水平，形成绿色低碳核心竞争优势，为国家顺利实现碳中和目标作出积极贡献。

表 3-3 中列举了部分国企央企的"双碳"行动代表性事件。

表3-3 部分国企央企"双碳"行动

国企/央企	事件
国家能源	全球超高海拔地区装机规模最大的风电项目开工。国家能源集团那曲色尼区100兆瓦风电项目举行开工仪式，标志着该项目进入施工建设阶段。国家能源集团那曲色尼区100兆瓦风电项目是西藏目前已核准的装机规模最大的风电项目，全球4 500米以上超高海拔地区装机规模最大的风电项目。项目建成后，每年可提供清洁电能约2亿千瓦时，节约标煤约6万吨，减少二氧化碳排放量约16万吨
长江三峡	中国单机容量最大山地风电项目全容量并网发电。三峡能源云南弥勒西风电项目全容量并网发电。该项目是中国西南地区达产运行的装机规模最大的风电项目，其所使用的6.7兆瓦风机为目前国内山地风电单机。三峡能源云南弥勒西风电项目总装机容量550兆瓦，共布置有88台风机，其中5兆瓦机型20台、6兆瓦机型8台、6.7兆瓦机型60台。项目全容量并网后，预计年上网电量超14亿千瓦时，每年可节约标准煤45万吨，减排二氧化碳约118万吨，环保效益显著
中国航天科技	中国首颗生态环境综合高光谱观测业务卫星投入使用。高光谱观测卫星在轨投入使用仪式在京举行，中国首颗具备业务化应用能力的生态环境综合监测卫星正式交付。生态环境遥感监测是天地一体化生态环境监测体系建设的重要组成部分。高光谱观测卫星在轨投入使用，对于推动构建现代化生态环境监测体系，动态监测中国大气污染状况，有效监测全球二氧化碳、甲烷等温室气体柱浓度和分布，服务"蓝天、碧水、净土保卫战"等生态环保重点工作，以及支撑"碳达峰、碳中和"具有重要意义
中国海洋石油	中国首座深远海浮式风电平台"海油观澜号"启航。"海油观澜号"投产后，风机年发电量将达2 200万千瓦时，所发电力通过1条5千米长的动态海缆接入海上油田群电网，用于油气生产，每年可节约燃料近1 000万立方米天然气，减少二氧化碳排放2.2万吨。"海油观澜号"是目前世界上最深最远，同时也是全球首个给海上油气田供电、海域环境最恶劣的半潜式深远海风电平台，在单位兆瓦投资、单位兆瓦用钢量、单台浮式风机容量等多个指标上，处于国际先进水平
南方电网	中国首个固态储氢项目并网发电。国家重点研发计划中的固态储氢开发项目率先在广州和昆明实现并网发电。这是中国首次利用光伏发电制成固态氢能并成功应用于电力系统，对于推进可再生能源大规模制氢、加快建成新型电力系统具有里程碑意义。该氢能开发项目成功解决了在常温条件下以固态形式存储氢气的技术瓶颈，通过氢气与新型合金材料发生化学反应，实现存储目的
中国诚通	中国诚通打造低碳造纸基地，预计产能可达200万吨。中国诚通所属中国纸业45万吨文化纸项目在湖南岳阳奠基。该项目总投资31.72亿元，投产后浆纸产能可达200万吨，人均效率提升36%，将成为数字化、智能化的大型文化纸生产基地。项目通过生产工艺、信息化、仓储、物流、清洁生产、循环经济等6个方面手段实现绿色升级，单位产品综合能耗为216.5千克标准煤，远低于国标先进值的300千克标准煤，年度废水、废气排放量也将分别下降8%和20%，真正实现"增产减污"

2. 行动方案

（1）推动绿色低碳转型发展。强化国有资本绿色低碳布局，强化绿色低碳发展规划引领，加快形成绿色低碳生产方式，发挥绿色低碳消费引领作用，积极开展绿色低碳国际交流合作。

（2）建立绿色低碳循环产业体系。坚决遏制高耗能高排放项目盲目发展，推动传统产业转型升级，大力发展绿色低碳产业，加快构建循环经济体系。

（3）构建清洁低碳安全高效能源体系。加快提升能源节约利用水平，加快推进化石能源清洁高效利用，加快推动非化石能源发展，加快构建以新能源为主体的新型电力系统。

（4）强化绿色低碳技术科技攻关和创新应用。加强绿色低碳技术布局与攻关，打造绿色低碳科技创新平台，强化绿色低碳技术成果应用。

（5）建立完善碳排放管理机制。提升碳排放管理能力，提升碳交易管理能力，提升绿色金融支撑能力。

（6）切实加强组织实施。加强组织领导，加强统筹协调，加强考核约束，加强重点推动，加强宣传引导。

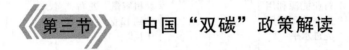

第三节　　中国"双碳"政策解读

2021年9月22日，《中共中央　国务院关于完整准确全面贯彻新发展理念做好碳达峰碳中和工作的意见》（以下简称《意见》）正式发布，作为"1＋N"政策体系中的"1"，在碳达峰、碳中和政策体系中发挥统领作用。

一、中国"双碳"政策主要目标

《意见》为我国碳达峰、碳中和工作提出了阶段性的明确目标（见表3-4）。从定性目标看，更关注绿色经济体系中的产业结构、能源结构，重点行业能效、重点领域低碳发展模式，绿色技术和绿色生产生活方式，绿色发展政策体系以及碳达峰目标的完成情况等。从定量指标看，对单位 GDP 能耗、单位 GDP 二氧化碳排放、非化石能源消费比重、森林覆盖率、森林蓄积量等也都提出了明确要求。

表 3-4 　《意见》的定性目标和定量目标

时间	定性目标	定量目标					
		单位国内生产总值能耗	单位国内生产总值二氧化碳排放	非化石能源消费比重	森林覆盖率	森林蓄积量	二氧化碳排放量
到 2025 年	绿色低碳循环发展的经济体系初步形成，重点行业能源利用效率大幅提升；为实现碳达峰、碳中和奠定坚实基础	比 2020 年下降 13.5%	比 2020 年下降 18%	达到 20% 左右	达到 24.1%	达到 180 亿立方米	—
到 2030 年	经济社会发展全面绿色转型取得显著成效，重点耗能行业能源利用效率达到国际先进水平	大幅下降	比 2005 年下降 65% 以上	达到 25% 左右（风电、太阳能发电总装机容量达到 12 亿千瓦以上）	达到 25% 左右	达到 190 亿立方米	达到峰值并实现稳中有降
到 2060 年	绿色低碳循环发展的经济体系和清洁低碳安全高效的能源体系全面建立，能源利用效率达到国际先进水平；碳中和目标顺利实现，生态文明建设取得丰硕成果，开创人与自然和谐共生新境界	—	—	达到 80% 以上	—	—	—

资料来源：中国政府网，根据《意见》内容整理而成。

二、中国"双碳"政策重点任务

实现碳达峰、碳中和是一项多维、立体、系统的工程，涉及经济社会发展的方方面面。《意见》坚持系统观念，提出十一方面三十五项重点任务，明确了碳达峰、碳中和工作的路线图、施工图。

一是推进经济社会发展全面绿色转型，强化绿色低碳发展规划引领，优化绿色低碳发展区域布局，加快形成绿色生产生活方式。

二是深度调整产业结构，加快推进农业、工业、服务业绿色低碳转型，坚决遏制高耗能高排放项目盲目发展，大力发展绿色低碳产业。

三是加快构建清洁低碳安全高效能源体系，强化能源消费强度和总量双控，大幅提升能源利用效率，严格控制化石能源消费，积极发展非化石能源，深化能源体制机制改革。

四是加快推进低碳交通运输体系建设，优化交通运输结构，推广节能低碳型交通工具，积极引导低碳出行。

五是提升城乡建设绿色低碳发展质量，推进城乡建设和管理模式低碳转型，大力发展节能低碳建筑，加快优化建筑用能结构。

六是加强绿色低碳重大科技攻关和推广应用，强化基础研究和前沿技术布局，加快先进适用技术研发和推广。

七是持续巩固提升碳汇能力，巩固生态系统碳汇能力，提升生态系统碳汇增量。

八是提高对外开放绿色低碳发展水平，加快建立绿色贸易体系，推进绿色"一带一路"建设，加强国际交流与合作。

九是健全法律法规标准和统计监测体系，完善标准计量体系，提升统计监测能力。

十是完善投资、绿色金融、财税价格等政策体系，推进碳排放权交易、用能权交易等市场化机制建设。

十一是切实加强组织实施，加强组织领导，强化统筹协调，压实地方责任，严格监督考核。

三、中国"双碳"配套政策体系

2021 年 5 月，中央层面成立了碳达峰碳中和工作领导小组，作为指导和统筹做好碳达峰、碳中和工作的议事协调机构。领导小组办公室设在国家发展改革委。按照统一部署，正加快建立"1 + N"政策体系，立好碳达峰、碳中和工作的"四梁八柱"（见图 3-7）。

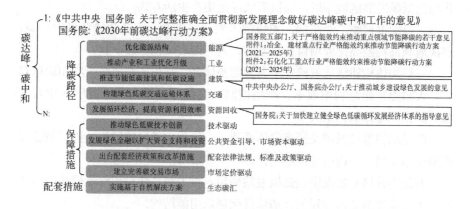

图 3-7　碳达峰、碳中和"1 + N"配套政策体系

资料来源：华宝证券。

紧随《意见》之后，10 月 24 日国务院印发了《2030 年前碳达峰行动方案》（以下简称《方案》），作为"N"中为首的政策文件，紧紧围绕 2030 年碳达峰的阶段性历史任务，在能源、新型电力系统、工业、建筑、交通、循环经济、碳汇、区域碳达峰等众多细分领域又按"十四五""十五五"时期区分，制定了具体目标（见表 3-5）。

表 3-5　《方案》各细分领域具体目标

大类	细分	目标内容
能源	煤炭	"十四五"时期严格合理控制煤炭消费增长，"十五五"时期逐步减少；严控跨区外送可再生能源电力配套煤电规模，新建通道可再生能源电量比例原则上不低于 50%
	风光	到 2030 年，风电、太阳能发电总装机容量达到 12 亿千瓦以上

（续表）

大类	细分	目标内容
能源	水电	"十四五""十五五"期间分别新增水电装机容量4 000万千瓦左右
新型电力系统	抽水蓄能	到2030年，抽水蓄能电站装机容量达到1.2亿千瓦左右
	电化学储能	到2025年，新型储能装机容量达到3 000万千瓦以上
	电网	省级电网基本具备5%以上的尖峰负荷响应能力
工业	石化化工行业	到2025年，国内原油一次加工能力控制在10亿吨以内，主要产品产能利用率提升至80%以上
建筑	建筑能效	到2025年，城镇新建建筑全面执行绿色建筑标准
	建筑用能结构	到2025年，城镇建筑可再生能源替代率达到8%，新建公共机构建筑、新建厂房屋顶光伏覆盖率力争达到50%
交通	交通运输工具	到2030年，当年新增新能源、清洁能源动力的交通工具比例达到40%左右，营运交通工具单位换算周转量碳排放强度比2020年下降9.5%左右，国家铁路单位换算周转量综合能耗比2020年下降10%。陆路交通运输石油消费力争2030年前达到峰值
	交通运输体系	"十四五"期间，集装箱铁水联运量年均增长15%以上。到2030年，城区常住人口100万以上的城市绿色出行比例不低于70%
	交通基础设施	到2030年，民用运输机场场内车辆装备等力争全面实现电动化
循环经济	产业园区	到2030年，省级以上重点产业园区全部实施循环化改造
	大宗固废	到2025年，大宗固废年利用量达到40亿吨左右；到2030年，年利用量达到45亿吨左右
	资源循环体系	到2025年，废钢铁、废铜、废铝、废铅、废锌、废纸、废塑料、废橡胶、废玻璃等9种主要再生资源循环利用量达到4.5亿吨，到2030年达到5.1亿吨
	生活垃圾	到2025年，城市生活垃圾分类体系基本健全，生活垃圾资源化利用比例提升至60%左右。到2030年，城市生活垃圾分类实现全覆盖，生活垃圾资源化利用比例提升至65%
碳汇	碳汇	到2030年，全国森林覆盖率达到25%左右，森林蓄积量达到190亿立方米

(续表)

大类	细分	目标内容
区域碳达峰	碳达峰试点建设	选择100个具有典型代表性的城市和园区开展碳达峰试点建设，在政策、资金、技术等方面对试点城市和园区给予支持，加快实现绿色低碳转型，为全国提供可操作、可复制、可推广的经验做法

资料来源：中国政府网。

四、中国"双碳"政策工作措施

中国当前的社会发展阶段和资源禀赋共同决定了实现碳中和的道路并不容易。

一方面，中国尚处于工业化和城市化发展阶段的后期，还保留着全球规模最大的高耗能产业。中国 2023 年的碳排放量为 126 亿吨，分行业来看，供电、钢铁、非金属矿产是最主要的碳排放行业，占比分别达到 45%、18% 和 13%（见图 3-8）。

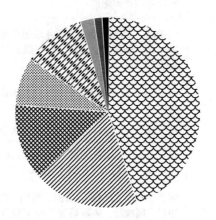

■发电供热　⊠钢铁冶炼　⊠非金属矿产　⊠交运仓储
⊠其他　■化学化工　■石油加工　■农林牧渔

图 3-8　中国碳排放结构：分行业

资料来源：Wind。

另一方面，中国"多煤、贫油、少气"的能源禀赋也决定着煤炭在我国能源供应中的核心主体地位。

从"双碳"目标路线图可以看出，降低能耗强度、重塑能源结构、优化产业结构、发展负碳技术构成了我国实现碳减排目标的四大抓手（见图 3-9 和图 3-10）。

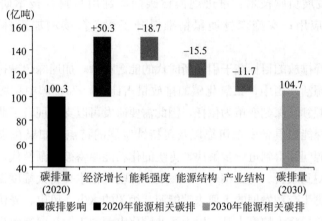

图 3-9　碳达峰路线图

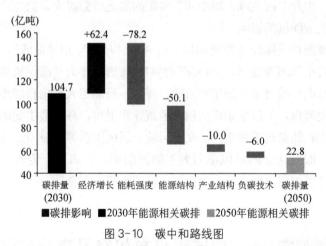

图 3-10　碳中和路线图

资料来源：清华大学气候变化与可持续发展研究院（2020）。

（1）降低能耗强度：对能耗强度下降目标完成形势严峻的地区实行项目缓批限批、能耗等量或减量替代；提升数据中心、新型通信等信息化基础设施能效水平。

（2）重塑能源结构：加快推进抽水蓄能和新型储能规模化应用，提高电网对高比例可再生能源的消纳和调控能力；深化电价改革，理顺输配电价结构，全面放开竞争性环节电价。

（3）优化产业结构：新建、扩建高耗能高排放项目严格落实产能等量或减量置换；加快发展新一代信息技术、生物技术等战略性新兴产业。

（4）发展负碳技术：推进规模化碳捕集利用与封存技术研发、示范和产业化应用；实施森林质量精准提升工程，持续增加森林面积和蓄积量。

碳达峰排放的目标在于引领新时代的能源革命，加速绿色减排转型。目前我国能源活动当中，二氧化碳的排放量占比 86.9%，碳中和愿景的实现必须以能源领域深刻变革为依托，因此需要研发可以支撑现有工业体系的新能源，确保能源具备安全可靠以及可持续发展的特点。如果在未来的时间里，新能源问题得到进一步解决，传统的化石能源将被逐渐替代，碳排放的问题也将得到改善。与之相对应，终端能源电气化水平将大幅度提高，电力将作为人类生存和发展的主要末端能源，相关的水电、风电、光伏发电等非碳化发电总量将大幅度上升，以上述非碳化电源为主的新型能源将获得大规模的应用。由此"碳达峰、碳中和"政策的实施将会对未来的生产方式以及经济发展造成深远的影响。

由于能源是支撑经济发展和民生改善的"动力"和"血液"，随着未来能源业态发生颠覆性变革，这种深刻影响将渗透到作为"组织机体"的经济社会各个方面，改变未来的生产方式。煤炭、石油等大型化石能源行业将逐渐退出历史舞台，不仅从相应的输配系统逐步退出，甚至最主要的煤炭、石油等传统化石能源在工业生产、交通运输、居民生活等领域中也将逐渐丧失主体地位，取而代之的是以电力为主的新能源。在未来，传统的技术、工艺、设备等领域将出现变革，产业链的模式也将出现变动。

第四节　中国碳排放权交易市场的形成

越来越多的有识之士已经认识到，国外发展碳交易市场的基本理念和经验，对于仍处在碳交易试点阶段的中国而言，具有举足轻重的指导意义。

碳排放权交易机制是我国实现碳达峰、碳中和的重要工具和抓手，自2013 年起陆续启动的 8 个区域碳市场证明了碳市场在我国的可行性。2021 年正式启动交易的全国碳市场标志着碳排放权交易制度成为我国推进生态文明建设、推动绿色低碳发展、推动碳达峰与碳中和工作的重要内容之一。

一、制度先行

（一）法律法规

我国在 2012 年修正了《清洁生产促进法》，该法律提出从事生产以及服务等相关的行业要积极使用清洁能源，以此来优化生产管理模式和排放方式，研究新型能源的生产技术，提高能源的再利用率，尽量做到绿色清洁生产，以达到保护环境和节约能源的目的。

我国在 2018 年修正了《大气污染防治法》，该法律规定在社会发展过程中要将大气污染作为重点防治对象进行规划。同时将调整能源的结构，以治理污染源作为主要的保护措施，以此来改善温室环境和大气质量。对于加工企业所需要的燃煤等污染源进行有效治理，严格管控。该方式对大气污染的防治具有一定的促进作用，在试行期间，需要各个县级以上的人民政府等相关部门对当地的大气污染防治工作实施统一管理。除此之外，我国还相继修正了《煤炭法》（2016 年）以及《电力法》（2018 年）等。以上从根本上在治理大气污染方面进行了有效的规制。

我国在 2019 年开始实行碳排放权交易试运行的政策，在七个省市进行试点实验，对温室气体的排放进行管控，检测碳排放权交易在运行过程中的制度以及效率，并为此在 2024 年 1 月发布了《碳排放权交易管理暂行条例》，该条例于同年 5 月正式实施。

（二）碳税与碳排放权交易

对于建设碳排放权交易体系，我国不仅实施了碳排放权的交易制度，同时也对征收碳税的政策进行积极探索，若将两种形式相结合可以有效地降低温室气体的排放。征收碳税是对碳排放的一种管控策略，目的是通过税率的调整来实现对企业排放的管控，在提升企业排放成本的同时，降低企业的碳排放量。碳排放权交易是通过市场来控制碳排放的一种制度。在交易前，企业需要设置总量的控制目标，再根据具体目标实现配额分配。同时通过市场机制来更改价格，让企业凭借自主选择的形式来获取经济利益。碳排放权交易有其优势，具体表现为：第一，碳排放的数据难以测量和估计，征收碳税主要是通过企业排放碳量的数据来进行，但是测量排放数据的成本较高，不利于数据的采集。第二，市场机制具有稳定性，当经济不景气时，企业发展缓慢，往往会通过减少产量来控制成本，此时企业对碳的需求量变少，价格下降，企业需要承担的负担也较小。第三，碳税需要制定合理的税率，单独制定碳税还是将其放在现行税种里作为一个税项也有待进一步考量。综上所述，我国目前对于碳减排政策方面，采用碳排放权交易模式更为合理。

（三）部门规章

2011 年，国家发改委公布了《关于开展碳排放权交易试点工作的通知》，通过筛选，将北京、上海、深圳、天津、重庆、广东、湖北七个省市作为试运点，考虑到我国各个地区间的产业结构和经济发展存在差异，因此不同地区的交易和管理模式都应有所差别。

2014 年 12 月，国家发改委发布了首个碳排放权交易的法律规范——《碳排放权交易管理暂行办法》，该法律规范的发布目的是促进我国展开全国性的碳排放权交易市场。结合各个试点城市部门发布的相关政策文件，指引各个地区碳交易市场工作的开展。

2017 年 12 月，国家发改委首次公开发布涉及开放碳排放权交易市场的指导性文件——《全国碳排放权交易市场建设方案（发电行业）》，对电力行业的碳排放权交易进行规范。该方案主要是针对电力行业，实现"三步走"战略，进一步推动全国碳排放权交易市场上线。方案规定，电力行业的二氧化碳的排放标准为每年 2.6 万吨。要求初始配额的标准应当依据"适度从紧"的原则，保障碳排放权交易价格。

2019 年 12 月，财政部发布了《碳排放权交易有关会计处理暂行规定》，伴随着我国碳排放权交易市场的逐渐壮大，针对全国统一的碳排放权交易市场的会计处理进行了规定，进一步促进了碳排放权交易相关法律法规的完备。

2020 年 12 月，生态环境部部务会议审议通过了《碳排放权交易管理办法（试行）》，对生态环境部门的工作内容进行了划分，要求该部门组织全国碳排放机构实施注册登记，同时组织构建全国碳排放权注册登记系统、全国碳排放权交易系统等相关活动。该办法明确了碳减排交易市场的交易产品为碳排放配额，基于此生态环境部门可以根据国家规定增加其他交易产品。

2021 年 5 月，生态环境部发布了《碳排放权登记管理规则（试行）》

《碳排放权交易管理规则（试行）》和《碳排放权结算管理规则（试行）》，对全国碳排放权的登记、交易、结算活动进行了部署。三项规则规定了以下两点：第一，明确碳排放权注册登记机构的成立，同时将全国碳排放权注册登记系统账户的开立和运行维护等具体工作交由湖北碳排放权交易中心有限公司负责；第二，鉴于全国碳排放权交易机构尚未建成，上海环境能源交易所股份有限公司暂时承担全国碳排放权交易系统账户开立和运行维护等具体工作。

2024 年 1 月，国务院发布《碳排放权交易管理暂行条例》，条例明确指出国务院生态环境部门要对碳排放权交易活动进行监督管理，不仅要加强对温室气体排放的管理，同时还要注重碳排放权交易管理的风险问题，进一步带动温室气体减排。

（四）地方性法规及政策文件

地方省市政府需要对碳排放权交易制定相应的地方性法规。在七个试点运行城市当中，北京和深圳是由当地人大制定碳排放权交易管理规定，其余五个试点省市则是由当地政府制定碳排放权交易管理办法。各省市单位在制定碳排放权交易管理规定时要结合当地的实际情况，制定符合市场经济规律的相关办法。其中重点要对登记、排放量检测、核实验证等作明确规定。除此之外，部分地区可能会根据本地实际情况出台相应的法规。

早在 2017 年上海就发布了《上海市碳排放配额分配方案》，进一步完善碳排放权的分配方案。重庆市在 2021 年开展了《重庆市碳排放权交易管理暂行办法》（渝府发〔2014〕17 号）的修订工作，通过公开寻求意见的方式对建立碳排放权交易制度体系提供有益借鉴。为了进一步推进全国碳排放权交易市场的发展，地方政府应当寻找与全国碳排放权交易市场的平衡点，做好衔接工作。

二、从 CDM 机制开始，参与全球碳市场交易

在我国碳市场交易的初期，我国通过《京都议定书》确立的 CDM 机制参与全球碳市场，主要交易对手为欧盟，交易标的为 CER。2011 年 8 月，国家发改委、外交部和科技部发布了《清洁发展机制项目运行管理办法》，对 CDM 项目的管理机构、实施主体、利益分配、审核流程等内容进行了规定，标志着我国开始参与 CDM 市场。

截至 2022 年，全球碳市场交易规模达 8 650 亿欧元，欧盟碳市场是全球规模最大的碳市场，在当年占全球市场的 87%。

2005 年 6 月，内蒙古自治区辉腾锡勒风电场项目注册完成，该项目是我国注册的第一个 CDM 项目，合作对象为荷兰。2005—2012 年，我国 CDM 注册数量呈持续增长趋势，到 2012 年，我国 CDM 注册数量达到 1 819 个的峰值水平。自 2013 年开始，由于欧盟碳排放交易体系不再接受 CDM 项目产生的减排额以及我国开始探索碳市场的建设，CDM 项目注册量大幅下降。2017 年 6 月，我国最后一个 CDM 项目（北京上庄燃气热电公司的区域能源中心项目）注册完成（见图 3-11）。

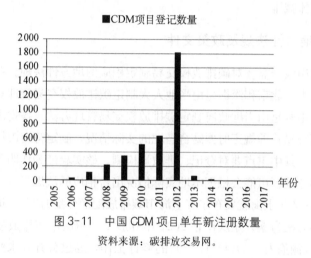

图 3-11　中国 CDM 项目单年新注册数量

资料来源：碳排放交易网。

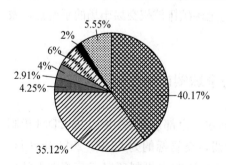

图 3-12　中国 CDM 项目类型占比

2005—2017 年，我国共注册 CDM 项目 3 764 个，其中风电项目 1 512 个，占比 40.17%，水电项目 1 322 个，占比 35.12%，余热回收项目 209 个，占比 5.55%，光伏项目 160 个，占比 4.25%（见图 3-12）。总计签发项目 1 606 个，占比 42.67%，总签发 CER 数量达 11.02 亿吨。参与 CDM 机制是我国参与碳市场交易的起点，随着我国对低碳环保问题的重视程度的不断加深，我国自主碳市场建设也开始稳步推进。

三、从地方试点到全国统一市场的形成

（一）市场建立

我国碳市场的建设可以追溯到 2011 年国家发改委发布《关于开展碳排放权交易试点工作的通知》，该文件要求推动以市场机制低成本实现 2020 年温室气体控排目标，同意北京市、天津市、上海市、重庆市、湖北省、广东省及深圳市七地开展碳排放权交易试点。2013 年中旬，深圳碳交易市场率先启动，随后其他六个试点碳交易市场相继在 2013—2014 年启动。

此外，2016 年，福建省启动碳市场，将福建省碳排放配额、福建林业碳汇以及国家核证自愿减排量（CCER）纳入市场，成为第八个试点。不同地区的碳市场制度保持了交易体系结构上的一致性，也考虑了自身的特点，在配额分配方式、覆盖行业范围、可交易产品等方面存在细节差异。

经过近八年的碳交易市场建设，各试点碳交易市场在运行机制和制度方面积累了丰富的经验，为建设全国统一碳交易市场奠定了基础。国家发改委 2014 年 12 月发布《碳排放权交易管理暂行办法》，为全国碳排放权交易市场的建设拉开序幕。2017 年，国家发改委发布《全国碳排放权交易市场建设方案（发电行业）》，标志着我国碳排放交易体系完成了总体设计，开始建设全国碳交易市场体系。

2018 年，按照国务院机构改革方案，应对气候变化职能由国家发展改革委划转至新组建的生态环境部。2020 年 12 月，生态环境部部务会议审议通过《碳排放权交易管理办法（试行）》，对碳排放配额分配方式、控排单位标准、市场交易产品、国家核证自愿减排量等内容进行了规定。

2021 年 3 月，《碳排放权交易管理暂行条例（草案修改稿）》发布；2021 年 7 月 16 日，全国碳排放权交易市场正式运行，首批纳入 2 000 余家发电企业，覆盖碳排放量 40 亿吨，占全国碳排放量约 40%。全国碳排放权交易市场上线交易与地方试点碳市场并行，全国碳市场启航标志着碳金融的发展将步入"快车道"。2024 年 1 月，国务院颁布《碳排放权交易管理暂行条例》，并于同年 5 月施行。

图 3-13、图 3-14 梳理了中国碳交易市场体系的发展历程和全国碳市场建设的主要节点。

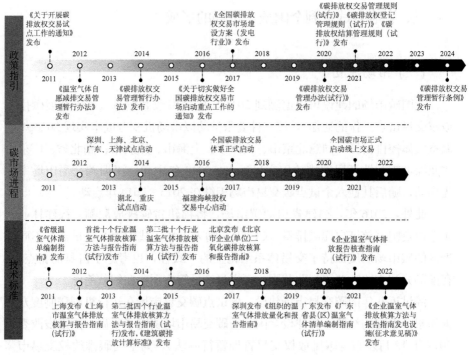

图 3-13　中国碳市场发展历程

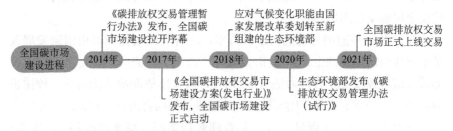

图 3-14　全国碳市场的建设的主要节点

资料来源：国家发改委，生态环境部。

（二）市场运行

目前纳入试点碳交易市场管理的主体主要为重点排放单位，名单由覆盖行业范围和企业碳排放量总量两项指标确定，主要覆盖电力、钢铁、石化、化工等高耗能行业。各试点碳交易市场的交易产品以碳配额为主，地区根据可量化的减排目标设定排放总量（总量），并向重点排放单位发放一定数量的碳配额，配额单位通常为一吨碳排放量。配额以免费分配方式为主；部分试点将一定比例的配额在一级市场进行拍卖，即有偿分配。各试点碳交易市场具体情况见表3-6。

表 3-6　各试点碳交易市场情况

试点	启动时间	覆盖行业	纳入标准	配额分配	配额总量
深圳	2013.6.18	工业（电力、水务、制造业等），建筑	工业企业年度碳排放量达到 3 000 吨 CO_2 或公共建筑面积大于 2 万平方米	免费分配	约 0.3 亿吨 CO_2/年
上海	2013.11.26	电力、钢铁、石化、化工、有色金属、航空、电子、有色金属及其他行业	工业企业年度碳排放量达到 2 万吨 CO_2；非工业企业年度碳排放量达到 1 万吨 CO_2	免费分配	1.58 亿吨 CO_2（2019 年）
北京	2013.11.28	电力、热力、石油、化工、水泥、交通、服务业及其他行业	年度碳排放量达到 5 000 吨 CO_2	免费分配	约 0.6 亿吨 CO_2/年
广东	2013.12.19	电力、钢铁、石化、造纸、民航、水泥等	年度碳排放量达到 2 万吨 CO_2 或综合能耗达到 1 万吨标准煤	免费分配、有偿分配	4.65 亿吨 CO_2（2019 年）
天津	2013.12.26	电力、热力、钢铁、化工、石化、油气开采等	年度碳排放量达到 2 万吨 CO_2 或综合能耗达到 1 万吨标准煤	免费分配	约 1.6 亿吨 CO_2/年
湖北	2014.1.2	电力、热力、钢铁、石化、化工、有色金属、水泥及其他行业	综合能耗达到 1 万吨标准煤	免费分配	2.7 亿吨 CO_2（2019 年）
重庆	2014.6.19	电力、钢铁、化工、电解铝、铁合金、电石、烧碱、水泥等	温室气体排放量达到 2.6 万吨 CO_2	免费分配	约 1.3 亿吨 CO_2/年
福建	2016.12.22	电力、钢铁、石化、化工、有色、建材、造纸、航空、陶瓷等	综合能耗达到 1 万吨标准煤	免费分配	2 亿吨 CO_2（2020 年）

资料来源：河北碳排放服务中心。

试点碳交易市场最主要的运行机制包括履约与交易机制。履约机制要求重点排放单位根据核定排放量进行周期的配额上缴履约，即履约配额数量需等于核定排放量。若未完成履约义务，重点排放单位会受到经济或行政处罚。因此，现阶段各试点碳交易市场参与企业主要以达成履约目标作为交易目的。当核定排放量超过其分配的配额数量时，企业通过碳交易市场可以购买不足的配额数量；当核定排放量低于其分配的配额数量时，企业在碳交易市场上进行交易，卖出盈余的配额，便可以有经济收益。

（三）市场规模

1. 区域市场

根据 Wind 数据库中各试点碳交易市场的交易数据，截至 2021 年 7 月 15 日（取自全国碳交易市场 2021 年 7 月 16 日正式启动前），8 年间各试点碳交易市场规模不断扩大，累计配额交易量为 3.63 亿吨，交易额达到 83.71 亿元（见图 3-15）。

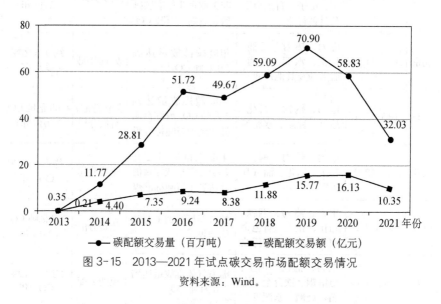

图 3-15　2013—2021 年试点碳交易市场配额交易情况

资料来源：Wind。

该段时期，各试点碳交易市场的配额交易量和交易额分布见图 3-16 和图 3-17。可以看出，广东、湖北、深圳等试点地区的交易规模居于前列，但各试点市场的配额交易量相对配额量的占比均较低，碳交易市场规模较小。例如，2019 年广东碳交易市场的年度配额交易量为 0.45 亿吨，配额总量为 4.65 亿吨，占比不足 10%。同时，试点碳交易市场的平均碳价较低，约为 23.1 元/吨，未能有效体现碳排放活动的经济成本。

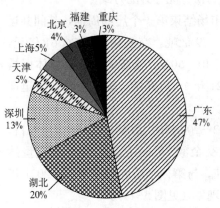

图 3-16 各试点碳市场配额交易量分布

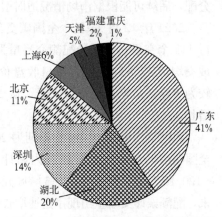

图 3-17 各试点碳市场配额交易额分布

资料来源：Wind。

截至 2023 年 7 月，地方主要碳市场累计交易总量约 44 551.61 万吨，达成交易额约 121.02 亿元，交易均价 27.16 元/吨（见图 3-18）。其中，广东省碳交易总量与交易总额最高，达 19 643.57 万吨与 50.49 亿元；湖北省交易规模居其次，交易总量和交易总额达 8 633.83 万吨和 25.23 亿元。得益于较高的交易均价，北京市交易总量仅为 1 827.51 万吨，仅高于重庆市，但交易总额达 12.38 亿元，居全国第三。地方主要碳市场运行情况良好。

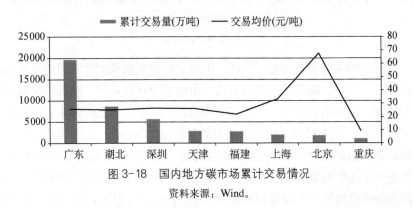

图 3-18 国内地方碳市场累计交易情况

资料来源：Wind。

2. 全国统一市场

2021 年 7 月 16 日，全国碳交易市场开始运行，其运行机制和试点碳交易市场相比存在一定差异。目前全国碳交易市场仅覆盖发电行业，纳入重点排放单位名单的标准为年度排放量达到 2.6 万吨 CO_2；配额分配方式为免费分配，后续可能根据市场情况适时引入有偿分配等分配方式。

2021年12月31日，全国碳交易市场结束第一个履约周期，其间共运行114个交易日，累计配额交易量为1.79亿吨，交易额达到76.61亿元，成交均价42.85元/吨，每日收盘价在40—60元/吨波动，价格总体保持较为平稳。从累计成交量来看，从2021年10月开始，配额交易数量迅速增长。

我国第二个碳市场履约周期为2022—2023年，截至2023年7月6日，全国碳市场在第二个履约周内累计成交金额33.65亿元，累计成交量达6 120.13万吨，成交均价为54.98元/吨。与第一个履约周期类似，2021年末，配额累计交易量出现了迅速增长的现象（见图3-19）。

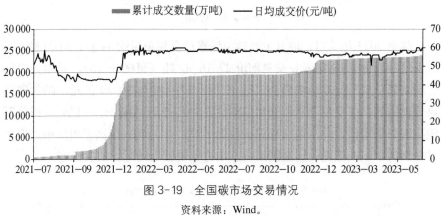

图3-19　全国碳市场交易情况

资料来源：Wind。

尽管全国碳交易市场运行顺利，但碳交易市场规模相比欧盟碳交易市场仍存在较大差距。随着运行时间增长，市场机制日益完善，欧盟碳交易市场的市场规模出现明显提升。2021年欧盟碳交易市场的配额交易量累计达到113.75亿吨，约为目前全国碳交易市场交易量的64倍；2019年欧盟碳交易市场的碳价稳定在20—25欧元水平（约为140—175元人民币），是目前全国碳交易市场平均碳价的4倍。2021年第一个履约周期内，全国碳交易市场覆盖的碳排放量（也就是配额总量）达到40亿吨以上，相较累积配额交易量1.79亿吨，换手率（即累积配额交易量/配额总量）约为4.5%，远低于目前欧盟碳交易市场41.7%的换手率。相比之下，全国碳交易市场仍处于发展初期，市场规模还有很大的提升空间。

四、CCER 的发展、暂停与重启

（一）CCER 的发展

在我国现行的碳市场体系下（地方碳交易市场和全国统一碳市场），控排企业可以通过购买 CCER 抵销一定比例的配额，辅助完成清缴履约。

CCER 是"中国核证自愿减排量"（China certified emission reduction）的缩写，它与 CDM 机制下的 CER 类似，都具有抵销碳配额的作用（见图 3-20）。

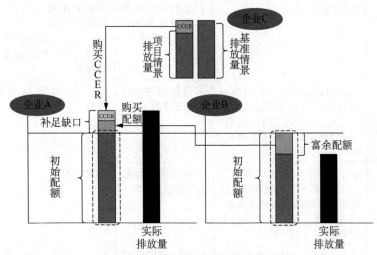

图 3-20　CCER 的抵销机制

资料来源：发改委，东吴证券研究所。

CCER 的出现为控排企业提供了额外的交易标的，且由于 CCER 可与配额进行 1：1 抵销，但交易价格一般低于配额，因此也间接降低了企业履约成本。同时，CCER 作为一种市场化的补偿手段，有助于盈利能力不佳的环保减排项目的可持续发展。

2012 年 6 月，国家发改委印发《温室气体自愿减排交易管理暂行办法》，对 CCER 项目的审定流程、登记要求、减排量管理方法等内容进行了规定，为我国 CCER 项目的发展拉开了序幕。

此后，CCER 首先出现在了各地方碳市场的交易中，各地方碳市场根据自身情况对 CCER 的应用方式进行了具体规定。其中，天津、深圳、广东等地 CCER 的最高抵销比例为 10%，北京、福建等地最高抵销比例为 5%。在项目要求方面，不同地方的碳市场对于符合要求的 CCER 项目要求也存在差异，其中，水电项目 CCER 基本被排除在外，不同区域的项目优先权存在差异（见表 3-7）。

表 3-7　全国各碳市场 CCER 抵销规定

地区	抵销办法	抵销比例	CCER 项目要求
北京	2013 年 1 月 1 日后实际产生的减排量；可使用 CCERs、节能项目碳减排量和林业碳汇项目碳减排量	不得超出当年核发配额量的 5%，其中，京外项目产生的 CCER 量不得超过当年核项目碳减排量	津、冀等与北京签署应对气候变化、生态建设相关合作协议的地区有优先权，氢氟碳化物（HFCs）、全氟化碳（PFCs）、氧化亚氮（N_2O）、六氟化硫（SF_6）项目以及水电项目减排量排除在外
天津	核证自愿减排所属的自愿减排项目，其全部减排量均应产生于 2013 年 1 月 1 日后；仅来自二氧化碳气体项目，不含水电产生减排量	不得超出当年核发配额量的 10%	津、京、冀地区获得优先权
上海	用于抵消的应为 2013 年 1 月 1 日后实际产生的减排量，且所用于抵消的自愿减排项目，其所有核证减排量均应产生于 2013 年 1 月 1 日后	不得超出当年核发配额量的 1%	非水电项目
深圳	风电、光伏、垃圾焚烧发电项目指定地区：广东（部分地区）、新疆、西藏、青海、宁夏、内蒙古、甘肃、陕西、安徽、江西等；全国范围内的林业碳汇项目、农业减排项目；其余项目类型需来自深圳市和与深圳市签署碳交易区域战略合作协议的省份和地区	使用比例不超过配额量的 10%	风电、光伏、垃圾焚烧发电、农村户用沼气和生物质发电项目；清洁交通减排项目；海洋固碳减排项目；林业碳汇项目和农业减排项目
广东	70% 以上的 CCER 来自广东省内项目	不得超出当年核发配额量的 10%	CO_2 或 CH_4 气体的减排量占项目减排总量的 50% 以上；非水电项目、化石能源的发电、供热和余能利用项目；非由清洁发展机制项目（CDM）于注册前产生的减排量

（续表）

地区	抵销办法	抵销比例	CCER 项目要求
湖北	项目有效计入期（2015 年 1 月 1 日—2015 年 12 月 31 日）	抵销比例不超过企业年度碳排放初始配额的 10%	在湖北省碳排放权交易注册登记系统进行登记；在湖北省内的 CCER 项目
重庆	减排项目应当于 2010 年 12 月 31 日后投入运行，碳汇项目不受此限制	不得超过审定排放量的 8%	不接受水电项目
福建	仅来自 CO_2、CH_4 气体的项目减排量	不得超过经当年确认排放量的 5%（林业碳汇不得超过 10%）	福建省内产生的 CCER；非水电项目
全国	应来自可再生能源、碳汇、甲烷利用等领域减排项目	不超过应清缴碳排放配额的 5%	不得来自纳入全国碳市场配额管理的减排项目

资料来源：中国碳排放交易网，各试点地区碳交易网。

2012 年以来，全国累计公示 CCER 审定项目 2 852 个，项目备案的网站记录 861 个；减排量备案的网站记录 254 个，实际减排量备案项目为 234 个。在公示项目类型方面，可再生能源项目较多，共计 2 032 个，占公示项目总数的 71%，其中，风电、光伏、水电、生物质能和地热项目分别为 947、833、134、112 和 6 个；其次为避免甲烷排放类项目和废物处置类项目，分别为 406 个和 180 个，占公示项目总数的 20.5%；其他项目如林业碳汇和煤层气项目，数量分别为 97 和 59 个（见图 3-21）。

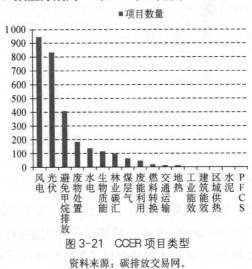

图 3-21　CCER 项目类型

资料来源：碳排放交易网。

（二）CCER 的暂停

2017 年 3 月，由于《温室气体自愿减排交易管理暂行办法》施行中存在着温室气体自愿减排交易量小、个别项目不够规范等问题，国家发改委暂缓受理温室气体自愿减排交易方法学、项目、减排量、审定与核证机构、交易机构备案申请，CCER 项目的申请和注册暂停。

在 CCER 项目审批停止后，存量项目产生的 CCER 交易并未停止。根据广州碳排放权交易中心统计，2022 年，全国 CCER 累计成交 868.06 万吨，其中上海、天津和四川交易数量分别为 290 万、265 万和 197 万吨；交易价格方面，根据复旦碳价指数，2022 年全国碳市场 CCER 买入价格由年初的 36.20 元/吨涨至年末的 56.90 元/吨。

截至 2023 年 6 月，全国 CCER 累计交易量达 4.54 亿吨，其中上海、广东和天津交易数量分别为 17 434 万、7 267 万和 6 758 万吨，名列前三（见图 3-22）；交易价格方面，根据复旦碳价指数，2023 年 7 月全国碳市场 CCER 买入价格为 54.46 元/吨。

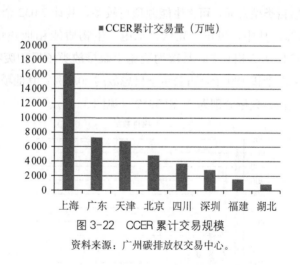

图 3-22　CCER 累计交易规模

资料来源：广州碳排放权交易中心。

（三）CCER 的重启

伴随着 CCER 交易如火如荼地进行，近年来，关于重启 CCER 项目的讨论不绝于耳。2022 年 10 月，生态环境部发布《中国应对气候变化的政策与行动 2022 年度报告》，指出要加快修订《温室气体自愿减排交易暂行办法》及相关配套技术规范；2023 年 2 月，北京绿色交易所开发完成全国温室气体自愿减排注登及交易系统，具备接受主管部门验收的条件；2023 年 3 月，生态环境部发布《关于公开征集温室气体自愿减排项目方法学建议的函》，为 CCER 重启迈出重要一步；2023 年 6 月，生态环境部在例行新闻发布会上表示力争于年内尽早启动全国温室气体自愿减排交易市场；2023 年 7 月 7 日，生态环境部编制发布了《温室气体自愿减排交易管理办法（试行）》（征求意见稿），CCER 重启进程稳步推进；同日，全国温室气体自愿减排注登及交易系统完成初步验收。

2023 年 10 月 19 日，生态环境部正式公布《温室气体自愿减排交易管理办法（试行）》，标志国家核证自愿减排量（CCER）正式重启。

根据《碳排放权交易管理办法（试行）》第二十九条，重点排放单位每年可以使用国家核证自愿减排量抵销碳排放配额的清缴，抵销比例不得超过应清缴碳排放配额的 5%。CCER 正式重启后，有望为我国碳市场繁荣带来新活力。

与之前发布的《温室气体自愿减排交易管理暂行办法》相比，《温室气体自愿减排交易管理办法（试行）》在基本原则、覆盖气体范围、减排量核查与登记等方面存在差异（见表 3-8）。在基本原则方面，增加了唯一性要求，要求项目未参与其他减排交易机制，不存在项目重复认定或者减排量重复计算的情形；在覆盖气体范围内，增加了三氟化氮（NF_3），该气体主要应用于平板显示、集成电路和光伏太阳能的生产过程中；在交易主体方面，新版本要求必须为国内登记组织；在方法管理方面，由"备案制"改为"制定制"；在项目登记时间范围方面，将时间范围改为 2012 年 6 月 13 日之后建设项目；在减排量登记时间范围上，新办法要求为 2020 年 9 月 22 日后产生的减排量，在项目申请登记之日五年内；此外，在登记流程、法律责任、登记条件等方面也有所变化。

表 3-8　管理办法新老对比

指标	《温室气体自愿减排交易 管理暂行办法》	《温室气体自愿减排交易 管理办法（试行）》
发布时间	2012 年 6 月 13 日	2023 年 7 月 7 日
覆盖气体范围	适用于二氧化碳、甲烷、氧化亚氮、氢氟碳化物、全氟化碳和六氟化硫等	适用于二氧化碳、甲烷、氧化亚氮、氢氟碳化物、全氟化碳、六氟化硫和三氟化氮等

（续表）

指标	《温室气体自愿减排交易管理暂行办法》	《温室气体自愿减排管理办法（试行）》
基本原则	所交易减排量应基于具体项目，并具备真实性、可测量性和额外性	具备真实性、唯一性和额外性，项目产生的减排量应当可测量、可追溯、可核查
交易主体	国内外机构、企业、团体和个人	中华人民共和国境内登记的法人和其他组织
主管部门	国家发展改革委	生态环境部
管理系统	国家自愿减排交易登记簿	全国温室气体自愿减排注册登记机构 全国温室气体自愿减排交易机构
方法学管理	国家主办部门备案	生态环境部负责制定温室气体自愿减排项目方法学
项目审定登记流程	方法学—审定—备案—评估—登记	设计—公示—审定—登记—可注销
项目审定登记时间范围	申请备案的自愿减排项目应于2005年2月16日之后开工建设	申请登记的温室气体自愿减排项目应当自温室气体自愿减排交易机制实施（2012年11月8日）之后开工建设
项目范围类别	方法学＋清洁发展机制	温室气体自愿减排项目应当来自可再生能源、林业碳汇、甲烷减排、节能增效等有利于减碳增汇的领域，能够避免、减少温室气体排放，或者实现温室气体的清除
减排量登记流程	核证报告—提交—评估审查—备案—登记	核算—公示—核查—登记
减排量登记时间范围	备案的项目产生减排量后	2020年9月22日之后，五年内

资料来源：根据法规整理概括。

第五节　我国碳排放权交易市场特点及运行效果

一、中国碳市场特点

我国七个碳排放权交易试点省市从2013年开始运行碳交易市场，试点地区分布于我国东、中、西和北部，人口 1.99 亿人，面积 48 万平方千米。试点地区具有不同的产业结构和经济发展水平，拥有全国约 30% 的 GDP 并产生全国约 20% 的二氧化碳排放量。

（一）控排目标

国内七个碳排放交易试点均以单位 GDP 二氧化碳排放下降为目标，属于降低碳强度的减排目标。各个试点省市依据自身的经济发展情况和产业格局衡量减排潜力，进而制定各自的减排目标。相比欧盟各成员国间大跨度的减排目标，中国试点地区内单位 GDP 二氧化碳排放量相比 2010 年下降 15%—19.5%，差距较小。

（二）排放边界

欧盟碳排放交易体系（EU ETS）是基于排放设施的交易体系，其对温室气体排放的控制与监管具体到排放设施。而国内试点当中，除了未明确规定的北京与重庆，其他地区的交易试点均以企业为单位进行温室气体的控排与监管。

在控排范围内，各试点碳市场在覆盖行业和纳入标准方面差异较大，国内各试点都设立了不同的能耗（以标准煤消耗或二氧化碳排放为单位）要求。湖北、广东和重庆都是工业大省（市），因此碳市场仅覆盖工业，纳入标准也相对较高。而北京、上海和深圳的第三产业较为发达，其碳市场不仅包括工业，还覆盖了第三产业，如建筑、航空、商业等，纳入标准也相对较低。

由于各试点碳市场的覆盖行业和纳入标准不同，加上企业结构有所差异，因此各试点碳市场覆盖的企业数量也相差较大：深圳最多，覆盖企业数量高达 832 家，以中小企业为主；天津最少，仅覆盖 114 家，以大型工业企业为主。

（三）配额分配

合理地分配碳排放权额度是整个碳交易机制有效运行的基础。配额分配也体现了极强的地域特色。北京、天津、深圳和湖北按年度进行配额分配，而上海、重庆和广东则是将 2013—2015 年的配额一次性分配。分配模式以免费分配为主，同时考虑小部分配额拍卖，但在配额数量的计算方法上差异较大，大部分试点采用统一的方法，有的试点则对增量和存量区别对待。如天津，针对存量采用历史排放法，针对增量采用基准线法。

在此以湖北省为例进行详细分析。湖北省对于配额的分配，综合考虑了企业历史排放水平、行业先进排放水平、节能减排、淘汰落后产能等因素，制订企业碳排放权配额分配方案。由于以行业先进排放水平为标准，湖北省给行业中各企业发放的碳排放配额相对较少，该种分配方式较能刺激配额以及核证减排量的市场需求，并促进行业整体的节能减排发展。试点期间，配额免费发放给纳入碳排放权交易试点的企业。根据试点情况，适时探索配额有偿分配方式。

湖北没有像广东和上海一样一次性发放 3 年的配额，而是选择按年度来分配发放，即每年 6 月 30 日前免费发放。每年分配碳排放权配额的分配方式有利于市场监管部门对市场状况的监测及调整。如果在第一年出现超额发放的情况，则可在第二年收紧额度，反之亦然。

但是，由于湖北是工业大省，一旦发生由经济衰退、行业不景气而引起的停产、减产等情况，产生的富余碳排放配额与核证减排量对市场的冲击将是致命的。所以，如何从碳排放配额分配方法上降低这种风险，是湖北省应该主要攻克的问题。

（四）补充机制

调控政策方面，体现地域特色的是抵销机制。虽然各试点省市都允许使用中国核证减排量（CCER）进行抵销，但是对于 CCER 的数量和来源有明显不同的规定，如广东省要求 70% 以上的 CCER 必须来自本省，这是根据该省西北部地区与珠三角地区经济发展差距较大而推出的自身补偿机制，既可帮助西北部地区获得技术与资金，也可推进本省碳市场的发展。

（五）激励约束机制和处罚

对于未按时完成配额清缴工作的，各试点省市也制定了不同的约束措施，包括罚款、记入企业信用、取消企业其他财政支持或者项目审批等，但是不同试点的惩罚力度不一，惩罚力度差异会直接影响碳市场的实施成效。从违约处罚来看，国内 7 个试点地区的处罚措施均以罚款为主，天津市对未履行义务的企业主要实行责令整改制度，其惩罚力度最弱。产生这种差异的主要原因在于各试点省市建设碳市场的法律基础不一样，政府所能行使的权力也不同。

（六）合规周期

在配额放弃与注销（合规机制）的问题上，国内各试点的遵约机制基本相同。从各地方试点地区已出台的相关政策性文件中可以看出，各试点均将履约日期定为每年 5 月、6 月左右，尽管配额发放形式不尽相同，但各试点地区每年均对辖内控排企业进行合规检查。

二、中国碳市场运行效果

（一）各试点碳市场交易价格差异较大

碳市场启动初期，各试点交易价格差异较大，深圳最高，湖北最低，之后各试点的交易价格逐渐趋同。2013 年履约期，深圳成交均价最高，为 67.67 元/吨，2014 年为湖北的第一个履约期，成交均价最低，为 24.34 元/吨。进入 2014 年履约期，经过碳市场的发展和调整，市场供求关系变得具有可预测性，价格逐步回落，进入较为合理的价格区间，各试点成交均价集中在 24—55 元/吨的范围内，并逐渐趋同。2015 年度碳价普遍下跌，但总体更加稳定，目前 7 个试点地区中，上海、广东、湖北、天津、重庆这 5 个碳交易试点的碳价在 20 元/吨附近波动，而北京、深圳这 2 个碳交易试点的碳价在 40 元/吨附近波动。

（二）碳交易市场前期的碳价飙升，履约期前后价格波动大

在开市前期，多数的中国碳交易市场都经历了不同程度的碳价上升。例如，深圳试点在 2013 年 6 月的开盘价约为 30 元/吨，但深圳碳配额（SZEA）价格在 2013 年 10 月时一度飙升至每吨 100 元以上（虽然当时的交易量较少）。这个现象也曾在国外的碳交易市场上出现过。在欧盟碳交易市场的第一阶段时，欧盟碳配额（EUA）在 2005 年初以低于 10 欧元/吨的价格开始交易，但到 2005 年中旬时，EUA 价格飙升至 30 欧元/吨。

碳价履约前后波动较大。在 7 个碳交易试点当中，有些试点的碳价出现了季节性的波动。在上海（2014 年 6 月）、北京（2014 年 7 月）和湖北（2015 年

7月）的第一履约期时，这些试点的碳配额价格都出现了上涨的现象，涨幅介于30%—60%（对比开市价格）。履约期过后，碳配额价格便立即回落。碳配额价格会出现这种现象主要是因为控排企业在履约期的配额需求大量增加，导致碳价飙升。在碳市场和控排企业成熟后，碳价将减少季节性波动。

（三）试点交易履约驱动性较强，但碳市场交易总量比例较稳定

湖北的交易量占中国碳市场总交易量的48%，远远超过起步较早且配额总量相当的上海、广东和天津等试点。2013年履约期，除天津之外，深圳、上海、北京、广东最后一个月的成交量占总成交量的比重均超过了65%，完成履约后，交易量又显著下降。2014年履约期与2013年履约期相比，交易量集中于履约截止前的情况有所改善，履约最后一个月，除广东外，其余试点成交量占总成交量的比例均在50%以下。中国碳市场交易持续性较差，原因在于大部分控排主体的碳排放权交易策略十分被动，参与碳排放权交易的主要动机仍是完成履约。交易不能分散在平时而是集中于履约前一个月会大幅增加企业的履约成本，尤其是在缺乏碳期货和期权交易的市场上，根本无法实现低成本减排的初衷。

对比7个碳交易试点地区的时序综合交易情况，2015年度全国范围内当日碳交易量明显增加的日期比2014年度最多提前了约70个交易日，这也说明2015年度碳市场交易的积极性远远高于2014年度，更多交易者主动参与交易；从日交易量在20万吨以上的交易日数量来看，2015年度有22天，约为2014年度12天的两倍，而从日交易量在5万吨以上的交易活跃期持续时间来看，2015年度比2014年度多了50多个交易日，这都反映出2015年度碳市场活跃度远高于2014年度。

对比7个碳交易试点两个年度的交易情况可以发现，变化最大的是广东碳市场，2015年度广东碳市场交易总量占全国总交易量的27%，而在2014年度该值仅为6%；天津碳市场和上海碳市场的交易总量急剧减少，两者共减少了约16%的市场份额。表现最为稳定的是湖北碳市场和深圳碳市场，其中，湖北碳市场是国内最大的碳市场，市场份额约为全国总量的43%，而配额总量最小的深圳碳市场交易量之高得益于其较高的交易活跃度。

（四）履约率较高

2015年6月底7月初，全国7个碳交易试点陆续步入年度履约期限，率

先完成履约的是广东、北京、上海、深圳 4 个碳试点。

截至 6 月 30 日，北京碳市场 543 家碳排放企业全部按期履约，未出现一家单位受罚。同日，上海 190 家试点企业全部按照经审定的碳排放量完成 2014 年度配额清缴，上海碳市场成为国内唯一一个连续两年圆满完成履约的试点地区。7 月 1 日，深圳市 634 家管控单位顺利完成了 2014 年度碳排放履约义务，按时足额提交了碳排放配额，深圳碳市场履约率约 99.69%，华瀚科技有限公司、深圳翔峰容器有限公司两家企业由于未能按时足额提交配额，将面临失信惩罚。截至 7 月 8 日，2014 年度广东 184 家控排企业碳排放履约率达 100%。广东也在碳交易启动的第二年度，首次实现所有控排企业 100% 履约。

7 月 10 日，湖北碳市场 138 家控排企业 100% 完成履约，同比减排 781 万吨，同时，湖北碳市场也超额完成国家下达的碳强度下降目标，排放下降率为 3.19%。天津市 2014 年度碳排放履约工作也于 7 月 10 日结束，112 家纳入企业中，履约企业 111 家，未履约企业 1 家，履约率为 99.1%。重庆碳市场履约期推迟 1 个月，至 2015 年 7 月 23 日，2015 年是重庆碳市场的首个履约年，且实行 2013—2014 年度合并履约。

在经历了 7 省市的碳交易试点后，企业对碳履约更加重视、碳资产意识不断提升。

 **我国碳市场实践过程中存在的问题**

第六节

一、交易机制存在差异，试点碳市场发展不均衡

试点碳交易市场主要依据本区域的社会经济发展状况设计碳交易机制，在参与主体、分配机制、履约机制等方面存在差异。由此，导致各试点市场发展不均衡，相互之间难以进行有效连接。

从市场主体来看，由于经济发展和产业结构存在差异，各试点城市分别设置了不同的碳交易行业覆盖范围。例如，北京以第三产业为主，北京试点碳交易市场的主体主要是企事业单位；湖北以第二产业为主，其中又多为钢铁、水泥、电力、化工等高排放工业企业，试点碳交易市场的主体以大型工

业企业为主。

从发展规模来看，各个试点碳交易市场之间存在较大差距，广东和湖北在交易量和交易额上持续领跑试点碳市场。

二、缺乏流动性，试点碳市场交易不活跃

充足的流动性，是市场有效配置资源的基础。由于覆盖的行业和企业较少，市场主体参与数量较少，中国试点碳市场的流动性并不充足。这不仅严重制约了其对碳配额资源的有效配置，而且加剧了碳市场的流动性风险。从日成交量数据来看，各试点碳市场交易时间均比较集中，具有明显的周期性。试点碳交易市场的交易峰值主要出现在下半年，上半年（主要是非履约期）整体交易不活跃，甚至出现多个交易日无交易的情况。即使是碳交易相对活跃的广东、湖北两地，交易高峰也出现在历年年底。

不同的试点城市在碳排放权交易主体的资格认证和碳排放交易行业的覆盖范围方面存在差异。我国人口众多，建筑面积大，能源消耗量大，因此目前试点城市的碳交易主体行业大多数都是耗能较高的重工企业，对于垃圾废水处理这类耗能低的企业缺乏关注，总体来看，我国碳排放权交易市场的覆盖范围仍不够广泛，参与度程度也不够深入。

由于各个试点横跨了中国东、中、西部地区，区域经济差异较大，制度设计体现出了一定的区域特征。深圳的制度设计以市场化为导向；湖北注重市场流动性；北京和上海注重履约管理；而广东碳市场重视一级市场，但政策缺乏连续性；重庆企业配额自主申报的配发模式使配额严重过量，造成了碳市场交易冷淡。整体来看，中国试点碳市场交易不活跃，存在较强的政策导向性。

三、初始配额分配方式和标准不统一，试点碳市场缺乏公正性

在各个省市试点运行的过程中，初始配额的分配存在差异性问题，没有统一的法律法规对初始配额进行合理的分配，很可能导致碳排放交易市场缺少公正性，例如在各个试点省市中，有的试点选择无偿分配，而有的试点可以选择无偿分配和有偿分配两种方式。对于无偿获得初始配额的情况，不同

的地区也有不同的分配方式，主要有按照历史排放法进行分配和按照原有的排放标准进行分配两种。以历史排放法进行分配的地区，有的以平均排放量进行分配，有的以极大值排放量进行分配。由此可见，不同的地区对初始配额的分配方式各不相同，没有统一衡量的标准。

在碳排放的初始配额问题上，各地区出现了不公平的现象。例如北京在对配额进行初始分配时，没有全面考虑到核算边界的问题，导致部分企业的碳排放量增加，部分企业未领取实际配额，进一步影响了初始配额分配的公平性。同样是在北京，由于政策中没有将外购蒸汽纳入核算范围之内，部分企业在整改过程中，用电力机组代替蒸汽机组，使企业的排放量增加。在湖北省，主要通过历史排放法进行配额分配，该方式导致部分工艺先进、历史排放量小的企业配额较小，无法满足现阶段的标准需求，出现了分配不公的现象。除此之外，在缺少统一配额分配标准情况下，容易导致配额集中、市场流动性差的现象。目前在上海、广东、湖北等地区都存在垄断现象。

四、碳价不合理，试点碳市场缺乏有效性

合理的碳价，是实现碳配额资源合理配置的前提。在流动性不足的碳市场中，碳价往往无法反映真实的供需，缺乏合理性。不合理碳价的表现形式包括碳价价差大、波动性大、整体低迷等。

从碳价价差来看，2013 年试点交易开始之初，各试点碳交易市场中成交均价最高的是深圳（73.31 元/吨），最低的是天津（28.82 元/吨），价差将近 45 元/吨。2020 年各试点碳交易市场中成交均价最高的是北京（87.13 元/吨），最低的是福建（17.34 元/吨），价差将近 70 元/吨。各试点碳市场间的价差呈现扩大趋势。

从碳价波动性来看，2013—2020 年，北京试点碳交易市场的碳价上涨了 68.75%，深圳试点碳交易市场的碳价下跌了 54.69%，各试点碳交易市场的碳价波动较大。

此外，中国试点碳交易市场的碳价整体低迷。据统计，2020 年年底，各碳交易市场的年均碳价在 17—90 元/吨的区间内，而欧盟碳排放权交易市场 2020 年的平均碳价约为 26 美元/吨。碳价的长期不合理，给碳交易市场的有效性带来挑战，也不利于充分发挥碳交易市场的减排作用。

五、碳排放监测缺乏监管机制，试点碳市场缺乏稳定性

在碳排放权交易体系中，需要排放数据作为基础来进行主体资格的认定，并且在总量控制方面也需要以排放数据作为支撑，因此，要做好排放数据的监测，也要加强排放监测计划的监管。

我国目前暂行的管理条例中，允许纳入重点排放监测的企业自行申报监测数据，并且也允许企业在国家公布的核查机构中自行选择。完全依靠企业提供的自主监测数据作为区域总量控制的依据缺乏客观性，而且，我国对试点地区碳排放监测核查的规定中也仅要求对异常排放量进行抽检，并非全面核查，所以，无法掌握真实的排放数据，对于超出标准的排放行为也无法做到有效监管。

我国碳排放权的交易，实际上是在政府监管下的自愿交易行为，而各地不同的标准给监管带来了不便。从碳交易的全过程来看，市场的准入、主体资格的审查、交易程序的审批、碳交易报告的检测核查等，运行中监管越位与缺位的现象时有发生，不利于碳金融市场的健康、创新发展。

 **第七节　　我国碳市场规范发展措施**

碳排放权交易是市场化、低成本、可持续的减排政策工具，大力发展碳交易市场将为中国实现碳达峰、碳中和目标提供有效支持。中国碳交易市场在十年的探索中砥砺前行，通过不断积累实践经验，目前已具备坚实的发展基础和广阔的发展前景。当前，全国碳交易市场正式启动，可以从以下方面加快完善全国碳市场建设。

一、丰富市场参与主体，提升碳市场交易活跃度

交易的活跃度不足，是目前中国碳市场面临的重要问题。相比国外碳市场 500%—600% 的换手率，中国碳市场的平均换手率仅为 11%，且碳交易存在明显的周期性，往往集中在履约月的前几个月。在此情形下，碳市场的

流动性在非履约月长期不足，流动性风险显著。

造成中国试点碳交易市场活跃度不足的原因，在于各试点碳市场所涵盖的行业较少，市场主体参与数量较少。因此，可考虑进一步丰富市场参与主体，持续提升市场的覆盖面、流动性和有效性。在控排行业方面，尽快将钢铁、化工、水泥等其他重点排放源行业纳入全国碳市场，并且明确其他行业纳入全国碳市场的时间安排。在投资机构方面，可纳入多种类型机构投资者，包括碳资产投资公司、集团内碳资产公司、券商等金融领域成熟机构。未来，随着市场相关机制的不断完善，可以适时有序地将个人投资者和境外机构引入碳金融市场。

二、合理规划配额分配标准，确保市场公平

在初始分配时应将我国的国情以及经济和环境效益考虑在内，以确保公平分配。在分配时可采取无偿和有偿两种分配方式。围绕减排目标和成本设定弹性的分配规则，笔者赞同在初始分配时以无偿分配为主、有偿分配为辅的方式进行组合，尽量实现效益最大化。

在初始分配阶段，为了使企业更容易接受碳排放权的分配制度，推动企业主动承担起碳减排的责任，扩大交易市场的参与主体量，我国大部分试点地区都采取无偿分配的方式。碳排放配额的无偿分配虽然能够使企业节约一定的成本，但其弊端是无偿配额过多的企业无法将多出的配额进行出售而获取额外的利润，因此，无偿分配也会使部分企业承担一定的机会成本。

因此，采取无偿分配模式需要制定科学的分配标准和参考依据，要详细了解各地区、企业在过去和当前的碳排放量以及各产业的性能标准等基础信息，避免信息不全面造成分配不合理，引发市场纠纷。另外，要明确区分排污企业，加强对排污行为的管理，使这类企业承担起保护环境的责任。

实施有偿分配的方法能够使某些对环境污染程度高或碳排放量较大的企业付出一定的生产成本。并且，在无偿分配无法满足企业需求的情况下实施有偿购买，能够推动碳减排目标的实现，是市场的刚需。同时，这种能够额外获利的分配方式也会吸引更多的主体参与到交易市场中来，使交易市场的功能更加完善。

总之，可以制定科学的分配手段，充分利用有偿和无偿两种分配方式，对减排目标实现较好的企业给予一定的配额补贴，使其通过碳交易市场进行

拍卖或出售以获取利润。这种方式能够促进企业积极进行碳减排，同时也能吸引更多的企业参与其中，通过市场化运作最大化地发挥配额的作用，使碳市场一直保持活跃的状态。

三、推进以市场为主要导向的价格机制，增强市场有效性

当前对交易价格的调控主要包括三个方面，分别是影响供求关系、制定数量调控机制和预设价格区间。通过这三种方式将交易价格控制在合理价格区间，以避免出现过大的价格变化。但随着交易体系的不断完善和供应机制的日益成熟，对于价格的调控可以通过市场机制进行。

由于我国各地区的经济发展水平不等，为保障碳交易市场的稳定运行，在制定碳交易价格时应综合考虑国家统一的价格区间，并结合不同地区的经济发展和产业特征，划分不同的价格等级。

各地区应以市场为导向，根据当地的碳排放水平和经济发展情况以及社会因素，设定交易的上限价格和底限价格，使所有的成交价都在价格区间内浮动，并对交易过程进行严格的监管，对价格的变化进行充分的评估。

通过从国家层面制定统一的价格区间，各省（区、市）选择合适的价格等级维持交易价格的稳定，进而在碳交易价格过高或过低时，形成从国家到地方政府部门和管理主体都能够适时做出价格调控的局面，保障碳交易市场的稳定运行。

四、完善与国际碳市场的连接机制，融入国际碳市场

由于在管理制度和技术水平上存在较大差异，目前全球各碳交易市场还存在较大的独立性，仅有部分交易所开展了互联探索。例如，美国加州碳交易市场和加拿大魁北克碳交易市场通过西部气候倡议（WCI）实现互联。随着全球变暖加剧，应对气候变化成为各国共识，碳排放将成为生产要素中的重要部分。未来，碳市场将成为与股票市场、债券市场、外汇市场、商品市场同等重要的市场，全球碳市场之间具有很大的合作潜力。中国碳市场应尽快完善与国际碳市场的连接机制，积极推动具有国际影响力的碳定价中心建设，从而进一步促进碳权在全球范围内的合理定价与分配。

五、完善我国碳排放权交易的监督体系

碳排放权交易市场的健康稳定运行，不仅需要完善的交易体系和市场机制进行调节，还需要相关管理部门配合监督管理。因此，完善交易的监督管理至关重要，通过监督管理能够保障交易市场的秩序安全，有效管控碳排放权的交易异常情况。

（一）成立单独的监管机构

在碳排放权交易过程中，需要第三方监测机构发挥作用，对企业的碳排放数据进行监督，对配额发放留存记录，对交易行为进行全面监测。我国目前采取的监测方式是企业自主申报，对于异常的数据再由相关主管部门进行抽检。主管部门仅抽检异常排放数据，没有连续性的数据作为支撑，使得抽检部门也无法准确掌握企业的实际碳排放情况。因此，建议设立独立的监测部门对异常排放或重点企业进行监测，并将监测数据存档，以便政府部门或核证机构抽检核查。

（二）完善国家和地方的双层监测制度

对于碳排放权交易的监测，不仅需要从国家层面制定统一的监测制度，各地区还应在国家监测制度的指引下，制定符合地区碳交易市场发展趋势的监测制度，从而实现国家和地方监测制度的相互协调和有效联动。

国家层面可以建立衔接各地方的监测网络，明确监测的范围，制定统一的报告格式，明确报告的内容，审核地方核证机构的资质，建立高水平监测备案平台，要求地方在该平台登记备案监测数据，以实现全国的信息共享，确保地方的监测数据真实有效。

地方的监测体系主要围绕本区域内的行业展开排放监测，并在国家的指引下进行监测数据的上报和备案，由国家统一监管。

国家与地方明确分工，各司其职又统一协作，双向的监测机制更有利于准确掌握我国的碳排放数据，为优化减排策略提供信息支撑，有效控制交易的风险。

（三）完善惩罚力度措施

目前，国家和地方现有的管理办法对交易主体的违法违规行为的惩

罚，大多以经济处罚为主，对受害方的救济也是以经济补偿为主。各试点地区的管理办法由地方制定，因此经济处罚的数额高低不等，并且个别省份还制定了处罚上限。这样的惩罚措施显然有失公平，且从各省份的管理规定来看，对于碳交易违法违规的经济处罚额度过低，惩罚力度不够。为了确保各交易主体的利益不被侵害，明确各主体的法律责任，应制定国家层面的法律法规，并根据违法程度设定差异化的惩罚措施，提高处罚额度。针对虚假上报排放量的企业，应限制其交易期，比如限制其两年之内不允许进行碳排放权交易；第三方核证机构若出现违规行为，可以撤销其核证资格，但允许其限期整改，对于整改后复查符合要求的机构再授予其核证资格。

第四章
碳排放权交易市场结构

企业碳管理

一、企业碳管理体系

企业完整碳管理体系是以过程方法、PDCA 循环、生命周期分析理论（LCA）、风险管理理论（RMS）、ISO 管理体系标准的高阶架构（HLS）为编制基础，囊括了"碳排放、碳资产、碳交易、碳中和"与"碳信用评级"（4+1 模块）的系统性管理体系。

把企业质量管理与"双碳"挂钩，推行"碳目标设定、碳管理体系打造、碳管理体系认证"这三个企业碳管理核心步骤，并在落地行动规划与组织保障层面为企业碳管理提供支撑，助力我国实现"双碳"目标和企业高质量发展（见图 4-1）。

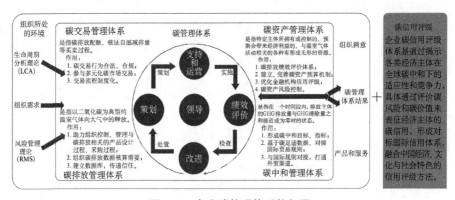

图 4-1 企业碳管理体系构架图

企业碳管理需从战略层面的顶层设计一步步落实到具体的行动，针对碳排放数据、碳资产、碳减排等制定相对应的管理制度，通过有效的工具和平台开展碳管理工作，提升管理效能，并基于"SMART"的工作成果进行品牌建设。

企业还可以通过碳信息披露机制，引导公众从低碳消费的视角共同参与企业的碳管理，关注从消费端促进碳减排，提升企业声誉和竞争力。

根据企业管理模式进行企业"双碳"战略制定，其中涉及人力资源、财务、研发、供应链、营销等全流程的整体管控，并结合最终绩效的制定，组建"双碳"工作小组为碳管理体系实施提供组织保障。

二、企业碳管理流程

（一）碳核查

碳核查是第三方服务机构对纳入国家要求控排和碳交易的企业提交的温室气体排放量化报告进行核查的活动。《碳排放权交易管理办法（试行）》规定，省级生态环境主管部门应当根据生态环境部有关规定，以"双随机、一公开"的方式开展重点排放单位温室气体排放报告的核查工作。核查结果应通知重点排放单位，作为其配额清缴的依据，并报生态环境部。碳排放核查是碳交易的必要前提。

碳排放核查工作包括文件评审和现场核查，核算边界、数据真实性和正确性是核查重点。

核查依据包括：（1）《碳排放权交易管理办法（试行）》；（2）生态环境部发布的工作通知；（3）《温室气体排放核算方法与报告指南》；（4）《企业温室气体排放报告核查指南（试行）》。

核查工作遵循如下要点，核查流程如图 4-2 所示。

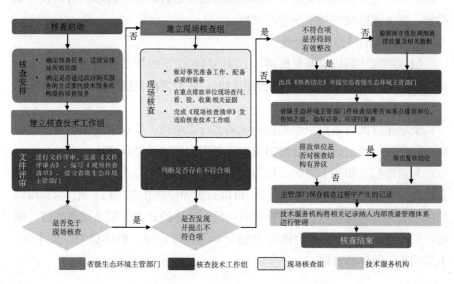

图 4-2　企业碳核查流程图

（1）重点排放单位基本情况；

（2）核算边界与核算方法（一致性、完整性）；

（3）核算数据；

（4）活动数据（真实性、可靠性）；

（5）排放因子（真实性、可靠性）；

（6）排放量（正确性、合理性）；

（7）生产数据（抽样法）；

（8）质量保证和文件存档；

（9）数据质量控制计划及执行情况。

（二）碳交易

1. 进行碳交易的企业范畴

进行碳交易的企业主要包括以下四类。

（1）高排放传统企业。

我国有超过一万家企业被纳入碳排放交易市场，每家企业均需要知道自己的碳排放量，并且至少每年需要核查自身碳排放量。仅电力行业就有2 225家，另有石化、化工、建材、钢铁、有色金属等行业的企业。

（2）负排放高新企业。

风电、光伏和碳捕集等负碳技术企业需要进行碳资产管理，从而获得减排量，进入碳排放交易市场进行交易。

（3）对外出口导向型企业。

根据欧盟"碳边境调整机制"（CBAM）议案的规定，钢铁、水泥、玩具、纺织等行业的企业，在对欧盟出口时，将需要报备碳排放数据。

（4）绿色消费驱动型企业。

全球超过两百多家企业和机构承诺实行碳中和，多家中国企业也提出了碳中和目标，所有碳中和路线图均需要对碳中和过程进行评估。

为清晰起见和便于说明，我们可以把上述四类企业进一步归类为控排企业和非控排企业两类，（1）和（2）可以归类为控排企业，（3）和（4）可以简单归类为非控排企业。但需要说明的是，这样的分类并不是特别严谨，例如，（3）和（4）中也有可能有个别企业为控排企业，但毕竟为少数个案，不影响我们整体的分析。

2. 控排企业

控排企业可以在相应交易机构，通过对依据碳排放权取得的碳排放配额进行交易，从资金角度量化减排举措效益。

3. 非控排企业

尚未纳入控排范围的企业可以通过自愿减排机制参与碳市场交易，国家核证自愿减排量（CCER）可视为企业碳资产，为积极推动自愿减排行动的企业创造直接经济价值。

CCER 是经国家主管部门在国家自愿减排交易登记簿进行登记备案的温室气体自愿减排量。CCER 可像商品一样在市场上交易，超排企业可在市场上购买 CCER 用以抵消部分碳超排量，自愿减排企业可通过交易 CCER 获得收益。CCER 是全国碳排放权交易市场（强制市场）的有益补充。

（三）碳评定

1. 碳评定体系

碳评定是企业碳管理过程的重要一环，即企业可以针对"双碳"工作成果开展系列绿色评价与认证。

绿色评价与认证包括 ESG 管理体系认证、碳管理体系评定、碳中和认证、碳足迹认证、绿色建筑认证等。针对物流领域，还有绿色低碳物流管理体系认证、快递包装绿色产品认证等。企业可根据自身双碳工作成果与需要，与外部机构合作，开展绿色评价与认证。

碳管理体系评定指通过组建碳管理体系评定工作委员会，对申请进行碳管理体系评定的组织的碳排放管理能力、碳资产管理能力、碳交易能力和碳中和能力等进行评定。碳管理体系评定工作委员会为独立于环交所的外部组织。

2021 年，上海环交所牵头发布了《碳管理体系要求及使用指南》，该标准为帮助企业规范内部管理流程，培养专业的碳管理人才而制定，进而服务企业低碳生产与低碳运营，助力企业有效应对碳定价、碳边境调节税等一系列与碳相关的政策风险，协助企业在双碳背景下抓住机遇。

碳中和认证旨在为企业提供碳排放和净零排放之旅的描述，表明该企业正致力于减少碳排放，并通过支持环境项目中和剩余影响。

2. 碳中和认证参照标准

（1）PAS 2060。

全球第一个提出碳中和认证的国际标准，由英国标准协会（BSI）于

2010 年发布。该标准对实现碳中和的抵销信用额进行了明确规定，抵销所采用的方法学和类型均应符合相应原则。

（2）ISO 14064。

国际标准化组织发布了 ISO 14064 标准，并于 2018 年和 2019 年进行修订。标准具体细分为三个部分：第一部分是在组织层面上量化和报告温室气体排放和清除的规范和指南；第二部分是在项目层面上量化、监测和报告温室气体减排和加速清除的规范和指南；第三部分是温室气体认定的审定和核查规范和指南。

（3）INTE B5。

哥斯达黎加在 2016 年发布的针对其本国碳中和项目的标准。在温室气体的核算和核查方面，INTE B5 直接采用了 ISO 14064 标准的第一部分和第三部分，而在温室气体减排、排放抵消方面，INTE B5 则结合本国情况，提供了其他更具体的规范要求。

（4）ISO 14068。

ISO 于 2020 年 2 月成立工作组，制定国际标准 ISO 14068-1：2023。该标准于 2023 年 11 月 30 日正式发布。ISO 14068-1 的标准重点集中在标准范围、核心术语的定义、减排量要求、碳中和信息交流等方面。

此外，我国生态环境部 2019 年发布了《大型活动碳中和实施指南（试行）》，规范了大型活动的碳中和实施规则。

3. 碳中和认证流程

（1）测量。

首先计算温室气体排放总量，将所有组织活动排放加总。碳中和认证要求测量企业/组织 12 个月的排放量。衡量一个组织的碳排放需要以下步骤：

① 建立排放边界：与组织运营活动相关的排放源。

② 收集所需数据：每个排放源都需要量化，需要输入相关活动数据。

③ 计算排放量：使用精确的计算模型量化收集和输入的数据。

（2）减少。

① 创建策略：碳排放量化后，制定和实施一个计划来减少碳排放。减排计划需要关注主要排放源。

② 减少排放：在完成报告期测量之后（12 个月），企业/组织需要采取行动并实施削减战略中规定的变更。

（3）偏移。

① 碳补偿：可以通过购买来抵销那些无法减少的碳排放。

② 偏移项目：项目类型包括重新造林和植被重建、农业土地管理、可再生能源项目等。

（4）验证和确认。

① 核查：有些认证程序会要求核实碳足迹，还可能包括申请认证时的源数据审核，以及之后的定期技术评估。

② 确认：根据排放边界和排放清单，对报告期的活动数据进行验证。

（5）签署许可协议。

与认证提供商签订许可协议，获得他们的"碳中和商标"使用权。

（6）交流结果。

通过多种方式与关键利益相关者分享气候承诺。

三、企业碳管理案例

（一）戴尔：净零排放方针

戴尔实现净零排放目标的方法侧重于三个主要领域的减排：自身运营产生的排放（范围 1 和范围 2），供应链产生的排放（范围 3），以及使用戴尔产品而产生的排放（范围 3）。任何情况下，戴尔都将结合科学且有时限的中期目标，监测公司朝着净零目标努力的进展。与此同时，戴尔还与供应链和研发团队展开合作，以应对公司直接控制范围以外所造成的影响。

1. 上游排放：与供应链合作

戴尔与供应商合作，帮助监测和管理他们的碳足迹，对实现净零排放至关重要。戴尔与合作伙伴展开多方面的合作，包括他们如何采购能源、提高能源效率、改善物流以及完善气候相关的测量和报告。戴尔还帮助供应商制定他们自己的相关实践。要在上游排放方面取得重大进展，需要供应商以及他们自己的供应商效仿戴尔的计划，或制定自己的计划，并设定类似的目标。

2. 企业自身运营排放

戴尔到 2040 年将范围 1 和范围 2 的排放量减少 50% 的目标已获得 SBTi 的批准，与全球将升温控制在 1.5 摄氏度以内的减排目标相一致。公司已经开始通过升级基础架构和提高运营能效来降低能源需求。戴尔承诺，到 2030 年，使用的电力 75% 为可再生能源；到 2040 年，100% 为可再生能源。这将使公司剩余的范围 2 的排放几乎为零，从而解决净零目标的这一部分。

对于范围 1 的排放，戴尔专注于消除在建筑物和车辆中使用会产生温室气体排放的燃料，并为公司的建筑物和设备改用低排放或零排放的冷却系统。虽然目前已经有一些类似技术，但戴尔认识到，为了实现既定目标，公司仍需要探索新的技术，而且也规划在未来几年内尝试不同的选择。

3. 下游排放：管理产品足迹

对于范围 3 的排放，2013 年末，戴尔公布了将整个产品组合的能量强度降低 80%（2012 财年—2021 财年）的目标。如此远大的目标在公司所处的行业中尚属首次，并在 2015 年由 SBTi 对此进行验证时得到了高度认可。在实现这一目标的最后一年里，戴尔记录到的数据较 2012 财年基准相比降低了约 76.7%。2023 财年，戴尔发布全新的 2030 年目标，减少与已售出产品的使用相关的碳排放。戴尔将与直接材料供应商合作，到 2030 年将单位收入产生的温室气体（GHG）排放量减少 60%。

虽然能量强度是产品碳足迹的关键部分，但戴尔也认识到，必须通过公司的设计和服务不断寻求机会来推动循环经济。戴尔在产品生命周期的每个阶段都考虑到可持续性，并专注于使用影响更小的可持续材料，从而使公司的产品寿命更长，更容易修理、翻新或回收，所有这些都有助于减少整个产品生命周期中的排放。到 2050 年，戴尔将实现范围 1、范围 2 和范围 3 的温室气体（GHG）排放量达到净零。

（二）顺丰：科技赋能碳管理

1. "双碳"目标

顺丰致力于通过量化指标衡量自身在应对气候变化风险与机遇方

面的工作成果。公司将在每年度的可持续发展报告中持续披露能源消耗量及密度、温室气体排放量及密度等与气候变化相关的环境指标及目标完成进度，努力实现自身 2030 年减碳目标，助力国家实现"双碳"目标。

（1）长期目标。

• 在 2030 年实现自身碳效率相较于 2021 年提升 55%；

• 在 2030 年实现每个快件包裹的碳足迹相较于 2021 年降低 70%。

（2）中、短期目标。

基于 2030 年减碳目标，顺丰制定了阶段性目标，协同各业务模块共同助力碳目标的达成。表 4-1 列出了 2023 年的减碳目标。

表 4-1　顺丰 2023 年减碳目标

目标类型	2023 年目标
绿色运输	2023 年预计新增 2 000 台新能源车辆运力投入
清洁能源	2023 年产业园清洁能源发电量预计达 4 000 万千瓦时
绿色包装	2023 年通过包装减量化措施，预计减少二氧化碳排放量达 8.8 万吨

资料来源：《2022 顺丰控股可持续发展报告》。

2. 科技赋能碳管理

顺丰致力于通过科技赋能合作伙伴，推动行业绿色转型升级，共同响应国家"双碳"目标。

作为助力碳中和的先行者和推进者，顺丰通过在人工智能、大数据、机器人、物联网、物流地图、智慧包装等前沿科技领域进行前瞻性布局，结合新能源应用，将科技力量注入每个快件的全生命周期，助力"收转运派"全流程的提质增效和低碳减排。

（1）绿色科技底盘，加速碳管理标准化。

顺丰首创行业绿色低碳转型范例，打造数智碳管理平台——丰和可持续发展平台（以下简称"平台"），平台由碳核算、碳目标、碳资产管理等部分组成，覆盖包装、运输、中转、派送等多个环节，共计 60 余个典型场景 120 余项指标。

（2）数智化碳平台，推动供应链可持续。

顺丰基于平台的标准化碳管理底盘能力，帮助客户了解运输和物流相关活动中的温室气体排放量，提升供应链物流的碳排放数据透明化程度，对高排放环节进行分析和优化，实现运营过程中的有效识别与管控。

（3）赋能行业发展，打造"零碳未来"计划。

在实现全球碳中和的蓝图里，建设零碳的商业社会至关重要。除了提供可视化、可量化的低碳产品、低碳服务，帮助客户向外展示他们对于环境的承诺，助力客户创造绿色价值之外，顺丰还与商业合作伙伴分享自身的碳管理经验，参与建立物流行业的碳排放核查、碳资产管理相关标准。

3. 全生命周期碳管理

顺丰以保护环境、节能减排为目标，不断完善环境管理体系，通过推进低碳运输、打造绿色产业园、践行可持续绿色包装以及绿色科技应用等举措，实现覆盖物流全生命周期的绿色管理，积极打造可持续物流。具体的方向和措施见表 4-2。

表 4-2　顺丰减碳方向及措施

减碳方向	减碳举措
绿色运输	绿色陆运： ● 优化运力结构，提升新能源车辆运力占比 ● 提升车辆装载容积、置换高轴数车辆、清退高油耗车型 绿色航空： ● 提升低能耗高效率的大型货机占比 ● 提升航空基地场内新能源车辆占比 ● 采用截弯取直、二次放行等节省航空燃油技术
光伏发电	持续加大产业园光伏建设，提升清洁能源使用占比
绿色包装	推行包装减量化、再利用、可循环、可降解
绿色科技应用	● 通过智能运输路径规划，减少运输能耗 ● 推广电子回单、拍照回传、无纸化报销
其他	● 种植顺丰碳中和林实现碳抵销 ● 通过劳保工服积分替换机制，激励小哥降低劳保工服替换频次，减少物料消耗

资料来源：《2022 顺丰控股可持续发展报告》。

顺丰的减碳措施取得了明显成效，在此以 2022 年为例进行说明，见图 4-3。

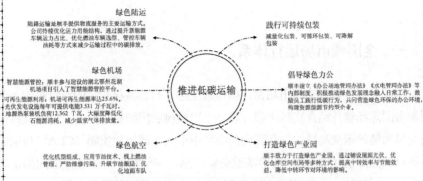

绿色陆运
陆路运输是顺丰提供物流服务的主要运输方式。公司持续优化运力用能结构，通过提升新能源车辆运力占比、优化燃油车辆选型、管控车辆油耗等方式来减少运输过程中的碳排放。

践行可持续包装
减量化包装、可循环包装、可降解包装

绿色机场
智慧能源管控：顺丰参与建设的湖北鄂州花湖机场项目引入了智慧能源管控平台。
可再生能源利用：机场可再生能源率达25.6%。光伏发电设施每年可提供电能3 531万千瓦时，地源热泵装机负荷12.362 丁瓦，大幅度降低化石能源消耗，减少温室气体排放量。

倡导绿色力公
顺丰建立《办公场地管理办法》《水电管理办法》等内部制度，积极推动绿色发展理念融入日常工作，鼓励员工践行低碳行为，共同营造绿色环保的办公环境，构建资源节约型企业。

绿色航空
优化机型组成、应用节油技术、线上燃油管理、严防维修污染、升级节油激励、优化地面车队

打造绿色产业园
顺丰致力于打造绿色产业园，通过铺设屋面光伏、优化仓库空间布局等多种方式，提高中转效率与节能效益，降低中转环节对环境的影响。

图 4-3　顺丰持续推进运输环节的绿色低碳转型，打造绿色物流

在绿色运输领域，2022 年度，顺丰新增新能源车辆运力 4 911 辆。截至 2022 年年底，累计投放新能源车辆超过 26 000 辆；当年顺丰通过截弯取直技术节约航空燃油量 1 234 吨，通过二次放行技术节约航空燃油量 707 吨；当年通过绿色运输举措减少温室气体排放 30.4 万吨。

绿色产业园方面，顺丰在义乌、合肥、香港等城市共设 9 个产业园发展光伏发电项目，2022 年度可再生能源发电量 984.3 万千瓦时，减少温室气体排放 6 792 吨。

环境管理体系认证方面，顺丰在速运、医药运输、供应链服务等多个业务模块获得 ISO 14001 环境管理体系认证，顺丰航空获得 ISO 50001 能源管理体系认证。

绿色包装领域，顺丰积极践行包装减量化、再利用、可循环、可降解。2022 年通过轻量化、减量化等绿色包装技术，减少原纸使用约 4.7 万吨，减少塑料使用约 15 万吨。顺丰自主研发的全降解包装袋"丰小袋"，生物分解率达 90% 以上，本年度在北京、广州等地累计投放超过 6.251 万个，通过绿色包装举措减少温室气体排放 50.6 万吨。

碳排放权交易市场结构及运行机制

一、全国碳市场运行体系

国际上大多数碳交易市场是"碳排放配额＋自愿减排量"的交易机制。我国参考国际经验并结合实际国情，确立了以碳排放配额交易为主、自愿减排市场交易为辅的碳交易结构，在碳交易市场中引入了碳排放配额（CEA）与国家核证自愿减排量（CCER）两种基础交易产品。本节主要论述碳排放配额市场结构与运行机制，国家核证自愿减排量相关内容在第三节进行介绍。

（一）运行机制

碳排放配额运行机制相对简单。政策为各类企业设定一定的碳排放配额量，此时市场上同时存在超排企业与减排企业。当超排企业的碳排放量超标时，可以通过碳交易市场从减排企业处购买盈余额度。通过市场交易机制，实现碳排放额度的有效分配，最终以相对较低的成本实现控排目标，具体的机制运作见图4-4。

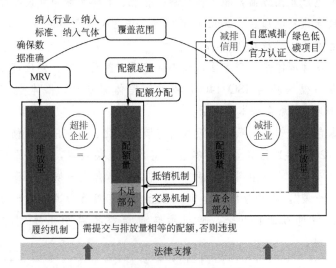

图4-4　配额碳市场运行机制示意图

资料来源：生态环境部，《全国碳排放权交易市场第一个履约周期报告》，2022年12月。

122

（二）市场结构

全国碳市场主要包括碳排放数据核算、报告与核查，碳排放配额分配与清缴，碳排放交易与监管三大制度体系，通过数据报送系统、注册登记系统和交易系统支持系统运行，并通过多层级的联合监管体系对重点排放单位的碳排放数据、公开交易行为等相关活动进行监管。

为保障全国碳市场有效运行，生态环境部组织建立了全国碳排放数据报送与监管系统、全国碳排放权注册登记系统、全国碳排放权交易系统等信息系统。具体结构框架图见图4-5。

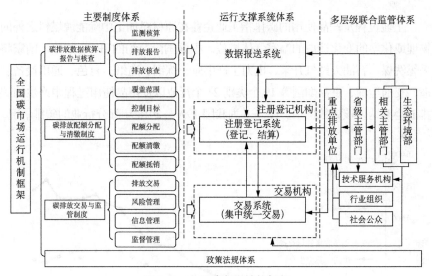

图4-5　全国碳市场结构框架

资料来源：生态环境部，《全国碳排放权交易市场第一个履约周期报告》，2022年12月。

目前，全国碳市场主要覆盖电力行业，随着碳市场的不断发展与成熟，钢铁、水泥等行业未来有望纳入覆盖范围。

二、碳排放领域

（一）土地及农林业碳排放

农业包括种植业和养殖业两大部门，其核算所包括的温室气体为农作物种植和畜牧养殖等过程中产生的一氧化二氮和甲烷等。而土地利用、土地利用变化和林业（LULUCF）是温室气体清单的重要组成部分。土地利用碳排放是指土地利用过程所导致的直接排放和间接排放。农田耕作、养分投入、草场退化包括土地利用上所承载的全部人为碳排放等全部纳入碳排核算。

（二）能源碳排放

排放源数据核算包括化石燃料燃烧产生的多种温室气体排放，生物体燃烧产生的温室气体排放，石油和天然气燃烧时的甲烷，以及电力（热力）消费发生的间接排放，都在此项数据核算当中。

（三）工业过程及产品使用的碳排

工业过程及产品使用的碳排指工业企业在原材料加工中除能源燃料之外的物理或化学的变化造成的温室气体排放。根据国际公约的 IPCC 清单，国家将采煤洗煤、石油天然气开采、电力生产供应、炼钢、造纸、有色、通用设备制造、交通运输、食品烟酒等 19 个类别 24 个行业以及产品使用过程中产生的碳排放全部纳入核算数据中。图 4-6 为我国 1990—2018 年部分行业的碳排情况。

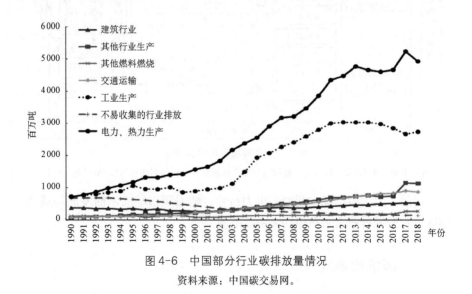

图 4-6　中国部分行业碳排放量情况

资料来源：中国碳交易网。

（四）生活及废弃物碳排放

生活及废弃物碳排放指城乡居民个人生活碳排放核算，主要是生产资料和产品消费中的碳排放核算，范围广泛，覆盖面广。同时还有废弃物的碳排放核算，其种类繁多，包括家庭、办公室、商场、市场、饭店、公共机构、工业设施、污水设施等场所的巨大数据核算。

三、碳交易主体

《全国碳排放权交易市场建设方案》对全国碳市场交易主体作了明确规定：初期交易主体为发电行业重点排放单位。条件成熟后，扩大至其他高耗能、高污染和资源性行业。碳市场一级市场的交易标的仅包括了碳排放配额，是中央政府向地方政府和履约企业分配配额的市场，所以一级市场的交易主体皆为履约交易主体。从各碳排放权交易试点的实践来看，碳排放权交易二级市场的交易主体主要包括履约交易主体和自愿交易主体两大类。中国碳排放权交易试点的交易主体包括重点排放单位及符合规定条件的企业、社会组织和个人，各试点碳市场交易主体具体划分见表4-3。

表4-3 试点城市交易主体

试点	交易主体
深圳市	① 交易会员 ② 投资机构或自然人 ③ 对境外投资者开放
上海市	交易所会员，包括自营类会员和综合类会员
北京市	① 履约机构 ② 非履约机构 ③ 自然人
广东省	① 纳入碳排放权交易体系的控排企业和新建项目业主 ② 投资机构、其他组织和个人
湖北省	① 控排企业 ② 自愿参与碳排放权交易活动的法人机构、其他组织和个人投资者
重庆市	① 重点排放企业 ② 符合交易细则规定的市场主体及自然人
天津市	国内外机构、企业、团体和个人

资料来源：自然资源部、国家发改委网站。

相对交易主体，碳市场的参与主体众多，包括负责分配配额的政府主管部门、具有履约责任的企业、没有履约责任的企业、银行、投资机构、个人等，以及市场服务机构，如第三方核查机构、节能服务企业、碳资产开发企业等。图4-7为碳市场参与主体关系示意图。

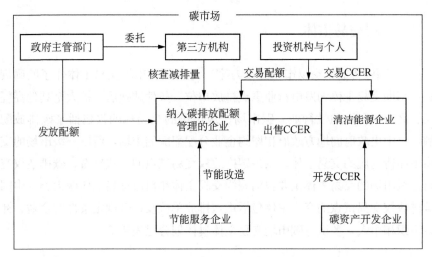

图 4-7　参与主体关系示意图

四、碳交易市场制度政策

碳排放权的具体交易方式是由政府部门确定全国碳排放权总量，并在总量范围内将碳排放权分配给各个控排企业使用，各控排企业可以根据自己的实际情况决定是否转让或进入市场交易等操作，从而达到控制碳排放和实现经济效益的目标。在中国，虽然碳排放权的产权性质仍未得到法律层面的定位，但是通过政府制定行政制度进行配额分配，仍然可发挥市场机制作用。碳交易市场制度政策支撑体系如图4-8所示。

五、碳交易要素

（一）体系排放上限的设计

体系排放上限指政府需明确不同时间范围内整个碳排放权交易体系总排放量的大小，以便最终实现减排目标。只有对总排放量进行限制，碳排放权

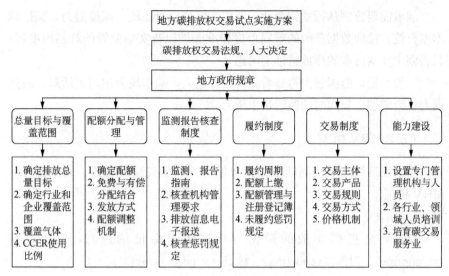

图 4-8　碳排放权交易政策支撑体系

的稀缺性才能体现，由此才能激励企业做出减排选择，同时碳排放权的价值才能在交易中体现。

排放上限的计算包括两种方法：

（1）基于实际排放量，即根据过往历史排放量绝对数据，按一定递减规律确定某年碳排放量的上限。

（2）基于排放强度数据，即根据减排情景下的碳排放强度数据（例如单位 GDP 二氧化碳排放量、单位产出二氧化碳排放量等，减排情景中一般会设置比实际排放强度数据小且会按一定频率进行修正），按某年实际 GDP 或产出数据计算，得到某年碳排放量的上限。

一般来说，当前排放上限的最终确定需要同时从宏观和微观层面考虑。宏观层面上，考虑碳排放权交易体系与其他碳减排政策是否有冲突，以及当前实施的减排政策工具包是否是完成总体减排目标的高效路径；微观层面上，则需要考虑覆盖的行业及企业的减排成本、减排潜力、未来发展路径。

（二）体系覆盖范围的设计

主要包括两个层面：

（1）将哪些行业、哪些企业纳入碳排放权交易体系的控排范围。

（2）将哪些温室气体纳入控排范围。

前者需要分别从行业到企业，考虑实际排放量占比、减排潜力、减排成本差异性、排放数据获取的难易程度和准确性以及实际监管的难易程度等；后者则主要从行业的排放特征上考虑。

一般来说，范围越大意味着减排差异越大，碳市场会相对更活跃、减排潜力也会增加，但同时给监管带来压力。

（三）MRV 机制

由于在遵约期需要判断控排企业是否完成了其减排义务，故需要设计MRV 机制。

1. MRV 概念

MRV 是指碳排放的量化与数据质量保证的过程，包括监测（monitoring）、报告（reporting）、核查（verification）。

监测，指对温室气体排放数据的连续性的评价；报告，指向相关部门或机构提交有关温室气体排放的数据；核查，指相关机构根据核查准则对企业温室气体排放数据进行核查。

科学完善的 MRV 体系是碳排放权交易机制建设运营的基本要素，也是企业低碳转型、区域低碳决策的重要支撑。

2. MRV 要求

全国碳市场建设初期，监测、报告、核查体系主要包括选择适用的核算和报告指南、制定监测计划、监测计划审核、排放报告、排放报告第三方核查及抽查等工作。监测、报告、核查体系工作流程见图 4-9。

监测、报告、核查体系需要使用明确与碳排放配额分配及履约相关的量化核算标准或指南。在全国碳市场建设过程中，已经发布或应用的核算指南主要采用两种核算方法：排放因子法、物料平衡法，同时也提及了在线监测的方法。核算方法学的制定考虑不同规模企业的数据基础、知识基础、经济性及数据可获得性等因素。依据给定的核算方法，需要对不同的活动水平数据、排放因子等开展监测的工作。对于同一行业制定适合的符合核算方法并满足配额分配与纳入控排企业履约等的监测计划，可以使同类企业获得相应公平的机会。

3. 监测计划审核

监测计划审核工作流程见图 4-10，包含了准备、实施和报告三个阶段。

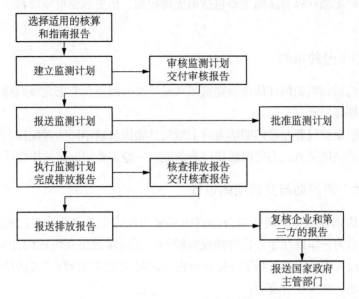

图4-9 监测、报告、核查体系基本流程

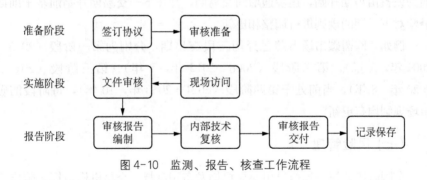

图4-10 监测、报告、核查工作流程

(四)配额初始分配

配额的初始分配即政府在确定了某阶段的碳排放量上限后,将在一级市场对纳入体系覆盖范围的企业进行初始配额分配,如何分配、分配多少都是需要结合多方因素综合考虑的问题。

配额初始分配机制的设计需要从配额分配方式(如何分配)和初始配额计算方法(分配多少)上进行明确。

配额分配方式主要包括免费分配、拍卖分配以及这两种方式的混合使用。

初始配额计算方法则主要包括历史排放法、历史碳强度下降法、行业基准线法。

（五）遵约机制

遵约机制指如何评估企业完成了其减排义务以及企业未完成减排义务时有何种惩罚措施。

一般企业只要在遵约期结束时上缴与其碳排放量相同的碳配额，则认定其已完成减排义务；为确保惩罚措施落地，一般需要明确在法律文件中。

（六）遵约期与交易期的设计

遵约期是指从配额初始分配到体系覆盖控排企业向政府上缴配额的时间。通常为一年或几年，若时间设置较短，则减排效果在短期内即可体现，若时间设置较长，则有利于控排企业在一定时间范围内合理、灵活地安排其减排措施，减少碳价波动。

交易期是指市场规则稳定不变的一段时间范围。国际碳市场上的做法一般为设置由短期开始，逐步递增的交易期，并在下一交易期开始前基于前期经验对下一期的规则进行调整和更新。

例如，欧盟碳市场当前已经历三段交易期，分别为第一阶段（2005—2007年，3年）、第二阶段（2008—2012年，5年）、第三阶段（2013—2020年，8年），当前处于第四阶段（2021—2030年，10年），每阶段的碳市场规则均有更新。

（七）风险管理

全国碳排放权交易信息由交易机构发布和监督。交易机构根据《碳排放权交易管理办法（试行）》和《碳排放权交易管理规则（试行）》对与全国碳排放权交易有关的交易活动、交易账户管理等业务活动进行监督。

对于交易主体的异常业务行为及可能造成市场风险的交易行为，交易机构可以采取电话提醒、要求报告情况、要求提交书面承诺、约见谈话，以及公开提示、限制资金或者交易产品的划转和交易、限制相关账户使用等措施进行防范和处理。

交易机构按照规定提取风险准备金，当风险准备金余额达到交易机构注册资本时可不再提取。交易主体可以通过交易系统查询相关交易记录，根据全国碳排放权注册登记机构的相关规定及时核对结算结果。

六、碳排放权交易规则

碳排放权交易的过程，是碳资产权属的转移过程。涉及权属转移，必然要进行货币和碳排放权的交割。

由于碳资产属于虚拟碳排放权，目前基本通过交易系统进行，包括挂牌公开交易、协议转让、场外交易等方式。

（一）挂牌公开交易

挂牌公开交易，是通过电子交易平台按照相应的交易规则进行公开交易的方式。

挂牌公开交易单笔买卖最大申报数量应当小于 10 万吨二氧化碳当量。交易主体查看实时挂单行情，以价格优先的原则，在对手方实时最优五个价位内以对手方价格为成交价依次选择，提交申报完成交易。同一价位有多个挂牌申报的，交易主体可以选择任意对手方完成交易。成交数量为意向方申报数量。

开盘价为当日挂牌协议交易第一笔成交价。当日无成交的，以上一个交易日收盘价为当日开盘价。收盘价为当日挂牌协议交易所有成交的加权平均价。当日无成交的，以上一个交易日的收盘价为当日收盘价。

挂牌公开交易的成交价格在上一个交易日收盘价的 ±10% 确定。交易主体可发起买卖申报，或与已发起申报的交易对手方进行对话议价，或直接与对手方成交。交易双方就交易价格与交易数量等要素协商一致后确认成交。

大宗公开交易的成交价格在上一个交易日收盘价的 ±30% 确定，交易系统目前提供单向竞买功能。交易主体向交易机构提出卖出申请，交易机构发布竞价公告，符合条件的意向受让方按照规定报价，在约定时间内通过交易系统成交。

买卖申报应当包括交易主体编号、交易编号、产品代码、买卖方向、申报数量、申报价格及交易机构要求的其他内容。

（二）协议转让

协议转让是一种线下签署交易协议、线上交割的交易方式。买卖双方通过线下协商确认买卖协议，然后在交易平台上进行交割。

协议转让是对线上交易的一种补充方式。由于买卖双方可能根据自身需求达成了严重偏离当时市场价格的成交意向，如果在线上成交，则可能对市场造成不良影响。因此，产生了协议转让的交易方式，双方通过协议转让的方式进行标的物交割，交易数据不计入二级市场的数据统计中，不会对市场价格造成影响。

协议转让的交易结构为一对一，且相互指定对方为唯一交易对手。

（三）场外交易

场外交易是买卖双方签署交易协议，然后完成场内或场外交割的交易方式。根据交易标的的属性，场外协议可以分为实时交割和延期交割。场外交易形式主要存在于 VER 交易市场中。

实时交割是经第三方机构核证后，对确实产生的交易标的进行交易交割的方式。VER 交易均采用此类交易方式。

延期交割是对于还未实际产生的交易标的，买方向卖方提前锁定该标的的交易方式。延期交割多用于 CCER 市场。

2014 年 8 月，北京某企业向内蒙古某风力发电企业购买其风力发电项目产生的 CCER，用于 2015 年度履约。双方签订了 CCER 交易协议，该 CCER 权属上虽然已经完成转换，但 CCER 此时并未抵达买方的账户。需要等到该风电项目 CCER 在国家登记簿生成以后，划转至交易所完成交易后才是实际意义上完成交割。

此交易方式针对的是目前尚未形成正规交易市场的交易品种，如 VER 等，以及需要通过国际交易完成的 CDM 项目交易。

七、碳排放权决策及交易流程

（一）碳交易决策

市场的价格是各市场参与主体最为关注的，只有把握市场价格趋势，才能从中获得收益。由于碳市场的体系庞大，结构复杂，不能仅靠经验来判定其价格走势，或是盲目跟随市场风向进行投资。

从碳交易体系的几个重要组成元素分析，影响市场价格的因素主要包括以下几个方面。

1. 政策导向

碳市场作为政策形成的虚拟市场，受政策因素影响尤为关键。政策的发布驱动价格的上涨或下跌，如政府宣布减排时间节点、减排目标、总量控制上限、提前达到排放峰值等，均属于市场利好。政府调低 GDP 增长预期、大规模淘汰落后产能等属于利差。具体需要结合市场实际情况分析。

例如，国务院公布《碳排放权交易管理暂行条例》（以下简称《管理条例》），对于市场来说就是加速市场统一、推动市场价格趋同的利好因素。《管理条例》中对于未履约企业的惩处措施，将是推动市场价格上行的关键。

若政府宣布提前达到总量峰值，属于利好，说明市场总量已达到上限，长远来看，假设企业排放稳定，市场内配额逐年减少，将推动市场价格上涨。

2. 实体经济运行情况

企业的生产运营是实体经济的重要组成部分，企业作为重要的市场主体，决定了市场配额的终端需求。企业配额需求上升，市场价格上涨；企业配额需求降低，市场价格下跌。

若实体经济处于较高的增长率上，则企业排放增加，配额短缺，大量配额缺口将造成配额价格上行；若实体经济下行，则企业排放降低，配额盈余将对市场造成影响，价格下行。

3. 配额分配

碳交易市场中，企业初始配额的数量是按照一定的分配方案，参考企业原始排放数据或是根据行业产品标杆选取标杆值计算得出的。因此，人为的配额分配也是决定市场价格的重要一环。

企业配额分配松紧会影响市场需求，分多了，市场供给过剩，价格下行；分紧了，市场需求旺盛，价格上涨。

4. 企业减排的边际成本

企业采用减排技术会在一定程度上降低企业实际排放，降低企业单位产品能耗。如果企业采用减排技术的成本高于市场上购买配额的成本，理想状态下，企业会选择购买配额完成履约任务。如果企业采用减排技术的成本低于购买配额的成本，那么企业会选择投入减排技术以完成减排目标。

一般来说，碳市场的价格与参与市场企业减排的边际成本有较强的相关性，但不是唯一因素。

5. 投资人参与程度

从市场发展经验来看，无论是什么交易品种、处于何种价格区间，只要投资人足够多、资金规模足够大，对市场价格的影响都是极其明显的。从股市的经验来看，大规模资金宣布入市，大盘指数便会一路飘红。市场的炒作影响价格的走势。

6. 其他因素

除上述因素外，由于碳市场的性质，还有以下几个方面影响市场价格。

（1）企业数据填报。

企业的排放数据是由第三方核查机构根据企业的报表或是凭证等，综合计算、交叉验证得出的。如果企业根据自身需求，伪造、变更相关凭证数据，就会对市场造成一定影响。

（2）核查过程。

第三方核查机构的核查是根据企业提供的数据计算得出的。计算过程中，可能由于方法选用、关键值取值、小数点进位等各种人为因素变化，而出现偏差，从而形成与真实排放数据异同的实际数据。

（3）人为恶意操纵。

有利益的地方，必然会有人的参与。部分投资者利用市场监管或政策漏洞，进行市场恶意操纵，对价格、走势进行影响，会造成市场价格的暴涨或暴跌。

（二）碳交易流程

在碳排放数据核算、报告与核查方面，纳入市场的重点排放单位需根据生态环境部制定的《温室气体排放核算方法与报告指南（试行）》及相关技术规范编制载明重点排放单位温室气体排放量、排放设施、排放源、核算边界、核算方法、活动数据、排放因子等信息，附有原始记录和台账等内容的报告，并接受政府组织开展的数据核查，核查结果作为重点排放单位配额分配和清缴的依据。基本流程如图 4-11 所示。

在碳排放配额分配与清缴方面，国家在综合考虑重点排放单位生产排放需求、技术水平和国家减排需要的基础上，将给予重点排放单位一定数量的碳排放配额。其中，配额分配方式主要包括免费分配和有偿分配，初始配额计算方法包括历史排放法、历史碳强度下降法、行业基准线法（见表 4-4）。

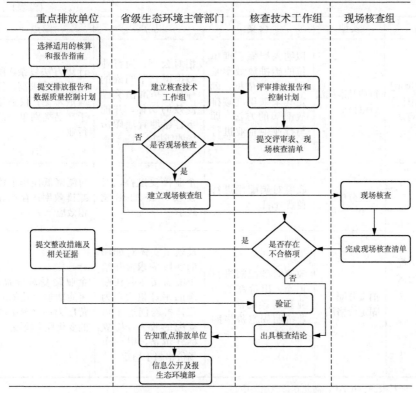

图 4-11　全国碳市场监测、报告与核查体系基本流程

资料来源：中国电力企业联合会，《发电企业参与全国碳市场总体情况与成效》，2024 年。

表 4-4　初始配额计算方法和分配方式

	类型	含义	优点	缺点
初始配额计算方法	历史排放法/历史强度法（祖父法）	控排主体根据它们在基准年或基准期的历史排放量或者排放强度获得相应的排放配额	计算方法较为简单，避免了覆盖部门所面临的初始成本过高	存在不公平的问题，变相奖励了历史排放量高的企业；未考虑近期经济发展以及减排发展趋势；未考虑新公司无历史排放数据
	历史强度/历史总量下降法	介于历史排放法和行业基准法之间，是指根据排放企业的产品产量、历史强度值、减排系数等计算分配配额	计算方法相对简单，对数据要求相对低，适用于产品类型较多的行业	同样存在不公平，变相奖励了历史排放量相对高的企业；未考虑新公司无历史排放数据

（续表）

	类型	含义	优点	缺点
初始配额计算方法	行业基准线法（标杆法）	以纳入配额管理单位的碳排放效率基准为主要依据，确定其未来年度碳排放配额的方法。即与行业中企业进行横向对比	相对公平；为行业减排树立了明确的标杆；基准法奖励高效的实体，并能更容易地管理碳市场的新加入者	计算方法复杂，所需数据要求高，行政成本高；仅适用于产品类别单一的行业
分配方式	免费分配	政府对碳配额进行免费分配	企业接受度高，对社会经济的影响较小	可能降低控排主体减排效率；存在寻租效应
	拍卖分配固定价格法	政府对碳配额进行拍卖，出价高的企业获得碳配额，企业按照固定价格购买配额	反映了实体对配额的实际需求，并给予覆盖实体购买配额的平等机会；为监管机构创造了可支配的收入，树立标杆价格，引导市场价格趋于稳定	企业接受难度高，可能增加企业的经营压力；对碳市场的变化反应较慢

资料来源：ICAP，河北碳排放服务中心。

根据《碳排放权交易管理办法（试行）》，我国排放配额分配初期以免费配额为主，采用基准法核算机组配额量，日后会适时引入有偿分配，并逐步扩大有偿分配比例。配额发放完成后，控排主体需要对配额进行清缴，指重点排放单位应在规定期限内通过注登系统向其主管部门清缴不少于经核查排放量的配额量。

在配额清缴的过程中，控排主体也可以用其他资产进行配额抵销，抵销一定比例的碳排放配额，如国家核证自愿减排量（CCER）抵销。根据现行国内碳市场的规定，该抵销比例一般在10%以内。配额抵销制度在降低控排主体履约成本的同时，也有利于促进未纳入碳市场的企业参与减排项目。

 **CCER 市场结构**

一、CCER 开发流程

在我国现行的碳市场体系下（地方碳交易市场和全国统一碳市场），控排企业可以通过购买 CCER 抵销一定比例的配额，辅助完成清缴履约。

CCER 项目的开发流程主要包括项目评估阶段、项目备案阶段以及减排量备案三个阶段，其中，项目的前期评估是项目开发和备案的必要前提条件，需要根据项目资料对项目的方法学、额外性以及减排量评估进行评估。

根据广西环保产业委员会统计，CCER 项目的全部开发流程可将三阶段细分为九个步骤，总计项目审定耗时在 8—12 个月左右。CCER 开发流程如图 4-12 所示。

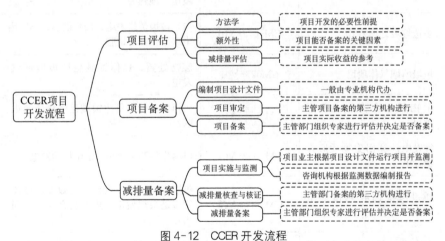

图 4-12　CCER 开发流程

资料来源：广西环保产业委员会统计。

二、CCER 方法学

CCER 方法学用于指导编写 CCER 项目设计文件，是减排项目申请的基础，是用于确定项目基准线、论证额外性、计算减排量、制定监测计划等的方法指南。方法学依据项目所采用的技术编写，有方法学的项目才可以被开发，没有方法学的项目需要先申请方法学备案。

根据北京环境交易所统计，目前 CDM 共计备案了 200 种方法学，涉及 16 个领域，基本涵盖了大部分的减排类型。所涉及领域包括：能源-能源工业（可再生、不可再生资源），能源分配和能源需求，制造业，化工，建筑，交通，采矿，矿物生产，金属生产，燃料的逃逸排放，HFC 和 SF_6 生产和消费中的逃逸排放、溶剂适用、废弃物处理、造林和再造林、农业等。常见的 CCER 方法学有以下几种，见表 4-5。

表 4-5 常见 CCER 方法学整理

名称	编号	所属领域
可再生能源并网发电方法学	CM-001-V02	可再生能源，具体领域是水电（中小型）、光伏发电、风力发电、地热等
联网的可再生能源发电	CMS-002-V01	主要涉及领域是可再生能源，具体领域是水电（中小型）、光伏发电、风力发电、地热等
多选垃圾处理方式	CM-072-V01	（1）垃圾焚烧发电；（2）供热；（3）热电联产；（4）堆肥
垃圾填埋气体项目	CM077-V01	废物处置，具体领域是垃圾填埋气发电
生物质废弃物热电联产项目	CM-075-V01	可再生能源，具体领域是生物质热电联产
纯发电厂利用生物质废弃物发电	CM-092-V01	可再生能源主要领域是生物质发电
通过废能回收减排温室气体	CM-005-V02	包括能源生产，也就是能效类，具体领域是余热发电、热电联产（废能利用）
家庭或小农村农业活动甲烷回收	CMS-026-V01	避免甲烷排放，具体领域是每户用沼气回收
回收煤气层、煤矿瓦斯和通风瓦斯用于发电、动力、供热和/或通过火炬或无焰氧化分解	CM-003-V02	涉及的领域是煤层气、煤矿瓦斯，具体领域是煤层气、煤矿瓦斯发电、供热等

（续表）

名称	编号	所属领域
碳汇造林项目方法学	AR-CM-001-V01	涉及的领域是林业碳汇，具体领域是造林等

资料来源：新能绿碳研究报告。

当前 CCER 方法学大部分由 CDM 方法学转化，此外我国也在面向全社会公开征集温室气体自愿减排项目方法学建议。CCER 方法学作为指南，能够指导减排项目的减排量计算，为 CCER 项目的编写和审定提供标准。

方法学与项目场景的吻合度决定了项目开发的成功概率。伴随着环保技术的发展，我国也在公开对外征集新的方法学。各地方也在积极推动碳普惠方法学的建立，鼓励碳普惠自愿减排项目的开发和实施。

"碳普惠"是一项创新性自愿减排机制，利用"互联网＋大数据＋碳金融"的方式，通过构建一套碳减排"可记录、可衡量、有收益、被认同"的机制，对企业、社区家庭和个人的节能减碳行为进行具体量化并赋予一定价值，从而建立起商业激励、政策鼓励和核证减排量交易相结合的正向引导机制，积极调动社会各方力量加入全民减排行动。"碳普惠"机制以北京、广州、深圳为代表。

北京发布了《北京市低碳出行碳减排方法学（试行版）》，适用于在合格项目开发方拥有自愿减排意愿的注册用户选择公交、轨道、步行、自行车、合乘等低碳出行方式出行的项目活动。《北京市小客车（油改电）出行碳减排方法学（试行版）》适用于在合格项目开发方注册的拥有自愿减排意愿的用户选择使用个人所有燃油小客车指标购买新能源小客车，并驾驶该新能源小客车出行的项目活动。

《广州市碳普惠自愿减排实施办法（征求意见稿）》规定了广州碳普惠方法学开发和备案、自愿减排量申请和登记的流程和要求。自然人、法人或非法人组织可编制广州碳普惠方法学。登记备案为广州碳普惠方法学的，方法学编制单位可继续申报广东省碳普惠方法学。

《深圳碳普惠管理暂行办法》提出"制定公共出行、废弃物资源化利用、林业碳汇等领域方法学"。

交通领域的 CCER 自愿减排项目方法学见表 4-6。

表4-6　交通领域 CCER 自愿减排项目方法学

序号	CCER 方法学编号	名称	适用范围
1	CM-028-V01	快速公交项目	车辆
2	CM-032-V01	快速公交系统	车辆
3	CM-051-V01	货物运输方式从公路运输转变到水运或铁路运输	车辆
4	CM-069-V01	高速客运铁路系统	车辆
5	CM-098-V01	电动汽车充电站及充电桩温室气体减排方法学	车辆
6	CM-105-V01	公共自行车项目方法学	自行车
7	CMS-030-V01	在交通运输中引入生物压缩天然气	车辆
8	CMS-034-V01	现有和新建公交线路中引入液化天然气汽车	车辆
9	CMS-039-V01	使用改造技术提高交通能效	车辆
10	CMS-046-V01	通过使用适配后的怠速停止装置提高交通能效	车辆
11	CMS-047-V01	通过在商业货运车辆上安装数字式转速记录器	车辆
12	CMS-048-V01	通过电动和混合动力汽车实现减排	车辆
13	CMS-053-V01	商用车队中引入低排放车辆技术	车辆
14	CMS-054-V01	植物油的生产及在交通运输中的使用	车辆
15	CMS-055-V01	大运量快速交通系统中使用缆车	车辆
16	CMS-086-V01	采用能效提高措施降低车船温室气体排放的小型方法学	车辆/船舶

资料来源：自然资源部、国家发改委网站。

三、CCER 项目的额外性

CCER 项目的额外性指项目实施面临某种障碍，原本不会被实施，但 CCER 机制帮助该项目克服了障碍，使其获得实施。

目前备案或申请备案的项目一般是通过财务收益障碍论述额外性，额外性论述过程中，需要关注财务收益障碍不仅仅是项目收益率，还需要进行敏感性分析和普遍性分析。此外，财务收益障碍也不是额外性障碍的唯一选择，还有技术障碍、政策障碍等方式。目前来看，额外性是制约项目获得备案的重要因素，决定启动开发前，需要已经有完善的额外性论证方案。

不同方法学的额外性论证要求也存在差异，以可再生能源并网发电方法学（CM-001-V02）为例，采用太阳能光伏发电技术、太阳热发电技术以及海洋潮汐发电等技术的项目，在提交备案申请时满足拟议项目所在省份采用该技术装机容量占并网发电总装机容量的比例小于或等于 2% 或拟议项目所在省份采用该技术装机容量小于或等于 50 MW 时，自动具备额外性。随着可再生能源建设技术的发展与建设成本的改善，我们认为未来方法学中可能将对该额外性要求进行修改。在可再生能源项目的审定中，额外性论证多通过基准收益率法进行，即项目全投资收益率与行业基准收益率的对比（一般为 8%）。

四、CCER 项目的减排量评估

CCER 项目的减排量预估和市场价格是评估项目预期收益的重要数据。由于项目设计文件数据都需要提供依据，一般项目设计文件中的减排量依据项目可行性研究报告测算。

减排量预估需要对新建项目的排放量以及基准项目的排放量进行估计，还需要考虑项目的计入期。项目计入期为项目可申请减排量备案的时间，目前非林业项目是 7×3 年（每次申请 7 年可更新延伸 2 次，但存在更新不通过风险）和 10 年（一次性申请 10 年）二选一；林业项目 20—60 年（根据树种实际中幼林生长时间确定），时间跨度较长。

以可再生能源并网发电方法学（CM-001-V02）为例，该方法学适用于可再生能源并网发电项目活动，包括新建电厂、扩容机组、改造电厂以及替代电厂。项目对比的基准线为由于项目活动被替代的化石燃料火电厂发电产生的 CO_2 排放。该项目的减排量可通过基准线项目的排放量减去可再生能源项目的排放量计算得出（见图 4-13）。

以新建项目排放量和泄漏量为 0 的新能源机组为例，该项目的减排量等于基准线项目的排放量，其中基准项目的排放量通过新建项目的上网电量×组合边际排放因子得出。

组合边际排放因子（CM）则由 0.75 的电量边际排放因子（OM）和 0.25 的容量边际排放因子构成（BM），OM 与 BM 可参考生态环境部计算发布的《减排项目中国区域电网基准线排放因子》。

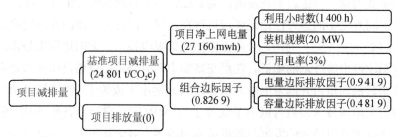

图 4-13 光伏项目年减排量的计算

资料来源：《可再生能源并网发电方法学（第二版）》（CM-001-V02），生态环境部。

以华北区域电网为例，根据《2019 年减排项目中国区域电网基准线排放因子》，华北区域的 OM 为 0.941 9，BM 为 0.481 9，计算得出组合边际排放因子为 0.826 9。

假设装机规模为 20 MW，以 1 400 小时利用小时的光伏项目为例进行减排量计算，年减排量为 24 801.15 吨。

根据 2023 年碳市场交易情况，假设 CCER 价格为 30 元/吨，预计 CCER 将为该光伏项目增利 67.38 万元/年，度电增利 0.028 1 元。伴随碳市场的发展，CCER 价格的提升将持续助力项目增利，CCER 交易价格增加 5 元，项目增利将提升 11.23 万元，度电增利将提升 0.004 1 元。

假设符合 CCER 项目减排量签发的条件的项目规模为 1 GW，CCER 交易价格为 30 元/吨时，理论增利为 3 368.79 万元/年。

由于不同地区的项目上网电量与排放因子不同，根据 6 个电网区域分别计算量光伏和风电项目的减排量和盈利情况。

在光伏项目方面，东北、西北和华北凭借较好的资源禀赋和较高的组合边际排放因子，减排量分别达 24 527.25 吨、22 678.36 吨和 22 458.60 吨，CCER 贡献盈利 73.58 万元、68.04 万元和 67.38 万元（见表 4-7）。

表 4-7 分区域光伏项目减排量与 CCER 盈利情况

指标	西北	华北	东北	华东	华中	南方
利用小时数（小时）	1 500	1 400	1 450	1 250	1 000	1 000
电量边际排放因子（OM）	0.892 2	0.941 9	1.082 6	0.792 1	0.858 7	0.804 2
容量边际排放因子（BM）	0.440 7	0.481 9	0.239 9	0.387 0	0.285 4	0.213 5
组合边际排放因子（CM）	0.779 3	0.826 9	0.871 9	0.690 8	0.715 4	0.656 5

（续表）

指标	西北	华北	东北	华东	华中	南方
减排量（吨）	22 678.36	22 458.60	24 527.25	16 752.51	13 878.28	12 736.59
CCER 收入（万元）	68.04	67.38	73.58	50.26	41.63	38.21

资料来源：《可再生能源并网发电方法学（第二版）》（CM-001-V02），生态环境部。

在风电项目方面，西北、东北和南方电网区域减排量分别为 37 797.26 吨、37 213.76 吨和 33 115.12 吨，CCER 贡献盈利 113.39 万元、111.64 万元和 91.70 万元（见表 4-8）。

表 4-8 分区域风电项目减排量与 CCER 盈利情况

指标	西北	华北	东北	华东	华中	南方
利用小时数（小时）	2 500	2 000	2 200	2 400	2 000	2 400
电量边际排放因子（OM）	0.892 2	0.941 9	1.082 6	0.792 1	0.858 7	0.804 2
容量边际排放因子（BM）	0.440 7	0.481 9	0.239 9	0.387 0	0.285 4	0.213 5
组合边际排放因子（CM）	0.779 3	0.826 9	0.871 9	0.690 8	0.715 4	0.656 5
减排量（吨）	37 797.26	32 083.72	37 213.76	32 164.81	27 756.55	33 115.12
CCER 收入（万元）	113.39	96.25	111.64	96.49	83.27	91.70

资料来源：《可再生能源并网发电方法学（第二版）》（CM-001-V02），生态环境部。

第五章

区块链的源起、原理及应用领域

 区块链的源起及发展

区块链技术随着比特币（Bitcoin）进入大众的视野，以其去中心化、信息不可篡改、分布式等特性备受关注，其应用已延伸到数字金融、物联网、智能制造、供应链管理、数字资产交易等多个领域。目前，全球主要国家都在加快布局区块链技术发展。2019 年 10 月 24 日，中共中央政治局就区块链技术发展现状和趋势进行第十八次集体学习。中共中央总书记习近平在主持学习时强调，区块链技术的集成应用在新的技术革新和产业变革中起着重要作用。我们要把区块链作为核心技术自主创新的重要突破口，明确主攻方向，加大投入力度，着力攻克一批关键核心技术，加快推动区块链技术和产业创新发展。区块链技术在国内迅速升温，成为近年来最具革命性的新兴技术之一。

一、区块链的定义

狭义定义的区块链是按照时间顺序，将数据区块以顺序相连的方式组合成的链式数据结构，并以密码学方式保证不可篡改和不可伪造的分布式账本。

广义定义的区块链技术是利用块链式数据结构验证与存储数据，利用分布式节点共识算法生成和更新数据，利用密码学的方式保证数据传输和访问的安全、利用由自动化脚本代码组成的智能合约，编程和操作数据的全新的分布式基础架构与计算范式。

通俗地讲，区块链就是一个又一个区块组成的链条。每一个区块中保存了一定的信息，它们按照各自产生的时间顺序连接成链条。这个链条被保存在所有的服务器中，只要整个系统中有一台服务器可以工作，整条区块链就是安全的。这些服务器在区块链系统中被称为节点，它们为整个区块链系统提供存储空间和算力支持。如果要修改区块链中的信息，必须征得半数以上节点的同意并修改所有节点中的信息，而这些节点通常掌握在不同的主体手中，因此篡改区块链中的信息是一件极其困难的事。相比于传统的网络，区

块链具有两大核心特点：一是数据难以篡改，二是去中心化。基于这两个特点，区块链所记录的信息更加真实可靠，可以帮助人们解决互不信任的问题。

二、区块链的源起

（一）区块链起源于比特币

2008 年 11 月 1 日，一位自称中本聪（Satoshi Nakamoto）的人发表了《比特币：一种点对点的电子现金系统》一文，阐述了基于 P2P 网络技术、加密技术、时间戳技术、区块链技术等的电子现金系统的构架理念，这标志着比特币的诞生。两个月后理论步入实践，2009 年 1 月 3 日，第一个序号为 0 的创世区块诞生。几天后的 2009 年 1 月 9 日出现了序号为 1 的区块，并与序号为 0 的创世区块相连接形成了链，标志着区块链的诞生。

"数字货币"一直被无数科学家所研究探索，比特币让"数字加密货币"变为现实。比特币作为第一个区块链应用，也是目前世界上规模最大、应用范围最广、最成熟的应用。截至 2019 年 5 月，该代币每日确认交易量创下 16 个月以来的最高水平，一天内确认的交易数量最高近 44 万笔——超过了过去一个月的每日确认交易量。

比特币虽然火热，但也仅仅是一种和现实货币兑换炒作的虚拟货币。而作为比特币的底层技术之一的区块链却更令人瞩目，重要性与日俱增。两者关系如图 5-1 所示。

区块链一开始只是将比特币形成过程中的全部交流信息记录在全部区块节点上，通过哈希算法进行排列连接成链。与传统货币和在比特币诞生之前的"数字货币"相比，比特币最大的不同是不依赖于任何中心化机构，而是仅依赖于其系统中完全

图 5-1　比特币与区块链的关系

透明的数学原理——加密和共识算法。这就是技术革新带来的便利，不再需要为了信任某个机构而采取一系列的保护措施。这一特性让比特币和区块链

受到外界的关注。

（二）区块链是技术变革的产物

科技革命是对科学技术进行全面的、根本性变革。近代历史上发生过三次重大的科技革命。18世纪末，蒸汽机的发明和使用，引起了第一次科技革命；19世纪末，电力的发现和使用引起了第二次科技革命；第二次世界大战后，特别是近三十年来，先后出现了电脑、能源、新材料、空间、生物等新兴技术，引起了第三次科技革命。

科技史上每一次变革都伴随着某种意义上的"距离"坍塌，而这些变革正在一定程度上缩短某种"距离"，为人们带来了便利（见图5-2）。

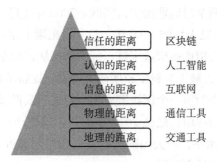

图5-2　科技革命缩短了距离

交通工具的发明拓宽了人类的活动半径，缩短地理上的距离；通信工具的发明拓宽了人类的"对话"半径，缩短了物理上的距离；互联网的发明拓宽了人类获取信息的半径，缩短了信息交互的距离；人工智能的发明拓宽了认知的半径，缩短了认知世界的距离。

区块链技术以缩短人们信任的距离为目标，在区块链网络里，人人平等，所有信息开放、透明、可追溯、不可篡改，人们可以在没有任何中心机构存在的前提下实现价值交换，人与人之间的交互得以进一步简化。

三、区块链在国内外的发展

（一）区块链发展历程

2014年及以前，关于区块链的相关研究局限于理论，涉及区块链原理、区块链结构、区块链相关技术等方面；2015—2017 年，区块链相关研究已开始涉猎相关应用领域，出现了一些应用原型和应用畅想；2018 年至今，在研究相关理论的同时，国内外已有一些实际的应用尝试，理论与产业并行前进，不断优化；未来，区块链将逐步进入产业化，实现真正的落地。

区块链技术从诞生至今，发展历程大致如图 5-3 所示。

图 5-3　区块链发展历程

（二）区块链在国外的发展

在国外，区块链得到了英国、俄罗斯、美国、德国等国家政府的高度关注。

2016 年 1 月 19 日，英国政府发布了重要报告《分布式账本技术：超越区块链》，将区块链列入国家战略部署，并制定详细战略实施规划。

2016 年 10 月，俄罗斯银行推出将以太坊技术作为基础的区块链原型系统——Masterchain。

在美国，总部在纽约的德勤 Rubix 已经成为区块链行业的领头羊，具有行业领先水平的区块链架构，目前已经升级为企业级区块链应用开发平台。

2016 年 3 月，德国联邦金融监管局公开了一份题为《分布式账本：虚拟货币背后的技术——以区块链为例》的内部报告，对分布式账本技术的潜在应用进行了探讨。

另外，区块链技术在其他国家也受到了高度关注。比如：全球区块链联盟委员会于 2015 年 11 月在阿联酋的迪拜成立；澳大利亚标准机构在 2016 年 4 月要求 ISO 为区块链技术设定全球标准；日本于 2016 年 4 月成立了区块链协作联盟（BCCC，Blockchain Collaborative Consortium）；荷兰央行正在致力于开发一种被称为基于区块链技术的原型币——DNBCoin。

自 2016 年以来，美国、英国、日韩及中东地区一直积极推动区块链相关技术的研发，欧盟国家的发展相对走在了前面，并在 2018 年 2 月成立欧洲区块链观察论坛。国外区块链产业发展政策汇总如表 5-1 所示。

表 5-1 国外区块链产业发展政策汇总

序号	国家/地区/组织	区块链产业发展政策
1	欧盟	相对比较积极，在 2018 年 2 月已成立欧洲区块链观察论坛，主要职责包括：政策确定、产学研联动、跨国境 BaaS（blockchain as a service）服务构建、标准开源制定等，并且在 Horizon 2020 投入 500 万欧元作为区块链研发基金（在 2018 年 12 月 19 日前）
2	英国	政府于 2016 年 1 月 19 日发布区块链技术报告《分布式账本技术：超越区块链》，提到将会投资区块链技术来分析区块链应用于传统金融行业的潜力，考虑将它用于防止金融欺诈、错误，降低成本，开发用于记录物品所有权和知识产权，具有高可信度的平台
3	美国	由于各州之间政策不一，虽然其国内区块链创业活动仍然处于热潮，但相关产业发展政策推动一直较慢
4	中东地区	以迪拜为首引领区块链潮流，由政府牵头，企业配合以探索区块链的新技术应用
5	日韩	也相对活跃，日本以 NTT（日本电报电话公司）为主，由政府提供背后支撑，韩国以金融为切入点探索区块链应用

（三）区块链在国内的发展

1. 国家层面

国内的区块链标准化工作早在 2016 年便开始布局。在工业和信息化部信息化和软件服务业司的指导下，中国电子技术标准化研究院组织国内区块链领域的优势企业，于 2016 年 10 月成立了中国区块链技术和产业发展论坛，论坛下设标准工作组，先后研制并发布了《区块链参考架构》和《区块链数据格式规范》两项团体标准，并在团体标准研制成果基础上积极推动行业标准、国家标准的立项工作。

国务院在 2016 年 12 月 15 日发布的《"十三五"国家信息化规划》中，将区块链技术列入战略性前沿技术。中国人民银行对区块链技术也着手投入人力资源进行研发，在《中国金融业信息技术"十三五"发展规划》中明确提出积极推进区块链、人工智能等新技术应用研究，并组织进行国家数字货币的试点。近年来，人民银行在推动法定数字货币发展方面不遗余力，开展了大量的工作。

2017年12月，中国电子技术标准化研究院牵头研制的国内首个区块链领域的国家标准《信息技术区块链和分布式账本技术参考架构》（计划编号：20173824-T-469）正式立项，标志着我国进一步加快了区块链标准化的步伐。

2018年，工信部信息中心发布《2018中国区块链产业白皮书》，指出我国区块链产业初步形成，方兴未艾，以区块链为主营业务的公司已经达到456家。

2019年1月10日，国家互联网信息办公室发布《区块链信息服务管理规定》。2019年10月24日，在中央政治局第十八次集体学习时，习近平总书记强调，"把区块链作为核心技术自主创新的重要突破口，加快推动区块链技术和产业创新发展"。区块链已走进大众视野，成为社会的关注焦点。2019年12月2日，该词入选"2019年十大流行语"。

2021年，国家高度重视区块链行业发展，各部委发布的区块链相关政策已超60项，区块链不仅被写入"十四五"规划纲要中，各部门更是积极探索区块链发展方向，全方位推动区块链技术赋能各领域发展，积极出台相关政策，强调各领域与区块链技术的结合，加快推动区块链技术和产业创新发展，区块链产业政策环境持续利好发展。

2023年6月1日，《区块链和分布式记账技术 参考架构》（GB/T 42752—2023）国家标准正式发布，这是我国首个获批发布的区块链技术领域国家标准。

2023年6月16日，国家新闻出版署发布《出版业区块链技术应用标准体系表》等10项行业标准。

2. 地方政府层面

抢占区块链技术发展的窗口机遇期，加快推动技术及相关应用产业的发展，已成为中国很多地方政府的重要任务。据不完全统计，国内共有贵州、浙江、江苏、广东、山东、福建、江西、内蒙古、重庆、新疆等十余个省、自治区、直辖市就区块链发布了指导意见，多个省份甚至将区块链列入本省的"十三五"战略发展规划之中，各级地方政府对于发展区块链产业非常积极。

贵州省提前布局区块链产业，2016年12月，贵阳市政府发布《贵阳区块链发展和应用》白皮书，计划5年建成主权区块链应用示范区。2017年2月，在《贵州省数字经济发展规划（2017—2020年）》报告中提出建设区块链数字资产交易平台，构建区块链应用标准体系等目标。2017年6月，贵阳市人民政府下发支持区块链发展和应用的试行政策措施，对区块链产业提供政策扶植。

2017年6月，青岛市市北区人民政府印发了《青岛市市北区人民政府关于加快区块链产业发展的意见》，力争到2020年，形成一套区块链可视化标准，打造一批可复制推广的应用模板，引进和培育一批区块链创新企业。2017年9月，青岛发布了"链湾"白皮书，计划成立全球区块链中心，建设青岛"全球区块链+"创新应用基地。2017年12月，青岛国际沙盒研究院在崂山区发布了全球首个基于区块链的产业沙盒"泰山沙盒"。

2017年11月，重庆市经济和信息化委员会发布《关于加快区块链产业培育及创新应用的意见》，提出到2020年，力争全市打造2—5个区块链产业基地，初步形成国内重要的区块链产业高地和创新应用基地。

2018年3月，河北省政府印发《关于加快推进工业转型升级建设现代化工业体系的指导意见》，提出积极培育发展区块链等未来产业，打造世界级高端高新产业集群。2018年4月，国务院批复了《河北雄安新区规划纲要》，强调重点发展信息技术产业，要求超前布局区块链、太赫兹、认知计算等技术研发及试验。

广州积极出台相关政策，积极推进区块链产业发展，2017年12月，广州出台第一部关于区块链产业的政府扶植政策——《广州市黄埔区广州开发区促进区块链产业发展办法》，预计每年将增加2亿元左右的财政投入。

2023年3月30日，全国医保电子票据区块链应用启动仪式在浙江省杭州市举行。医保电子票据区块链应用是全国统一医保信息平台建设的重要组成部分。医保电子票据和区块链技术全领域、全流程应用将为医疗费用零星报销业务操作规范化、标准化和智能化提供强大的技术支撑，实现即时生成、传送、储存和报销全程"上链盖戳"。

3. 微观层面

得益于巨大的社会经济效益和发展前景，区块链从理论到实践都得到了快速发展，这一点在微观层面体现得更加突出。

（1）区块链发展联盟。

经过几年的发展，中国形成了诸多区块链发展联盟，比如：中国分布式总账基础协议联盟（China Ledger Alliance），金融区块链深圳合作联盟（Financial Blockchain Shenzhen Consortium），前海国际区块链生态圈联盟（Qianhai International Blockchain Ecosphere Alliance）等。

2016 年 2 月 3 日，中关村区块链产业联盟正式成立，同时中关村创业公社区块链国际孵化中心成立；2016 年 8 月 21 日，中国区块链产业大会在北京召开；2016 年 8 月 25 日，中国区块链技术应用研讨会在北京召开。

（2）研究机构。

另外，我国成立了很多区块链研究机构，比如：2015 年 9 月成立的万向区块链实验室，2015 年 12 月成立的中国区块链应用研究中心，2015 年 10 月成立的北航"数字社会与区块链实验室"等。2016 年 7 月 5 日，中国第一个基于区块链的校企联合实验室在中央财经大学信息学院建立。

（3）互联网企业。

区块链技术已经在构建价值自由流通的互联网企业引起了轰动，中国各大互联网巨头都分别进入该产业。

2022 年 11 月 14 日，北京微芯区块链与边缘计算研究院院长及其团队成功研发海量存储引擎 Huge，中文名"泓"，可支持 PB 级数据存储，是目前全球支持量级最大的区块链开源存储引擎。

2023 年 2 月 16 日，区块链技术公司 Conflux Network 宣布与中国电信达成合作，将在中国香港地区试行支持区块链的 SIM 卡。

此外，恒生电子凭借技术优势，携手蚂蚁金服，将区块链技术运用到移动支付、P2P、征信等多个领域。

部分中国企业涉足区块链领域或产业的汇总情况如表 5‑2 所示。

表 5‑2　互联网公司涉及区块链领域

序号	公司	涉足领域
1	百度	早在 2015 年，百度就开始在金融领域布局区块链；2017 年 7 月推出了区块链开放平台"BaaS"
2	阿里	2016 年开始布局，在金融、医疗、食品等领域布局区块链
3	腾讯	2016 年开发出国内第一个面向金融业的联盟链云服务 BaaS；2017 年 4 月发布白皮书，推出腾讯可信区块链方案

（续表）

序号	公司	涉足领域
4	京东	2017年6月8日，京东集团宣布成立"京东品质溯源防伪联盟"，与农业部、国家质检总局、工信部、中国质量认证中心等部门，外加众多生鲜领域和消费品领域的品牌商，运用区块链技术搭建"京东区块链防伪追溯平台"
5	360	2017年12月20日，成立360金融区块链研究中心；2018年1月9日，推出全球首家基于区块链的安全共享云平台
6	小米	2017年4月推出区块链营销数据协作方案；2018年3月14日，推出区块链宠物服务"加密兔"
7	万达网络	2017年5月打造区块链BaaS平台；2017年6月启动自主区块链技术研究平台，8月加入Linux基金会超级账本项目Hyperledger并内测上线区块链征信应用
8	美图	2018年1月22日，发布《美图区块链白皮书》，发行美图智能通行证（MIP），连通数字世界和现实世界，创造可信的区块链环境
9	苏宁	2017年9月29日，上线苏宁银行区块链国内信用证信息传输系统，是国内第三家开展区块链国内信用证业务的银行
10	网易	2018年1月，布局区块链领域，发行数字宠物"网易招财猫"；2018年2月9日，上线名为"星球"的区块链产品。"星球"是一个区块链生态价值共享平台，后续可进行信息安全存储、去中心化价值交换等功能

区块链的原理

一、区块链的本质

区块链技术本质上是一个去中心化的数据库，是分布式数据存储、点对点网络、高效率共识机制、哈希加密算法等计算机技术的新型应用模式。通俗来讲，区块链是将时间存储在块中按事件发生顺序将区块顺序相连的一种链式数据结构。从技术方面来看，区块链技术是利用共识算法更新数据、链式结构存储数据、非对称加密算法验证数据、基于开源平台智能合约技术对数据进行加工的分布式基础架构与计算范式。

区块链账本记录由全网结点维护，以 P2P 的方式在区块链网络中传播。共识结点会将一定数量的记录排序打包生成一个区块。之后，根据共识算法将这些区块添加到区块链的尾端。

随着比特币的诞生，一些加密货币和智能应用程序如雨后春笋般涌现，如狗狗币（Dogecoin）、莱特币（Litecoin）、零币（Zcash）、以太坊（Ethereum）和超级账本（Hyperledger）等。这些货币及系统都基于哈希链式结构进行数据存储，同时通过共识机制来保持数据的一致性，以此为账本信息提供隐私安全、透明、不可篡改及可溯源等功能。

二、区块链的特征

区块链具有去中心化、开放性、独立性、安全性、匿名性五大基本特征，如图 5-4 所示。

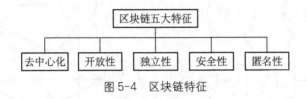

图 5-4　区块链特征

1. 去中心化

现在使用的所有互联网应用几乎都是中心化的，即每个应用的服务端由一个特定企业或个人所有。长期以来，大量的开发人员都努力创建中心化应用，用户习惯使用中心化应用。但是中心化应用存在一些问题，比如信息不透明、单点故障、不能防止网络审查等，导致几乎不可能创建某些特定类型的应用。为了解决这些问题，一项新的技术诞生了，创建以网络为基础的去中心化应用（DApp）。

DApp 客户端应该是开源的，并可以被下载使用，否则无法体现去中心化的想法。但是客户端架构的建立并非易事，如果用户不是开发人员，则会更麻烦。

因此，客户端通常以服务或节点形式出现，达到更加方便使用 DApp 的目的。

　　基于区块链技术，不同领域的用户可以在无第三方中介介入的情况下共享数据。区块链还结合密码学算法、分布式存储等技术，使存储在区块链上的数据更方便追溯、难以被篡改。其可追溯的特性意味着只要虚假数据出现过，必然可以追溯到虚假数据的源头。因此与人工记账不同，区块链技术的去中心化使得其不靠任何一个用户来控制运行，而是严格按照规则和协议运作。

　　区块链中存储的数据由全网节点共同维护，每个节点都参与数据的生成和传播，其应用具有多中心、自动化、可信任功能特征，与传统的中心化模式的区别见图 5-5 和图 5-6。由于区块链网络中所有的节点都参与记账和实时对账，每个节点位置平等。区块链中的智能合约一经部署，自动执行，智能合约简化了整体的流程，通过程序语言来强制执行。存储在区块链上的交易记录和其他数据是不可篡改并且可溯源的，所以能够很好地解决各方不信任问题，无须第三方可信中介。

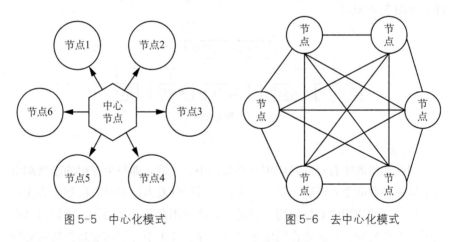

图 5-5　中心化模式　　　　　　　　图 5-6　去中心化模式

　　2. 开放性

　　因为区块链是去中心化的，所有网络节点都可以参与数据的记录维护，所以，它的数据必然是开放的。只有开放状态下才能保证所有人都可以参与。

　　随着区块链技术的发展，继比特币系统之后，又出现了以太坊。以太坊区块链比比特币更加先进，和比特币事先设定好交易系统操作不同，以太坊是一种开源的、可编程的区块链。通俗来说，以太坊系统相当于搭建了一套比较完备的"底层架构"，类似安卓、苹果，应用开发者们可以在这条系统上开发软件。所以，以太坊系统也可体现区块链的开放性，而且这个"开放性"还是一个升级版本。

3．独立性

区块链"去中心化"的特性，决定了其没有一个"中心化"的权威机构，这就使区块链具备了高度的独立性。

区块链的独立性体现在采用协商一致的机制，即"共识机制"，基于节点们的投票、信任，使整个系统中的所有节点都能在这个系统中自由安全地存储数据、更新数据。

投票、信任、协商，这些都属于"独立"范畴。从这个角度上看，区块链的"独立性"有望打破现有的生产关系：在区块链这个生态系统里面，维护系统的权力被广泛分布到节点手里，各个节点都是平等的，基于投票产生的共识和信任，在系统里面独立发挥自己的作用，通过为系统做出贡献来获取奖励。

4．安全性

区块链的安全性包括两方面的内容：一是指区块链上的内容"不可篡改"，二是链上信息的"可追溯"。

区块链技术通过其独特的架构和算法，确保了数据的安全性和可靠性。不可篡改性是区块链技术最为人称道的特点之一，这意味着一旦数据被添加到区块链中，就无法被更改。这种特性使得区块链成为一种非常适合存储和传输重要信息的技术，尤其是在需要高度信任和安全性的场景中。例如，在司法领域，区块链的不可篡改性可以确保司法信息的真实性和完整性，从而提升司法公信力。

可追溯性是区块链技术的另一个重要特性，它允许用户追踪数据的来源和去向，确保了数据的透明性和可信度。这种特性在多个领域都有应用，比如在疫情防控中，区块链可以用于信息管理、应急物资和食品安全追溯以及身份认证管理，帮助有效应对疫情相关的谣言和信息管理问题。此外，在"数字政府"中，区块链技术应用于政府统计调查领域和企业和公民身份认证系统，确保了数据可信、可追溯，为政府决策提供了科学依据，同时也保护了企业和公民的信息安全。

5．匿名性

匿名性是指个人在去个性化的群体中隐藏自己个性的一种现象。而区块链的匿名性则通过数字钱包地址的匿名性、通信和转账信息的加密处

理，以及随机化取证方法的运用，共同实现了交易的高度匿名性和隐私
保护。

 **区块链的应用领域**

　　工信部信息中心发布的《2018中国区块链产业白皮书》显示，中国区
块链产业处于高速发展阶段，创业者和资本不断涌入，企业数量快速增加，
互联网巨头也在区块链领域积极布局，推动区块链产业的发展。区块链的产
业生态主要聚焦在金融、政府管理、医疗健康、法律、物流、通信等领域，
如表5-3所示。

表5-3　区块链产业应用领域

序号	涉及领域	涉及范围	具体内容
1	金融领域	供应链金融	解决中微小企业资金难问题，包含13万亿—15万亿市场
2		贸易金融	解决银行之间信用证、保函、票据等信息同步问题
3		征信	解决资本市场的信用评估机构、商业市场的评估机构、个人消费市场的评估机构信息共享问题
4		交易清算	解决清算业务环节多、清算链条长，导致对账成本高、耗时长等问题
5		积分共享	解决银行企业的会员积分系统不能通用、积分利用率低、消费困难等问题
6		保险行业	解决了身份"唯一性困境"问题，为防范保险欺诈提供有力的技术保障
7		证券行业	解决中央银行、中央登记机构、资产托管人、证券经纪人之间流程繁杂、信息不透明、效率低等问题
8	实体领域	商品溯源	解决商品的生产、加工、运输、流通、零售等信息不透明的问题
9		版权保护与交易	解决数字版权确权、版权内容价值流通环节多、效率低等问题
10		数字身份	解决计算机系统世界中人员信息与社会身份关联的问题

（续表）

序号	涉及领域	涉及范围	具体内容
11	实体领域	财务管理	解决账目数量大、类别烦琐、企业间合作复杂带来的经营成本高、效率低、监管难等问题
12		电子证据存证	解决司法机构、仲裁机构、审计机构取证成本高、仲裁成本冗余、多方协议效率低等问题
13		物联网	解决去中心化设备采购、运维成本高，安全防护性差等问题
14		公益	解决信任缺失的问题
15		工业	解决多方协同生产、数字安全、资产数字化等制造业转型升级的问题
16		能源	解决能源生产、能源交易、能源资产投融资和节能减排过程中数据孤岛、效率低等问题
17		大数据交易	解决数据需求方的合法用途，又保护用户隐私的问题
18		数字营销	解决虚假流量和广告欺诈等现象导致广告主和广告代理商信任缺失的问题
19		电子政务	解决跨级别、跨部门的数据互联互通信息安全问题，提升政务效率
20		医疗	解决患者敏感信息的隐私保护和多方机构对数据的安全共享问题

一、金融

目前为止，金融领域是区块链技术介入最多，也是需求最大的一个领域。现如今的金融体系中存在着大量的中介机构，如银行、结算中心等，这大大降低了金融系统的运转效率。将区块链技术应用在金融行业中，能够省去第三方中介环节，实现点对点的直接对接，从而在降低成本的同时，快速完成交易支付。区块链技术的出现，让金融的去中心化成为可能。

（一）银行

1. 数字货币

银行业对区块链的第一个需求是数字货币。我们现有的货币体系是以政府为中心的集中式货币控制体系（中介机构掌握着发放货币的权利，同时从中收取大量的中介费），货币的发行与流通都受到中心化机构的制约，无法实现货币的绝对自由交换，这驱使人们寻找一种去中心化的数字货币，让人们可以在无须中介的情况下直接互相交易，"比特币"由此诞生。

数字货币的成功发行大大刺激了传统银行业，其他金融领域（如证券交易所、结算中心等）也纷纷开始引入区块链技术，尝试用区块链技术来取代传统的金融底层协议系统。于是，银行、股权/有价证券交易所领域、保险领域都纷纷表现出了对区块链技术的强烈需求。由于金融领域与社会经济直接挂钩，因此其对区块链技术的探索也是走在时代最前沿的，技术需求会更快地转化为动力，加速区块链技术的应用落地。目前，由公共区块链衍生出来的侧链、私有链等其他区块链概念均已出现在金融领域中。

Visa 推出基于区块链技术的 Visa B2B Connect，它能为机构提供一种费用更低、更快速和安全的跨境支付方式来处理全球范围的企业对企业的交易。要知道，传统的跨境支付需要等 3—5 天，并为此支付 1%—3% 的交易费用。Visa 还联合 Coinbase 推出了首张比特币借记卡，花旗银行则在区块链上测试运行加密货币"花旗币"。

2022 年 8 月，全国首例数字人民币穿透支付业务在雄安新区成功落地，实现了数字人民币在新区区块链支付领域应用场景的新突破。

2. 运营系统

全球领先的资产服务商纽约梅隆银行（BNY Mellon）开发了一个区块链系统，用于创建银行经纪业务交易的备份记录，作为银行现有交易记录系统的一个"备胎"。当银行现有交易记录系统不可用时，该系统就顶替而上，从而保证在银行系统关闭时，区块链系统仍可开展业务。

英国巴克莱银行与农业合作社 Ornua 和食品经销商 Seychelles 贸易公司利用专门打造的区块链系统来交换贸易过程中产生的各种文件。该系统由一家以色列创业公司 Wave 创建，使用基于区块链的定制技术来跟踪和验证交易过程纸质文件的转移，解决国际贸易面临的一个"最令人头痛的问题"。该系统为客户节约了时间和资金。

招商银行将区块链技术应用到直连清算系统实现银行内部跨境清算。招商银行有六个海外机构，一个子行五个分行，以往只支持分行与总行之间的清算。利用区块链技术，招商银行分行之间也可以发起清算请求，报文传递时间由原来的分钟级别降低到秒钟级，加上采用了私有链，保证了清算过程的安全。

传统资产托管业务涉及资产委托方、资产管理方、资产托管方以及投资顾问等多方金融机构，各方都有自己的信息系统，传统的交易主要通过电话、传真、邮件等方式进行信用检验。中国邮政储蓄银行联合 IBM（国际商业机器公司），利用区块链技术实现了中间环节的缩减、交易成本的降低及风险管理水平的提高，业务环节缩短了 60%—80%。

浙商银行股份有限公司发布了首个基于区块链的移动数字汇票平台，以数字资产的方式进行汇票存储、交易，为企业和个人提供移动客户端签发、签收、转让、买卖、兑付移动数字汇票等功能，降低了多方参与部门成本，实现了从纸质汇票、电子汇票再到基于区块链技术的移动汇票，实现了层级跨越。

（二）保险

在保险理赔方面，保险机构负责资金归集、投资、理赔，往往管理和运营成本较高。通过智能合约的应用，既无须投保人申请，也无须保险公司批准，只要触发理赔条件，实现保单自动理赔。

一个典型的应用案例就是 LenderBot，于 2016 年由区块链企业 Stratumn、德勤与支付服务商 Lemonway 合作推出，它允许人们通过 Facebook Messenger 的聊天功能，注册定制化的微保险产品，为个人之间交换的高价值物品进行投保，而区块链在贷款合同中代替了第三方角色。

Danamis 在以太坊上构建了一个 P2P 的智能合约，企业雇主把失业赔付金存放在合约中，防止雇主倒闭无力赔付失业保险。雇员的工作状态与 Linkedin 中的状态和声誉绑定，雇员失业申请失业保险时，合约通过 Linkedin 来验证身份和就业情况，避免了传统失业保险赔付时需要烦琐证明的问题，实现了自动理赔。

Z/Yen 基于区块链构建了 MetroGenomo 系统，该系统应用于共享经济实时保险赔付，解决了在共享经济场景下，当用户在使用共享物品，例如共享单车、共享汽车（Uber）、共享住宿（Airbnb）等时效很短的产品时，传统保险服务很难赔付的难题。

Edgelogic 将区块链和物联网相结合，由物联网设备自动触发区块链智能合约，实现保险自动理赔，解决传统家庭财产保险理赔过程慢的问题。比如，区块链接收到传感器检测到的潮湿异常信息，便触发智能合约，将修理费从保险公司转到理赔账户。

（三）证券

传统的证券和股权交易平台不能日清日结，只能采取"T＋1"结算的方式，这种制度从本质上来讲也是交易流程的复杂化所致。借助区块链智能合约技术来实现日清日结，可能会把清算的过程压缩至几分钟。

NASDAQ 于 2015 年推出了 Linq 平台，这是全球首个基于区块链的中小企业自主股权交易平台。Linq 平台基于区块链技术提供了一个交互式股权时间轴，在该平台上可以清楚地显示每个交易者资产的现价、类型、持股数量、历史走势等信息，这些信息记录在区块链账本上，投资者可以实时查看他所感兴趣的信息。Linq 平台借助区块链技术实现点对点的交易模式，实现完全无纸化的股权交易、股权产品交割与清结算，以及基于智能合约的资产转让。澳大利亚证交所（ASX）2015 年就斥资 1 000 万美元投入 DAH公司（数字资产控股公司），布局区块链技术在证券清结算方面的应用。

在国内，中信证券、兴业证券于 2016 年开始布局区块链，嘉实基金、银华基金管理有限公司、上海证券交易所、中国证券登记结算公司、大连商品交易所等都已经开始单独或者联合部署区块链。2016 年 6 月，由国家工业和信息化部支持、黑龙江省人民政府主办、齐齐哈尔市政府承办，在国家工商总局注册的北方工业股权交易中心开始营业，目前是中国北方最大的"区块链＋"股权交易平台项目。

2023 年 5 月，国家区块链技术创新中心在北京正式运行。2024 年 4 月，证券监督核心节点正式接入国家级区块链网络，可充分保护市场主体的商业隐私，显著提高证券市场监管的质量和精细度，降低市场风险。

在证券和股权交易领域引入区块链之后，区块链技术可实现完全的电子化、高度精准化和保密的撮合交易，能够准确反映资本市场最新的动态和实时行业数据，消除股权市场欺诈的因素，使传统券商的影响力严重削弱，对现有券商是一个极大的冲击。

二、政府管理

区块链在公共管理、能源、交通等领域的运用都与民众的生产生活息息相关，这些领域的中心化特质带来了一些问题，可以用区块链来改造。区块链提供的去中心化的完全分布式 DNS 服务通过网络中各个节点之间的点对点数据传输服务就能实现域名的查询和解析，可用于确保某个重要的基础设施的操作系统和固件没有被篡改，可以监控软件的状态和完整性，发现不良的篡改，并确保使用了物联网技术的系统所传输的数据没有经过篡改。

从技术的角度来看，区块链的主要特性和技术，包括数据全链共享、不可删除、防篡改、可追溯、共识和智能合约，使得区块链与政府管理结合后，能够为区块链开辟新的应用领域，同时提升政府管理能力和水平，实现双赢。

例如，区块链上的数据是全链条共享的，政府各部门不用单独维护一套只满足本部门标准的数据，降低了社会整体数据应用成本，提升了服务质量和水平。由于链上的数据是不可删除、防篡改、可追溯的——这实际上是将政府信息置于民众的监督下，所以能在很大程度上防止腐败，有助于建设廉洁政府，提升政府的公信力。在区块链上采用合适的共识机制，将有助于实现决策过程的法制化和科学化。在区块链中合理使用智能合约技术，将有利于提升服务的及时性，提高执行效率。

区块链上存储的数据，高可靠且不可篡改，天然适合用在社会公益场景。公益流程中的相关信息，如捐赠项目、募集明细、资金流向、受助人反馈等，均可以存放于区块链上，并且有条件地进行透明公开公示，方便社会监督。

实践方面，在雄安新区的建设中，"超前布局区块链"被写进党中央、国务院批复实施的《河北雄安新区规划纲要》中。雄安新区区块链在政务领域最先落地，主要应用在工程建设招投标、项目管理和房屋租赁等方面。

在工程建设招投标中，雄安新区在政府管理中引入大数据、区块链技术，对工程建设招投标的每一项决策进行全过程信息留档，作为证据随时可以调取查看，出现问题依法问责。

在雄安新区的"千年秀林"项目中，每棵树都有二维码专属"身份证"，利用区块链实现从苗圃到种植、管护、成长的可追溯的全生命周期管理。

2018 年雄安新区还上线了区块链租房应用平台，挂牌房源信息、房东房客的身份信息及房屋租赁合同信息都记录在区块链上，相互验证、无法篡改。

三、医疗领域

除了金融领域外，目前医疗已成为将区块链技术付诸实践的第二大领域。医疗行业中的许多资料都是非常私密的，对其阅读与管理权限的保护要求也十分苛刻。然而，目前中心化模式下的资料存储方式无法很好地保证资料的安全性，经常会造成病人隐私的泄漏，而且一旦系统出现问题就会造成大规模的数据外泄。于是，这种对资料保存安全性的诉求就让医疗领域出现了对区块链技术的强烈需求。区块链的可编程、匿名性特征能更好地在去中心化的环境中保护病人的隐私，其应用前景非常广阔。

在电子病历方面，区块链可以完整记录包含生命体征、用药历史、医生诊断、患者病情、治疗情况、康复情况在内的疾病诊疗全生命周期所有信息，在许可范围内实现数据共享。区块链中的医疗数据无法删除，会被永久保存，无法在事后进行篡改，这有助于医生通过查询病人的完整疾病诊疗史来了解病人的病情，更好地对症下药。2017 年年初，FDA 与 IBM Waston Health 的合作，利用区块链技术共享健康数据，旨在改善公共健康状况。Google 旗下的 AI 健康科技子公司 DeepMind Health 使用区块链，实现医院、NHS、病人之间的实时健康数据共享。

2017 年 8 月，阿里健康携手常州医疗联合体，以期帮助实现医疗业务数据互联互通。该技术首先在常州武进医院和郑陆镇卫生院落地，后续将逐步推进到常州天宁区医联体内的所有三级医院和基层医院，形成快速部署的信息网络。

2018 年 4 月 13 日，在 2018 中国"互联网＋"数字经济峰会智慧医院分论坛上，腾讯正式对外发布了微信智慧医院 3.0。相比 1.0 和 2.0 版本，新版微信智慧医院加入了 AI 和区块链等新技术。新版微信智慧医院把所有知情方全部纳入区块链，实现实时链上监管，全程可追溯。

四、法律

为进一步加强区块链在司法领域应用，充分发挥区块链在促进司法公信、服务社会治理、防范化解风险、推动高质量发展等方面的作用，最高人民法院在充分调研、广泛征求意见、多方论证基础上，制定《最高人民法院关于加强区块链司法应用的意见》（以下简称《意见》），于 2022 年 5 月 23 日发布。

该《意见》包括七个部分 32 条内容，明确人民法院加强区块链司法应用总体要求及人民法院区块链平台建设要求，提出区块链技术在提升司法公信力、提高司法效率、增强司法协同能力、服务经济社会治理等四个方面典型场景应用方向，明确区块链应用保障措施。

（一）仲裁

微众银行、广州仲裁委员会和杭州亦笔科技有限公司共同推出了基于区块链的仲裁联盟链。通过区块链技术，多节点同时记账，实时完成证据固定并上链，同时也让司法机构参与到区块链的记账中，对接网络仲裁庭，快速解决纠纷。仲裁联盟链的相关负责人表示："审理 2 000 元以上到 50 000 元以下的案子，律师费用、差旅成本在 2 000 元左右，如果使用线上审判的话只需要 500 元，司法成本大大降低；对于审理周期，从立案、开庭、送达一般在 6 个月以上甚至一年，司法涉网后只需 7 到 15 天。"当当事人需要申请违约仲裁时，违约交易数据会被还原成原文并发送至仲裁委员会的仲裁平台。仲裁委员会收到原文数据后会与先前储存的数据进行对比，确认该数据内容真实完整，出具仲裁裁决书。2018 年 2 月，广州仲裁委员会基于"仲裁链"出具了业内首个裁决书。

（二）征信

征信机构利用区块链中数据不可删除和防篡改特性，使民众更加信任征信数据的真实性和征信结果的公正性。此外，区块链中数据的公开性，能够消除征信机构与用户、征信机构之间、征信机构与其他机构之间的信息孤岛、信息不对称问题，实现征信数据和征信结果等数据的交换共享。区块链非中心化和共识机制，有助于简化征信流程和评估过程，缩短征信时间，提高征信效率。

例如，银行间采用区块链技术进行客户征信时，一方面可以实现多个银行之间的实时信息共享，因为客户的完整账户交易历史均是可查、未经篡改的；另一方面利用智能合约，在客户出现异常交易行为时，可及时向银行发出预警，预防欺诈行为。

IDG、腾讯、安永、普华永道等公司纷纷将区块链技术用于征信体系建设，建立起一个完善的征信体系，能够涵盖个人、企业、金融机构等各方面信用数据，实现征信信息的互联共享，降低社会经济运行风险，提高社会经济效率。

（三）版权

通过区块链技术，可以对作品进行鉴权，证明文字、视频、音频等作品的存在，保证权属的真实、唯一性。作品在区块链上被确权后，后续交易都会进行实时记录，实现数字版权全生命周期管理，也可作为司法取证中的技术性保障。例如，美国纽约一家创业公司 Mine Labs 开发了一个基于区块链的元数据协议，这个名为 Mediachain 的系统利用 IPFS 文件系统，实现数字作品版权保护，主要是面向数字图片的版权保护应用。

（四）公证

将区块链技术运用到公证领域，一方面可以将分散于全国的 3 000 多家公证机构的数据进行整合，提升数据在公证行业内部的交换与利用，更好地发挥公证职能，服务社会大众；另一方面可以便捷地实现对海量的发生在互联网的法律行为与数据进行公证，解决互联网环境下举证难、质证难的问题和困扰。

北京、广州、南京、重庆、福建、西安等地的 16 家规模较大的公证机构作为首批发起人，于 2017 年 6 月发起并建设了我国首个基于区块链技术的"公证专有云"。首个区块链公证应用实例就是中国知识产权公证服务平台"原创保护"模块。

五、通信领域

通信领域最需要关注的是信息安全问题。传统方式下的信息都是通过点对点传输来完成，这使得追踪者可以通过追踪信息传输的路径来拦截信息，由此产生了保障信息传输路径安全的需求。区块链技术通过去中心化方式，完全改变了信息传输的渠道，由于网络中的每个人都能收到这份信息，但只有拥有私钥的人才能打开，因此信息的拦截无从谈起，信息的跟踪也就无法实现。这样一种全新的通信模式完全改变了信息传递的路径，从根本上解决了信息传递的路径安全问题，为未来通信信息传递模式的改变打开了一扇大门。

第六章
区块链在碳排放权交易中的应用

本章基于区块链技术和智能匹配算法，构建碳排放权交易应用模型，并凭借区块链去中心化交易、交易信息可追溯性、智能合约执行合同快速且准确等特性，解决交易双方互不信任的问题。希望通过对交易机制的改进，促进碳交易的达成，提高参与各方的满意度。

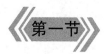

第一节　碳排放权交易引入区块链技术的优势

一、中国碳交易市场存在的主要问题

碳交易市场作为一个新兴的、复杂的特殊运作机制存在诸多问题，如具体运行时涉及的主体多元性、标的特殊性、利益复杂性、风险多重性、信息不对称等。现行的碳交易是一种集中化的资源配置方式，需在第三方中介机构交易所内集中进行，数据存储和交易运行都由中心服务器控制，同时还需要依托第三方核查机构与政府层层把关保证企业上报数据的可靠性，这不仅加重了监管成本，同时降低了交易效率，最主要的是人工授信无法从根本上实现绝对的信任。在碳交易市场中，存在诸多核心问题是中心服务器无法解决的。

（一）交易效率低

碳排放权交易的各个流程烦琐，企业计量上报、政府登记注册、项目勘察、核证排放数据、发放配额等环节历时较长，监管成本大，交易效率低。

（二）信息透明化程度低

各个控排企业上报的碳排放数据无从查实，可能存在数据造假、暗箱操作等问题，中心服务器无法确定数据的真实与安全，对配额的数量、价格的公平性也无法保障，各项信息的不透明使机构和个人缺乏信任。

（三）市场分割现象严重

全国碳交易市场尚不统一，碎片化现象严重，各试点存在巨大差异，未能形成统一的定价机制，地区间碳价格差异较大，阻碍了碳交易市场的统一化进程。

二、碳排放权交易与区块链技术的兼容性分析

（一）理论兼容性——充分条件

一方面，区块链技术具有去中心化、开放透明、可信度高和可编程的智能合约等特点；另一方面，碳金融作为能源碳权以金融形式交易的表现形式，同样具有开放、对等、连通和共享等特点。故区块链与碳交易市场在理论上具有较高的一致性，从以下两方面体现。

一是公开透明。区块链技术是分布式去中心化的数据库，每个节点的数据对其他节点都是公开透明的，这点可以解决目前碳金融信息不对称、政府公信力低等问题。

二是去中心化。区块链与碳交易市场都不以传统的从上而下的方式决策，而是各主体能够公平自主管理、参与决策，进而使各节点间的交流更透明化。

（二）技术兼容性——必要条件

前文分析碳交易市场发展受到较大程度的掣肘，区块链技术则可针对该市场目前信息不对称、政府干预程度高、监管体系不完善等问题在技术层面加以完善。

1. 借助智能合约改善碳配额机制

传统模式的碳交易市场中，政府机构依靠企业提供的历史数据对碳排放权进行分配，由于原先企业数据记录意识缺乏等原因，历史数据不完整，故企业对于这类分配机制的公平性存疑，区块链的智能合约可以解决这一矛盾。智能合约的基本理念是，在法律基础保障前提下，将合约以代码的形式写入区块链系统底层，保证交易的有效性和可行性，可有效规避信用风险。

区块链可以为碳排放权的认证提供一个公平公开的系统平台，每个公司拥有专有的碳排放权 ID，并将配额的分配方法、相关政策以智能合约的形式记录在区块链中，任何主体都可以查看合约，只有满足合约中的碳配额数量时，节点间才可以继续交易，当不满足合约时则启动惩罚等措施。除此之外，用户间完成交易后的实体货币价值转移、相关资产的结算都可以智能化

地依托于合约。区块链还可以通过智能合约技术对交易信息进行自动处理、传输和存储，依托共识机制实现结果优化。这种自动化的模式可以提高执行效率，降低交易成本，提升分配机制透明度，保证用户对机制的了解程度。

2. 提升碳金融交易安全性

首先，当用户之间通过博弈进行一次交易——碳权发生一次转移，根据区块链的技术特点，相关交易信息即会同步到平台中的每一个节点中，使得交易的信息对于每一个主体（用户）透明化，且区块链中信息具有不可篡改性——保证了交易信息的可靠性、可追溯性。

其次，区块链技术可运用 P2P 模式（点对点方式）与共识机制对每个节点设置数据查询权限，仅当用户掌握相应的密钥和权限才可以对数据进行查询和访问，相关的权限可根据实际情况与区块链的分类相结合进行制定。

另外，在引用区块链技术的碳排放交易市场中，政府和监管部门可根据交易的数据、路径计算出碳排放量和相关数据，为研究和监管提供基础数据；企业可在信息更透明的条件下选择交易方——系统数据的公开透明性，在用户端保证了碳排放权分配的公平合理；同时银行也可以调取数据完成相关企业征信工作，有助于解决企业不愿进行信用背书的难题，提高征信力度。

3. "去中心化"提升监管部门效率

区块链作为去中心化的数据库，可以建立一个更公平的系统——不存在绝对的垄断者，政府和监管部门与普通企业具有共同的信息优势，这种新的模式将有利于用户更自由地交易。

并且，区块链技术在一定程度上消除了传统权威机构监管以来的机制冗杂，由于其采用 P2P 方式处理交易，建立在区块链基础上的支付系统具有"去中心化"的特征，降低了传统以中心化为特征的交易模式成本，可以以全新的方式记录、管理和保存这些数据。两种交易模式的对比见图 6-1。

4. 区块链的激励机制

区块链的重要特点之一是激励机制，这点可以运用碳金融市场作为政策的扶持和补贴机制。在企业交易的同时可以通过区块链技术根据交易量的大小对交易双方进行奖励，这种补贴可以因地制宜、因地适宜地将政府的直接补贴转变为政府补贴加市场交易的有效组合，推动绿色转型，不仅可以鼓励企业投身碳金融市场，还有利于我国相关补贴机制的构建。

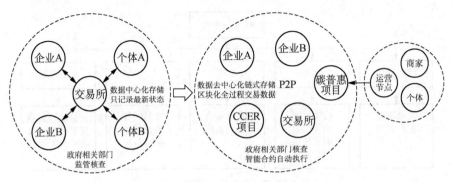

图 6-1　传统中心化交易模式与区块链交易模式的对比

 **基于区块链的碳排放交易平台**

一、平台设计目标

根据全国碳市场建设要求，设计平台应该能够满足以下功能：为碳排放权交易提供交易等服务和综合信息服务的基础设施。交易系统应该能够完成碳排放交易过程中的网上开户、客户管理、交易管理、挂单申报、撮合成交、行情发布、风险控制、市场监管等综合功能。最终目标是高效、安全、便捷地实现碳排放权交易。

故设计的碳排放交易平台包含以下职能模块：交易主体注册与管理模块、碳交易信息模块、交易模块、资金结算模块及其他相关辅助模块。五个功能模块构成交易系统最重要部分。通过采用区块链技术来解决碳排放交易的管理和欺诈问题，利用高效方便的交易平台提高企业参与积极性。交易平台的框架结构如图 6-2 所示。

二、系统总体设计

系统总体设计主要包括方案选型和总体架构设计。方案选型包括以太坊客户端的选型、开发框架的选型和以太坊接口的选型。总体架构设计主要是

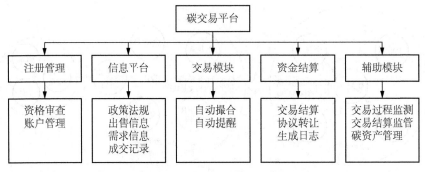

图 6-2　交易平台框架结构

底层区块链平台与上层业务之间的设计。良好的系统总体设计能为后续的智能合约设计和系统实现提供保障。

（一）方案选型

方案选型主要包括以太坊客户端、开发框架和接口类型。在去中心化应用（DApp）的开发中，TestRPC 和 Geth 这两种主流以太坊客户端使用率比较高。碳交易平台的设计可以同时运行部署在 TestRPC 和 Geth 中，但系统的测试过程更多使用 TestRPC。

开发框架：交易平台通常使用 Truffle 开发工具。Truffle 是一种基于以太坊智能合约的开发工具，能够对合约代码进行单元测试，非常适合测试驱动开发。同时内置了智能合约编译器，只要使用脚本命令就可以完成合约的编译、部署、测试等工作，大大简化了合约的开发生命周期。

以太坊接口：目前以太坊提供 JSON-RPC 和 web3. js 两种接口。因为使用了 Truffle 框架，就默认使用 web3. js 接口，因为 Truffle 包装了 web3. js 的一个 JavaScript Promise 框架 ether-pudding，可以非常方便地使用 JavaScript 代码异步调用智能合约中的方法。

（二）总体架构设计

区块链是去中心化的交易模式，没有交易所充当中介。每个交易企业之间直接连接，可以由智能合约直接进行交易。排放企业之间直接交易，这样可以减少交易中介带来的协调成本和运行成本。模型的功能包括以下方面。

（1）碳额度分配。政府有关部门在每一年度开始时为企业分配这一年度的碳额度。

（2）碳交易。各个企业提出购买或出售的需求，由智能合约为企业执行交易匹配算法，首先以匹配数量最大为目标，将优质出价的买方与卖方进行匹配；然后以满意度总量最大为目标，为其他买方卖方撮合匹配，以求增加匹配对的数量，增加交易数量。

上述两个功能，每一个都可以看作一种交易。基于区块链 Fabric 的交易行为的本质是对 stateDB 中的数据进行修改，然后将修改信息（交易信息）存到区块链上，存储信息可追溯且不可篡改。

采用区块链的方式"记账"，其原因是保证链上信息不可篡改。两个区块是否相连取决于前一个区块的哈希值与后一个区块的前指针是否相同。在交易结束进行记录时，前后两个区块是对应的。

如果某节点对区块中数据进行篡改，那么被修改的区块的哈希值会发生变化，为了能与之后的区块连接，之后每个区块都应该重新计算。除此之外，区块链的去中心化存储遵循少数服从多数原则。当不同节点的账本记载出现不同时，以多数节点为准。如果某一个节点要篡改交易信息，除了修改自己区块链中的哈希值，还需要说服至少 51% 的参与者进行修改，工作量将十分巨大，所以保证了"账本"信息的准确无误。

碳交易平台系统架构如图 6-3 所示，底层使用以太坊区块链，本地用TestRPC 来开启以太坊，通过 Truffle 工具，把智能合约部署在以太坊上。

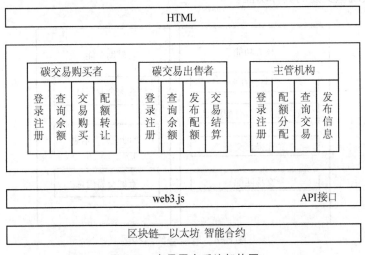

图 6-3　交易平台系统架构图

173

交易系统使用 web3. js 接口来调用智能合约中的方法。用户可以使用前端页面来非常方便地使用交易系统中的功能。

（三）智能合约设计

智能合约指的是双方约定好的规则，满足触发条件时由计算机自动执行。以太坊智能合约可以用多种语言编写，如 Solidity、Serpent、LLL 等，其中 Solidity 是一门面向合约的、为实现智能合约而创建的高级编程语言。这门语言受到了 C++，Python 和 Javascript 语言的影响，设计的目的是能在以太坊虚拟机（EVM）上运行。Solidity 是静态类型语言，支持继承、库和复杂的用户定义类型等特性。在部署合约时，应该尽量使用最新版本。

模型整体功能涉及多个交易过程，项目中一个实体对应一个合约，项目含有多个合约，基于区块链的碳交易行为由智能合约自动执行。

碳交易系统中采用智能合约的优势在于节约交易所中间协调与交易的成本，方便监管。现在两个人之间使用微信支付交易时，涉及的交易不仅仅是微信上的简单操作，还涉及银行、政府监管部门等，协调监察过程要消耗大量成本与资源。智能合约执行交易快速且准确，保存后确保交易信息真实，不可篡改，由此减少了中间协调与交易的成本。

通常采用 Hyperledger Fabric 1.3 平台编写链码（chain code），即构建 Fabric 联盟链并嵌入智能合约，智能合约的具体设置如图 6-4 所示，核心功能为实现碳交易的具体功能。

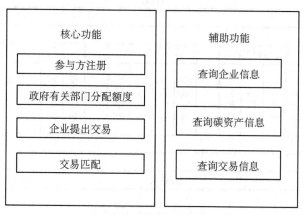

图 6-4　智能合约结构图

（1）参与方注册合约。企业在加入区块链时，需要将一些信息存储到系统中，交易企业需要输入对应的信息。智能合约记载分配相关信息，采用分布式存储的方式存储，保证信息准确无误，不可修改。这些信息在之后企业进行碳交易的时候被使用。

（2）政府有关部门分配额度合约。在每一周期的期初，政府有关部门依据历史情况为企业分配额度。

（3）企业提出交易合约。企业根据需求，提出购买申请或出售申请，同时提交交易价格、交易价格可接受范围。智能合约首先检测买方在账户中是否有足够的资金去完成这笔交易，如果资金不足，智能合约会判定这次的交易需求是无效的。

（4）交易匹配合约。买方企业和卖方企业根据自身需求提出交易申请，智能合约执行两阶段匹配交易。首先将优质出价的买方和卖方以匹配数量最大为目标进行匹配，然后将剩余的企业报价以总体满意度最大为目标进行匹配。匹配成功后，由智能合约执行交易，将资金和碳额度划分到对应的企业条目下，存储到区块链中。

三、基于区块链的碳排放权交易流程

（一）身份认证

身份认证是区块链技术的一个重要应用，根据上海环境能源交易所的业务规则，除纳入配额管理的企业外，银行等金融机构及组织也可以作为投资者进行碳排放交易，因此碳排放权交易的用户包括政府、投资者和控排企业三类。申请注册碳排放交易会员的用户需要在碳排放交易平台上注册一个账户，每个账户对应一个节点，系统自动为每个节点生成一个 75 字节的身份代码，身份代码由用户类型、公钥及组织机构代码构成，其结构图如图 6-5 所示。

类型 1:政府2:控排企业3:投资者	公钥	组织机构代码
1字节	65字节	9字节

图 6-5　身份代码结构图

每个节点具有一对公钥和私钥，用该节点私钥（公钥）加密的数据只能由该节点的公钥（私钥）解开，因此公钥和私钥可用于信息加密和数字签名。

节点的私钥是由系统中的随机数发生器随机生成的，公钥则由私钥通过 Secp256k1 算法得到。私钥相当于一个公司的私章，只有使用私钥才能对该节点的配额进行买卖。

通过节点的私钥可以推算出节点的公钥，但是从公钥却无法推算出私钥，而且系统中的随机数发生器能够生成 2^{256} 个私钥，因此很难发生遍历系统中的私钥来获取某节点的私钥的情况，保证了用户数据的安全性。

基于区块链的碳排放交易平台上的身份认证流程如图 6-6 所示。

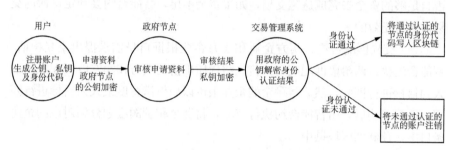

图 6-6　基于区块链的身份认证流程图

各节点将政府需要的申请资料用政府的公钥加密后发送给政府节点，确保加密的信息只有政府节点可以看到。政府节点在收到信息后用自己的私钥对申请资料解密并审核其有效性，然后将审核结果用自己的私钥签名提交给交易管理系统。

交易管理系统利用政府的公钥对信息进行解密，确保信息是由政府节点发出的，然后根据审核结果将通过身份认证的节点的身份代码加盖时间戳记录在区块链中，而未通过的节点将会被注销账户。

（二）配额认证

通过身份认证的控排企业节点可以免费得到配额，根据《全国碳排放权交易市场建设方案（发电行业）》及《上海市 2022 年碳排放配额分配方案》，政府节点利用行业基准线法确定配额分配方案。

交易平台上的每个节点都具有一个"钱包"，用于存储该节点的公钥、私钥和配额，配额数量由钱包中的配额输入和输出决定。钱包的地址是由公钥通过一系列的计算得到的，首先将公钥用 RIPEMD 算法处理得到公钥的哈希值，再对该哈希值进行两次哈希运算，取其运算结果的前四位连在公钥哈希值的末尾，并在公钥哈希值的前面加上版本号进行编码，最终得到该节点的钱包地址。

基于区块链的碳排放交易平台上的配额认证流程如图 6-7 所示。

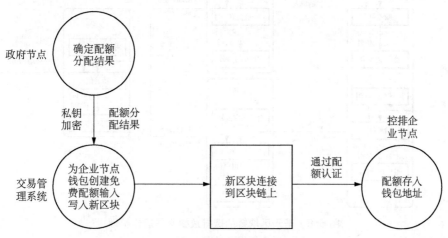

图 6-7　基于区块链的配额认证流程图

政府利用自己的私钥对配额分配结果加密并将其发送给交易管理系统，交易管理系统利用政府的公钥进行解密，然后根据政府的分配结果为控排企业发放配额。对于通过身份认证的控排企业节点，交易管理系统将会为其钱包地址创建一个输入，输入量为获得的免费配额量，最后交易管理系统会创建一个新的区块来记录所有的输入并将其连接到区块链上。

（三）配额转移

在配额交易中当卖家收到买家的付款后，卖家需要把配额转移到买家的钱包。在基于区块链的碳排放交易平台上，所有权的转移以交易单作为载体，由输入和输出构成。交易单可以有多个输入，输入规定了需要转移的配额的来源，每个节点交易的配额都是由该节点的前一次交易得来的，前一次交易的输出就是此次交易的输入。每个交易最多有两个不同的输出，分别用于支付和找零，因为每次输出时需要将配额全部转移，除了将用于交易的配额输出到目标钱包地址外，交易后如果有剩下的配额，也要以未花费的交易输出（UTXO）的方式输出到自己的钱包地址供下次交易使用。交易运作机理如图 6-8 所示。

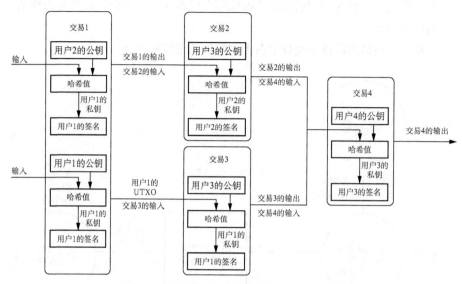

图 6-8　基于区块链的碳排放权交易运作机理

　　卖家将自己前一次交易中的一个 UTXO 作为此次交易的输入，转移到买家和自己的钱包地址的配额作为输出创建一个交易单，然后对交易的输入和买家的公钥进行哈希计算得到一个哈希值，最后用自己的私钥加密生成签名附加在配额的末尾。

　　在基于区块链的碳排放交易平台上进行交易时，需要向交易管理系统提交订单进行申报，订单中包括身份代码、订单数量和报价等信息，并需要用节点的私钥对订单进行加密以保障订单的安全性。交易管理系统将会保存一段时间内收到的所有订单并利用节点的公钥对其解密，然后对所有订单进行分类，并对买卖双方所在节点地址的账户余额进行查询。

　　当确定卖方的配额持有量不低于申报交易的配额数量，买方的配额持有量与买入量的和不超过政府规定的限额时才会为其匹配订单。订单匹配完成后，买卖双方将会按照图 6-8 的运作原理创建交易单进行配额交易。交易完成后，交易管理系统将所有的交易记录到一个新的区块里并连接到区块链上，此时就完成了配额所有权的转移。

（四）记录账本

　　在基于区块链的碳排放交易中，所有的交易都被记录在区块中，区块由区块头和区块体构成，结构如图 6-9 所示。区块头包含前一区块地址、哈希值、Merkle 根和时间戳，区块体包含了这段时间内的所有交易记录。哈希值是每个区块地址的标志，前一区块地址指明了新产生的区块需要连接在哪一个区块之后，时间戳记录了区块写入数据的时间。

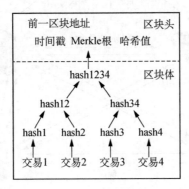

图 6-9　区块结构图

Merkle 根是由区块体中的交易经过哈希计算得来的，每笔交易通过哈希计算都会产生一个哈希值，相邻的两个哈希值经过哈希运算又得到一个新的哈希值，最终得到 Merkle 根的数值。

在基于区块链的碳排放交易平台上由交易管理系统来记录账本，将一段时间内产生的交易记录在新的区块中，由于交易管理系统的可信性，该区块不需要通过全网节点的验证即可连接到区块链中，然后各个节点据此更新自己的账本。

（五）整体流程

通过上面的步骤，政府将免费配额发放给控排企业。在年末配额清算日，智能合约自动对实际排放量大于配额清缴量的控排企业进行罚款。进行配额交易的节点需要向交易管理系统提交订单，包括交易者的身份代码、配额数量和报价，交易管理系统将会存储报价、匹配订单并撮合交易，买卖双方根据撮合交易的结果进行交易。交易管理系统将所有成交的交易记录在新的区块中并连接到区块链上，然后向全网广播，各节点据此更新自己的账本。

基于区块链的碳排放权交易整体流程如图 6-10 所示。

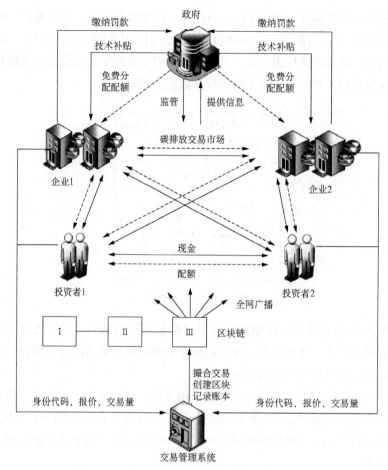

图 6-10　基于区块链的碳排放权交易整体流程

　　　碳排放权交易博弈分析

一、初始分配博弈

（一）博弈模型构建

初始配额数量的确定过程是管理机构（中央与地方政府）、控排企业与

核查机构三者间的博弈，分析如下。

（1）对于企业而言，配额分配的计算依据为历年排放量，直观感受是"多排多得"，虽然不符合经济效用，但现阶段的实践确实如此。碳交易机制具有明显的两面性：一方面的优势在于机制本身带有激励性质，即使是免费分配，由于碳配额可出售，控排企业也会进行技术创新、竭力减排，可以将额外的配额售出从而获益；但另一方面，在初始上报配额时，同样由于碳配额可获利，便产生谎报配额的动机，这样多余的配额便成了额外收益，所以，企业的策略选择为（谎报，不谎报）。

（2）对于第三方核查机构，目前存在的最大问题在于是否放开市场化，争议大致如下：在 MRV 建立初期，由政府承担第三方核查费用，目前采用的主要是政府采购核查服务，这对防止企业与核查机构串通作弊有一定的作用，但同时也会加剧政府的经济负担。随着市场成熟度提高，核查成本应由企业自己承担，核查服务应逐渐市场化，由企业出资聘请核查机构，正如上市公司聘请审计机构。然而，这就会引发核查机构间的竞争，从而降低竞争价格，这势必会对核查的数据质量产生不利影响。此处的第三方核查机构相当于中介机构，为谋取利益会与控排企业产生合谋动机，所以，核查机构的博弈策略为（合谋，不合谋）。

（3）而对于监管机构（包括地方和国家层面），目标是社会福利最大化，对于企业经第三方核查机构上报的核查数据采取抽查的方式由权威机构复核其真实性，监管部门的策略为（抽中，抽不中），概率随机。

（二）博弈分析

1. 前提假设

（1）控排企业与核查机构均是理性人，追求各自利益最大化。

（2）控排企业与核查机构间为完全信息，即对于企业是否谎报排放量，第三方核查机构是可以核查出来的，然后再决定是否合谋。

（3）监管机构对于控排企业、核查企业各自的行为及其联合行为是不完全信息，但其复核力度较大，只要抽中即可发现报告机制中是否存在谎报、合谋等行为，且发现后给予处罚。

2. 模型建立

控排企业、核查机构、监管机构三个博弈主体间属于混合博弈，每种策略并非是确定的。假设控排企业谎报与否是随机的，概率为 α，不谎报概率

为 $1-\alpha$；核查机构是否同意合谋也视其利益而定，合谋概率设为 β，不合谋概率为 $1-\beta$；监管机构发现合谋的概率设为 γ，未发现的概率则为 $1-\gamma$。各变量设定如下。

（1）对于控排企业，实际所需减排量设为 x_i，可能谎报的配额量为 Δx；配额价格为 p_1，减排成本为 $C_1(x_i)$，对核查机构的贿赂成本为 B，若企业被发现存在谎报但企业不与之合谋，此时会遭受经济及名誉或其他损失，设为 L_1，则谎报情况下企业的利润为 $\pi_1 = (x_i + \Delta x) \times p_1 - C_1(x_i + \Delta x)$；不谎报时企业利润为 $\pi_1 = x_i \times p_1 - C_1(x_i)$。

（2）对于核查机构，收入设为 $x_i \times p_2$，核查成本为 $C_2(x_i)$，被监管机构发现违规时所受处罚额为 A'，则核查机构无合谋行为时的利润为 $\pi_2 = x_i \times p_2 - C_2(x_i)$。

（3）对于监管机构，复核成本为 C_3，发现控排企业与第三方核查机构违规时对其处罚分别量化为 A、A'。

3. 博弈均衡分析

（1）控排企业的期望收益。

$$E_{企业} = -\alpha\beta \times B - \alpha\beta\gamma \times A - \alpha \times L_1 + \alpha\beta \times L_1 + \pi_1'$$

企业的均衡点满足一阶最优条件 $\dfrac{\partial E_{企业}}{\partial \alpha} = 0$，

即 $\beta\pi_1 - \beta B - \beta\gamma A - L_1 - \beta\pi_1' + \beta L_1 = 0$

解得：

$$\beta^* = \frac{L_1}{\pi_1} - B - \gamma A - \pi_1' + L_1$$

$$= \frac{L_1}{\Delta x[P_{配} - c(x_i)]} + L_1 - B - \gamma A$$

β^* 表示实现纳什均衡时，第三方核查机构合谋的均衡概率，当 $\beta > \beta^*$ 时，核查机构倾向于合谋，否则拒绝。且由其表达式可知，当贿赂成本 B 越大，合谋可能性越大；当企业的谎报量 Δx 越大，风险越大，此时合谋发生的可能性越小。

（2）核查机构的期望收益。

$$E_{核查} = -\alpha\beta\gamma A' + \alpha\beta B + \pi_2$$

核查机构的均衡点也满足最优条件 $\dfrac{\partial E_{核查}}{\partial \beta} = 0$，

即 $-\alpha\gamma A' + \alpha B = 0$

解得：$\gamma^* = B/A'$

γ^* 表示监管机构的均衡概率，当 $\gamma > \gamma^*$ 时，监管机构发现企业与核查机构合谋的可能性较小，否则较易被发现，当贿赂成本 B 越大时，监管机构发现的可能性较小，原因猜测是此时核查机构所受激励较大，会极力掩护两者间的合谋行为；而当监管机构对核查机构的惩罚额度 A' 较大时，违规被发现的可能性较大。

（3）监管机构的期望收益。

$$E_{监管} = -\alpha\beta\gamma(A + A') - \beta C_3 + \beta\gamma C_3 - C_3 - \gamma C_3 + \alpha C_3$$

同样，监管机构发现违规的临界点满足 $\dfrac{\partial E_{监管}}{\partial \gamma} = 0$，

即 $\alpha\beta(A + A') - \beta C_3 - C_3 = 0$

解得：$\alpha^* = \dfrac{1 + \beta}{\beta(A + A')/C_3}$，$\beta^* = \dfrac{1}{\dfrac{\alpha(A + A')}{C_3} - 1}$

可得，当监管机构的惩罚力度越大，控排企业谎报的动机越小，与核查机构间合谋的动机也越小；企业与核查机构违规的可能性还与监管机构的复核成本成正比，即复核成本越高，违规的概率就越高。

综上可得以下结论：

（1）控排企业谎报的动机主要受监管机构的制约，监管力度、监管成本会产生重要影响。监管力度越大，谎报发生的可能性越低，而政府监管成本越高，企业越易冒险违规。

（2）对于核查机构，主要受控排企业和监管机构两主体制约。企业对第三方核查机构的贿赂成本越高，合谋越易发生，但企业的谎报量偏大时，合谋风险较大，发生概率较低，同时，监管力度和监管成本对其影响同控排企业。

（3）而监管机构的唯一目的是保持市场的公平高效，当对企业的惩罚力度较大时，企业的违规行为越易暴露。当企业与核查机构间利益相关越大时，双方越倾向于掩护彼此的合谋行为，从而监管效率较低。以上结论比较符合实践。

从而可知，要想保证碳交易市场的公平公正，杜绝不正当行为，政府主体的监管力度起决定作用，同时，筛选第三方核查机构时要严格把关，重视

其道德操守，减少违规行为的发生，而对于控排企业则要保证碳交易价格的平稳，减少投机，进而削弱其谎报排放量的动机。

二、二级市场博弈

（一）博弈模型构建

中国一级配额拍卖市场采用最多的、也是国际流行的，往往是密封拍卖中的单轮密封拍卖、公开拍卖中的公开加价拍卖（英式拍卖），都属于单向竞价拍卖（一对多）。二级市场目前研究者较少，主要的拍卖方式也是传统四种拍卖中的单向竞价拍卖，以及双向公开竞价拍卖，其中被认为效率较高的交易方式为双向公开拍卖。双向拍卖中双方势力均衡，不存在资源垄断优势的一方，交易效率也高于单向拍卖，利于价格发现。1982 年，VL Smith 形象地揭示了双向拍卖的特点：双向拍卖市场可以在竞争均衡附近迅速收敛，即使供求信息不充分、买卖双方人数比较少。

碳排放权双边交易市场是在各碳排放权交易中心进行的，由碳排放权买卖双方和交易中心组成，现在一般为线上交易。买卖方向交易平台提出挂牌申请，填写报价和数量，由交易所相关人员组织。具体双边拍卖过程如下。

（1）挂牌申请，碳交易买卖双方向交易所提出碳产品挂牌申请，一般包括碳配额和核证减排量，填写转让或受让的数量和报价，提交；

（2）挂牌审批，挂牌信息经由交易所相关人员审批，通过后开始按照交易规则进行高低价匹配，即优先将出价最高的买者和售价最低的卖者匹配；

（3）确定交易价格和数量，签订协议，公布交易信息；

（4）完成一次交易，判断是否到达交易结束条件，若未结束则循环匹配过程，完成第二次交易，直至交易结束。

由上可见，双向拍卖存在以下特征：（1）交易双方信息不对称，彼此向第三方交易中心报价，不知道对方报价；（2）交易中心获取最高买价和最低卖价后由系统撮合匹配，交易即刻达成，根据交易规则可能会进行多轮报价；（3）交易者报价原则为追求个人效用最大化。所以，最优报价的确定过程实则是一个不完全信息静态博弈——交易双方在报价时可能存在先后顺序，但并不知道彼此的报价策略，对自己的估值属于私人信息。碳排放权也属于资源型产品，因此亦可参考双方叫价拍卖模型，简化碳排放权双向拍卖过程。

（二）博弈分析

碳交易主体为碳排放权的供需双方，假设共有卖家 m 个，买家 n 个，是一个多对多的不完全信息静态贝叶斯博弈，但鉴于参与者同质化程度较高，即报价策略类似，故可以将买卖双方分别视作一个整体，简化为一对一的博弈。设买、卖双方报价分别为 P_b，P_s，对标的商品的心理估值为 V_b，V_s，估价均为个人信息，且服从 $[0,1]$ 上的均匀分布。

交易规则规定，当 $P_b \geqslant P_s$ 时，交易以均价成交，即 $P = (P_b + P_s)/2$；如果 $P_b < P_s$，则不发生交易，即，

$$P = \begin{cases} 0, & P_b \geqslant P_s \\ (P_b + P_s)/2, & P_b < P_s \end{cases}$$

考虑一般情况下，报价策略为线性函数，对于卖方而言，假设买方的报价策略函数为 $P_b(v_b)$，即 $P_b(v_b) = \alpha_b + \beta_b v_b$，则 $P_b(v_b)$ 服从 $[\alpha_b, \alpha_b + \beta_b v_b]$ 上的均匀分布，要想达到静态贝叶斯均衡，则 $P_b(v_b)$ 应满足：

$$\max\left[V_b - \frac{P_b + E(P_s(v_s) \mid P_b \geqslant P_s(v_s))}{2}\right] Prob\{P_b \geqslant P_s(v_s)\}$$

代入 $P_b(v_b)$ 可简化为：

$$\max\left[v_b - \frac{1}{2}\left(P_b + \frac{\alpha_s + P_b}{2}\right)\frac{P_b - \alpha}{\beta_s}\right]$$

由最优化一阶条件可推出：

$$P_b = \frac{2}{3}v_b + \frac{1}{3}\alpha_s$$

同样，设卖方的报价策略函数为 $P_s(v_s)$，且 $P_s(v_s) = \alpha_s + \beta_s v_s$，则 $P_s(v_s)$ 服从 $[\alpha_s, \alpha_s + \beta_s v_s]$ 上的均匀分布，则 $P_s(v_s)$ 应满足：

$$\max\left[\frac{P_s + E(P_b(v_b) \mid P_b(v_b) \geqslant P_s)}{2} - v_s\right] Prob\{P_b(v_b) \geqslant P_s\}$$

代入 $P_s(v_s)$ 可简化为：

$$\max\left[\frac{1}{2}\left(P_s + \frac{P_b + \alpha_b + \beta_b}{2}\right) - v_s\right]\frac{\alpha_b + \beta_b - P_s}{\beta_b}$$

再由最优化一阶条件可推出：

$$P_s = \frac{2}{3}v_s + \frac{1}{3}(\alpha_b + \beta_b)$$

联立以上各式，可得：

$$\beta_b = \frac{2}{3}, \ \alpha_b = \frac{\alpha_s}{3}, \ \beta_s = \frac{2}{3}, \ \alpha_s = \frac{\alpha_b + \beta_b}{3}$$

最后得出线性均衡战略为：

$$P_b(v_b) = \frac{1}{3}v_b + \frac{1}{12}, \ P_s(v_s) = \frac{2}{3}v_s + \frac{1}{4}$$

如前述，当且仅当 $P_b \geqslant P_s$ 时，才会发生交易，合并上述两式可得，当且仅当 $v_b \geqslant v_s + \frac{1}{4}$ 时才会有交易发生，见图 6-11。

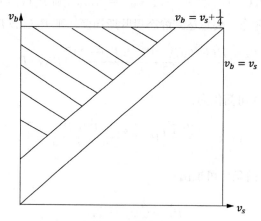

图 6-11　均衡条件

由均衡结果可得出以下结论：

（1）交易双方的报价依赖于各自的心理估价、对方的出价规律，且均呈正向关系，对于真实报价缺乏激励，双方出于自身利益最大化可能会向着利己的一方报价；

（2）最终的成交价格为交易中心按照规则强制规定的双方报价的均价，并非各自的意愿报价，这一价格会受到市场势力的影响，均衡价格会偏向势力占优的一方；

（3）每次匹配交易方都得到不同的报价，最终也会产生不同的成交价格；

（4）交易区域为直线 $v_b = v_s + \frac{1}{4}$ 左上方的阴影部分，但直线 $v_b = v_s + \frac{1}{4}$ 和 $v_b = v_s$ 之间的部分也应为交易区域，却没有发生交易，存在效率损失。

线上双向拍卖是最接近于完全竞争市场的一种机制。这种多对多的市场结构，可使交易价格迅速收敛到竞争均衡水平，大大地拉近了交易者间的距离，最大程度地降低搜寻成本。但仍没有达到帕累托最优，原因是信息不对称是拍卖的基本特征，拍卖双方对彼此间的信息不完全，这种不对称可体现在以下方面：一是买方对卖方成本评估不了解，同时卖方对买方的收益函数也不太清楚，激励报真价的机制又不完善，这就使得双方报价时均考虑到自身利益最大化从而可能谎报出价，使买价偏低、卖价偏高，降低市场效率；二是拍卖双方的身份信息的隐匿性。由于身份信息的不完全透明，使得其中一方可能会浑水摸鱼，比如雇人参与投标或竞标，从而提高其中一方的竞争势力，扰乱市场秩序。

三、基于区块链的初始分配确权博弈

区块链环境下，集中化的碳交易市场变成了分布式决策模式，此时政府、监管机构均成为其中的参与节点，核查机制由原来的第三方核查演变为全民监督，整个交易市场信息高度透明。核查机构的职能被弱化，主要由于碳 ID 技术的引入形成了一个碳排放数据档案库，各个企业的碳排放量、成交数据等信息都公开可查，利于政府机构对企业碳排放的溯源，极大地简便了核查环节，降低了信息成本，杜绝了控排主体谎报碳排放的动机，配额可直接由政府分配至企业。

此外，企业若想为了争取更多的配额而谎报碳排放量，则必须篡改51%以上的节点账本，成本极大，这也就杜绝了企业说谎的动机，自发诚实地减排才能实现成本最小化。

此阶段区块链技术的主要作用为：（1）确保各企业如实的上报所需配额数量，为政府合理分配配额提供真实数据，减小供需错配；（2）弱化核查机构的职能，降低核查成本。

假设理想状态下，政府的配额分配实现完全的供需匹配，则可能不存在碳交易，但由于企业碳交易的动机是降低总的减排成本，而初始阶段企业的减排成本不同，所以本节考虑仍会发生碳交易。此处，建立一个碳减排约束下的政府最优配额分配机制，研究怎样分配配额才能激励企业完成减排目标，实现各自的效用最大化。

初级配额分配仍将以免费分配为主，配额计算方法主要为基准线法，基准线即为碳排放强度行业基准值，计算公式为：

$$企业获得的配额 = 单位产品碳排放基准线值 * 产量$$

高于基准线值的企业为高减排企业，企业碳排放强度大，需要购买的碳排放量较多，反之为低减排企业，与之分别对应的是高减排成本与低减排成本。

对于企业而言，有两种配额分配策略——严格控制与宽松控制。严格控制，即政府配额低于企业参照排放量，参照排放量指企业不受履约约束时的碳排放量，此时企业要么提高减排技术，减少排放量，要么向其他企业购买多余的碳排放权。反之，宽松控制即对企业的配额高于参照排放量。

考虑两种具体分配方案策略：

一是对高排企业严格控制，对低排企业宽松控制，这样可促进双方碳交易的发生，使高排放企业降低减排成本，低排放企业获得一定收益，降低总的减排成本；

二是实行严格控制，这样极端情况下，企业间不发生碳交易，全部依靠减排技术完成减排目标。

建立一个三阶段动态博弈的子博弈精炼纳什均衡：

设企业产量为 q_i（$i = 1, 2$，i 取 1 时为高排企业，取 2 时为低排企业，下同）；企业单位碳减排为 e_i；企业产品价格为 p_i；企业单位生产成本为 c_i；单位碳价格为 q_i；减排总目标为 G；企业义务（强制）减排比例为 $\alpha_i (0 < \alpha_i < 1)$，则管理者的配额分配比例为 $1 - \alpha$。

企业上报碳排放量为：$E_i = e_i q_i$，上报量即为实际碳排量，数值为单位排放量与产量的乘积。

碳减排成本：$C(R_i) = \gamma_i R^3$

管理者的分配额度：$W_i = E_i * (1 - \alpha)$

参照排放量：E_0^i，指企业不受配额约束时的排放量。

严格控制：$W_i < E_0^i$，宽松控制：$W_i \geqslant E_0^i$

此时政府的策略是如何制定合适的 α_i，实现效用最大化，即：

$$\max U_g = \max \ln E_1(1-\alpha_1) + \ln E_2(1-\alpha_2)$$

$$\text{s. t.} \quad \sum \alpha_i R_i \geqslant G$$

式中，约束条件为国家制定的减排总目标。

(1) 第一种策略下，即（严格，宽松），各排放企业所获得的收益为：

$$\max U_f = p_c E_i(1-\alpha_i) - \gamma_i E_i^3$$

$$\text{s. t.} \quad e_2 q_2 \leqslant W_2 < E_2^0, \ e_1 q_1 \leqslant E_1^0 < W_1$$

(2) 第二种策略下，即（严格，严格），各排放企业所获得的收益为：

$$\max U_f = p_c E_i(1-\alpha_i) - \gamma_i E_i^3$$

$$\text{s. t.} \quad e_2 q_2 \leqslant W_2 < E_2^0, \ e_1 q_1 \leqslant W_1 < E_1^0$$

考虑企业先上报排放量，政府再调配配额的情况，逆推法，先求解第二阶段。

对于政府管理者，有：

$$\max U_g = \max \ln E_1(1-\alpha_1) + \ln E_2(1-\alpha_2)$$

$$\text{s. t.} \quad \sum \alpha_i R_i \geqslant G$$

构造拉格朗日函数：

$$L(\alpha_i, \lambda) = \ln E_1(1-\alpha_1) + \ln E_2(1-\alpha_2) + \lambda(\alpha_1 E_1 + \alpha_2 E_2 - G)$$

最优一阶条件为：

$$\begin{cases} \dfrac{\partial L}{\partial \alpha_i} = \dfrac{-1}{1-\alpha_i} + \lambda E_i = 0 \\[2mm] \dfrac{\partial L}{\partial \lambda} = \alpha_1 E_1 + \alpha_2 E_2 - G = 0 \\[2mm] \lambda(\alpha_1 E_1 + \alpha_2 E_2 - G) = 0 \\[2mm] \lambda \geqslant 0 \end{cases}$$

得到政府管理者的反应函数为：

$$\begin{cases} \alpha_1(E_1, E_2) = \dfrac{1}{2} - \dfrac{E_2 - G}{2E_1} = \dfrac{1}{2} - \dfrac{e_2 q_2 - G}{2e_1 q_1} \\[3mm] \alpha_2(E_1, E_2) = \dfrac{1}{2} - \dfrac{E_1 - G}{2E_2} = \dfrac{1}{2} - \dfrac{e_1 q_1 - G}{2e_2 q_2} \end{cases}$$

可得出政府对企业的强制减排比例为企业上报排放量的增函数，是其他企业上报排放量的减函数。

将上式得出结果分别代入第一阶段中企业的效用函数，求解厂商的最优上报量决策：

$$\max U_f = p_c E_i (1-\alpha_i) - \gamma_i R_i^3$$
$$\text{s. t.} \quad e_i q_i < W_i$$

同样地，构造拉格朗日函数：

$$L(E, \lambda) = p_c E_i (1-\alpha_i) - \gamma_i R_i^3 + \lambda (e_i q_i - W_i)$$

最优一阶条件为：

$$\begin{cases} \dfrac{\partial L_i}{\partial E_i} = \dfrac{p_c}{2} - 3\gamma_i R_i^3 = 0 \\[2mm] \dfrac{\partial L_i}{\partial \lambda_i} = e_i q_i - W_i = 0 \\[2mm] \lambda (e_i q_i - W_i) \geqslant 0 \\[2mm] \lambda_i \geqslant 0 \end{cases}$$

λ_i 的取值决定了对企业的约束程度，下面分情况讨论：

(1) $\lambda_1 = 0$，$\lambda_2 = 0$ 的情况。

此时对企业均实行宽松约束，即对企业无减排约束，

解得，$E_i^0 = \sqrt{\dfrac{p_c}{6r_i}}$，$q_i^0 = \sqrt{\dfrac{p_c}{6r_i e_i}}$，称其分别为参照排放量、参照产品产量，

可得，单位碳排量越高，企业产量越低；碳交易价格越高，碳排放上报量越高。可见碳价格可以作为碳交易的调控工具。

将 E_i^0 表达式代入政府的反应函数中，可得：

$$\alpha_i = \frac{1}{2} - \frac{\sqrt{6r_i}(\sqrt{p_c} - G\sqrt{6r_i})}{2\sqrt{p_c 6r_i}}$$

$\dfrac{\partial \alpha_i}{\partial p_c} < 0$，故 α_i 是 p_c 的减函数，p_c 值越大，α_i 越小，则 $1-\alpha_i$ 越大，即碳价格越高，碳配额也越高。

(2) $\lambda_1 > 0$，$\lambda_2 = 0$ 的情况。

此时对企业 1 实行严格约束，对企业 2 实行宽松约束。

解得，$\begin{cases} q_1^1 = \dfrac{W_1}{e_1} \\ q_2^1 = \sqrt{\dfrac{p_c}{6 r_i e_i}} \end{cases}$，$\begin{cases} E_1^1 = W_1 \\ E_2^1 = \sqrt{\dfrac{p_c}{6 r_i}} \end{cases}$

严格约束意味着对企业 1 的碳配额小于参照排放量，即 $W_1 < E_1^0$，则 $E_1^1 < E_1^0$，此时的碳排放量相对于无约束时下降；而对于企业 2 则和 (1) 中决策一样。

再比较两个企业的产量可得，与无约束时相比，企业 1 的产量下降且受到碳排放量的限制，相应的企业利益受损；企业 2 无利益损失，且配额有剩余，可以到碳交易市场出售。

同样地，将 E_i 代入政府的反应函数，可得到政府分配配额的比例与碳价格的关系，

$$\begin{cases} \alpha_1 = \dfrac{1}{2} - \dfrac{\sqrt{p_c / r_1} - G}{2 W_1} \\ \alpha_2 = \dfrac{1}{2} - \dfrac{\sqrt{6 r_2}\,(\sqrt{p_c} - G\sqrt{6 r_1})}{2\sqrt{p_c 6 r_1}} \end{cases}$$

故 α_i 仍是 p_c 的减函数，结论同 (1)，不再一一表述。

(3) $\lambda_1 > 0$，$\lambda_2 > 0$ 的情况。

解得，$\begin{cases} q_1^2 = \dfrac{W_1}{e_1} \\ q_2^2 = \dfrac{W_2}{e_2} \end{cases}$，$\begin{cases} E_1^2 = W_1 \\ E_2^2 = W_2 \end{cases}$

此时对两企业都实行严格约束，则有 $\begin{cases} W_1 < E_1^0 \\ W_2 < E_2^0 \end{cases}$

同样可得出，$\begin{cases} E_1^2 < E_1^0 \\ E_1^2 < E_2^0 \end{cases}$

表明企业此时的排放量相较于无约束时均下降，对应的产量 q_1^2、q_2^2 也均下降，说明环境的改善伴随着企业经济利益的下滑，这虽对企业减排起到激励作用，但使企业利益受损。

对比上述策略 (1)、(2)、(3) 可得：

(1) 若对高排和低排企业均实行宽松政策，则企业均可实现利益最大化，但碳排放日益增加，加剧大气变暖；

（2）对高排企业实行严格碳配额约束时，会对企业排放有抑制作用，但也会使其产量下滑、利益下降，即减排放的同时也减产，不利于企业经济发展。同时，对低排企业实行宽松政策时，低排企业由于技术受限，产量和排放水平保持非约束水平，故低排企业的碳排放在达到减排目标的同时还有剩余，这促使了碳交易的发生，也使高排企业可以通过购买低排企业剩余的碳配额完成自己增产又减排的双重目标，同时低排企业的获利也会引导高排企业加快技术创新向低排企业转移。

（3）若对高、低排企业均实行严格约束，虽然碳减排目标实现了，但企业均减产减收，这对企业、对社会都是一种福利损失，因此不提倡该策略。

综上，策略（2）对高排企业严格管控配额、对低排企业适度宽松，不仅可以使碳排放量受到控制，还可带动二级碳交易市场的活跃，综合减小碳减排成本的同时使企业获利，真正达到环境目标与经济目标的双平衡。但高排企业是否会从低排企业处购买碳配额、如果买的话购买多少等问题，还有一个关键因素起主导作用——碳价格。因此，二级市场是否发生及活跃程度受到碳交易价格的影响。而碳价格受到配额的约束，上述各策略中还得出结论，碳价格越高，免费分配配额越多，可见碳价的真实合理对碳市场的重要性。

四、基于区块链的二级市场博弈

如果说互联网技术消除了信息交流屏障，降低了交易费用中的信息成本，区块链技术则是解决了互联网无法解决的信息真伪等信任问题，达成的是去中心化的信任，不再依靠以往的中心化机构达成个体间的信任，大大降低了基于信任的交易费用。

做为底层技术架构，区块链的分布式结构、点对点网络等允许交易者直接进行交易。通过构建 P2P 碳交易平台，不再依靠制度规则、第三方机构的担保，只需像信任阿里、腾讯一样信任该技术即可。

技术本身就意味着较低的边际成本和网络效应，因为加入门槛较低，随着节点用户的不断增加，区块链中的边际成本不断递减，形成强大的网络效应，类似于共享经济，这对降低节点的交易成本发挥着重要作用。

此时各个企业的交易数据全部包含在区块里，包括碳配额、碳排放、历年的成交价格、数量及本次交易报价、数量等，分布式地记录在各节点，难以篡改，且公开透明，信息完全对称，参与者可随时查询。供求双方不再需要中间机构撮合，可在全网平台中搜索匹配方并自由选择交易对象直接点对点交易，深化了交易层级。

区块链的去中心化跨越了区域限制，任意交易者均可加入，交易规模可无限扩大，链条逐渐延长，用于交易的碳排放权又为同质化商品，交易市场趋向于完全竞争。此时企业的最优决策是在满足碳排放约束的目标下实现减排成本最小化，即对于每个企业，理想的情况均为：

$$\min C_i(e_i) + pt_i$$
$$\text{s. t.} \quad e_i + t_i - x_i \geqslant 0$$

式中，e_i 为厂商的碳减排量，t_i 为碳交易量，$t_i > 0$ 时买入碳排放权，$t_i < 0$ 时卖出碳排放权，x_i 为政府强制约束的碳减排目标。

构造拉格朗日目标函数，得：

$$L(e_i, t_i, \lambda) = C_i(e_i) + pt_i - \lambda(e_i + t_i - x_i)$$

等式两边求导，得：

$$\frac{\partial L}{\partial e_i} = \frac{\partial C_i}{\partial e_i} - \lambda = 0$$
$$\frac{\partial L}{\partial t_i} = p - \lambda = 0$$
$$e_i + t_i - x_i \geqslant 0$$
$$\lambda(e_i + t_i - x_i) \geqslant 0$$
$$\lambda \geqslant 0$$

当 $\lambda = 0$ 时，$p = 0$，与现实情况不符合，该结论不成立；

当 $\lambda \geqslant 0$ 时，$p = \dfrac{\partial C_i}{\partial e_i} = mC_i$

可以得出，对单个企业而言，最优成交价格均等于边际减排成本。这回到了最初的市场经济，各参与主体自由竞争，起初各个地区各个企业的减排成本各不相同，对于减排成本较高、经济效益高的高排放企业而言，可以通过技术创新、调节生产量降低减排成本，或通过碳交易将减排成本转嫁给低排放企业，而减排成本高、企业经济效益较低的企业主体将会逐渐被淘汰，直至市场上所有企业的边际减排成本趋同，且均等于市场均衡价格，最终实现成本最低、市场出清。

在完全竞争市场中，边际减排成本等于均衡价格，但现实中由于交易成本的存在使得两者偏离，形成新的市场均衡价格。交易成本抬高了减排的总成本，对碳交易市场的活跃度也产生了抑制作用。

区块链的技术特性可以创造一个近似完全竞争的交易环境，还原最理想的竞争状态。真正的市场经济是不存在中心化主体的，就是个体间点对点的交易，交易成本极低，此时信息完全对称，交易双方知道彼此的成本信息和需求信息。要想快速达成交易，谋求利润最大，必须不断降低成本，向边际减排成本最小的企业靠拢。

这实则是为之后的企业生产释放了一个价格信号——碳排放是要有代价的，高排放的产品未来没有市场。因此，企业在研发设计产品时，都要将碳排放作为首要因素考虑在内，从而调动企业的积极性，激励全社会重视温室气体的减排，自愿加入减排行列，达到减排成本最小与减排激励的双重目的，在实现个体利益最大化的同时实现社会整体效益最大化。

因此，基于区块链的二级市场交易模式带来几方面优势：一是省去了中间撮合，降低了交易成本，同时规避了中心化带来的潜在威胁；二是交易规模可无限扩大，交易层级可深入，成千上万家企业可以同时交易，可以跨区域完成企业直购；三是形成完全竞争市场，充分发挥市场自由竞价作用，最终可形成出清价格。且同时释放减排信号，淘汰高排放企业，促进企业转型升级。

 **第四节** ## 基于区块链的碳排放权交易模型

一、模型构造

（一）成员分类

基于区块链的碳交易模型存在三种成员，分别是卖方企业、买方企业、政府有关部门。买方和卖方企业指的是各个行业的碳排放企业，在模型中每个排放企业之间可以直接由智能合约执行点对点交易。政府有关部门指负责我国碳交易运行的国家有关机关，该节点与排放企业直接相连。该交易系统是开放的，每个企业都可以很容易地自由加入区块链碳交易系统。

（二）成员行为

根据时间顺序，模型中各成员的行动顺序如下。

（1）企业注册。企业将自己的真实信息输入区块链系统中，具体的属性包括：企业规模、股权结构、资产负债、企业的收益率等。

（2）政府有关部门给企业分配碳额度。根据企业往年的排放情况确定该年度的碳额度并分配给企业。

（3）企业申请交易。企业根据自身需求，确定自己是卖方还是买方，然后提出交易申请，包括上传买卖数量、出价、可接受交易价格范围等信息。

除上述行为，模型中各成员还可以做查询等行为，比如运用区块链可追溯的特点查询碳资产的所有权变化路线、查询某企业持有的碳资产数量、查询某笔交易的交易信息等。成员的具体行为总结为表 6-1。

表 6-1　各成员行为汇总表

成员	行为
卖方	1. 在交易的时候提出自己的报价和可接受的交易价格范围； 2. 查询碳资产信息；
买方	3. 查询某企业持有的碳信息； 4. 接受或不接受交易匹配的结果。
政府有关部门	1. 给企业分配碳额度； 2. 在每一期期末审核企业的排量。

二、数据结构

本章基于 Hyperledger Fabric 平台设计碳交易模型。Fabric 中的数据存储包含四个数据库，分别是 idStore、stateDB、historyDB 和 blockIndex。根据模型的设计，数据存储主要涉及 stateDB 和 historyDB。stateDB 表示数据存储的最新状态，又称"世界状态"；historyDB 表示每一次交易导致的存储版本变化，记载着每笔交易写入区块链后所涉及的变化情况。数据的存储采用 Key-Value 数据库，它以数组的形式进行存储，每一个 key 对应一组 value。数组中具体的属性及其功能如表 6-2 所示。

表 6-2　数据结构表

属性	变量的定义
与碳交易相关的属性	
碳资产编号	碳资产编号
企业编号	企业的主键
企业类型	排放企业或金融机构
报价	提出交易时的价格
交易数量	设置单笔交易数量为 100 吨
可接受价格范围 1	满意度 = 0 的阈值
可接受价格范围 2	满意度 = 1 的阈值
交易类型	购买碳额度或售出碳额度
企业信息	
企业规模	企业规模
企业固定资产比例	资产、厂房和设备之和/总资产
企业收益率	年息税前利润/项目总投资

三、模型交易机制

本章提出的智能匹配算法模型是基于区块链智能合约进行的。基于区块链具有优越性，且本模式必须基于区块链运行，这是由区块链的自身优势所决定的。

（一）区块链应用于碳排放权交易的优势

1. 智能合约的优势

智能合约是区块链的一部分，是智能匹配算法的载体。与传统合约合同相比，智能合约有以下优势。

（1）当满足条件时智能合约一定会执行，而传统合约却缺少强制力执行，存在合约不执行、合约造假等风险。

（2）执行合约整个过程全程监督，无人工参与，高效且不会出错。而传统合约仅注重结果，缺少对执行过程的控制，且存在人为干扰的因素。

（3）智能合约公开透明，传统合约存在暗箱操作的风险。

2. 应用在区块链中的智能合约与区块链特点相结合的优势

（1）基于区块链的智能合约可以将合约内容数字化，且信息不可篡改，保证了信息真实。

（2）去中心化的体系促使交易高效，包括交易执行高效和计算机语言的表达高效。

（3）省去第三方对智能合约执行的监督，节约协调成本和监督成本，增加各方的信任，保证所有的交易都准确无误，同时保证交易信息的安全与隐私，也减少了现有中心存储存在的被攻击的风险。

（4）排放企业之间点对点的交易可以减少碳交易所的协调成本和信息存储成本。

（5）智能合约自动执行增加点对点交易的公信力，促进每个企业之间信任，保证在没有第三方交易所的情况下按照规则进行交易。

综上，如果没有区块链，无法实现去除第三方的点对点碳交易；无法使用智能合约自动执行合约的内容，确保交易的顺利完成。

（二）模型交易机制设计

交易机制的设定是构建碳交易模型的重要环节。基于碳金融的碳交易机制与现有拍卖竞价模式的不同，本章参考证券所集成交易、电力市场的集中竞价模式和婚配市场双边匹配模型，设计碳交易两阶段双边匹配模型，分别是碳交易的集合竞价模式和撮合匹配。假设碳交易是标准化合约，即每单交易物都是 100 吨的碳排放权。如果某排放企业需要买入或卖出更多的碳额度，需要多次提出交易申请。

碳交易指的是排放企业对温室气体（二氧化碳）排放权的交易，其原理是科斯定理。碳排放权的分配可以视为一种资源配置方式，碳交易则是以碳排放权作为标的物的产权交换。在这样的情况下，以市场机制对交易进行调节是最有效的，可以实现帕累托最优。因此，现在以拍卖机制作为市场交易规则，会有市场效率低的劣势。本章将碳交易的市场交易机制改进为基于满意度的两阶段双边匹配模式。第一阶段是碳交易的集成竞价模式，对合理出价的企业优先匹配；第二阶段是融合了反馈机制的撮合交易匹配模式，以匹配数量最大为目标，对剩余没交易成功的企业再次匹配。

排放企业首先根据自己的需求确认交易数量和价格，提出交易。智能合约获得两天内的所有报价信息，根据价格对所有的报价进行匹配，先对所有报价集成竞价匹配，然后对还没有被匹配的企业进行撮合匹配，直到所有企业都匹配完成或者前后两次匹配结果相同。在提出交易时，由智能合约检测该企业是否有资格进行交易，比如买方是否有足够资金，卖方是否有足够额度。当交易匹配成功，由智能合约进行交易。

四、两阶段匹配的碳交易模型

（一）满意度计算

满意度表示参与交易的企业对交易价格的满意程度。由于在碳交易中，碳排放权作为交易产品由国家分配，且属性、质量等其他因素均相同，所以在购买时，只有价格会影响到满意度。因此，本节设置满意度为关于买方、卖方报价和实际交易价格的线性函数。

令满意度＝1表示该企业对交易价格是满意的，只要对交易价格满意，满意度都是1，不会再增加；满意度＝0表示不满意，只要是对交易价格不满意，满意度都是0，不会再减小；满意度在0和1之间表示处于中间地带。

设卖方报价 p_1，最好接受的价格在 $(b_2 p_1, p_1)$ 的范围里，最小不得低于 $b_1 p_1$；买方报价为 p_2，最好接受的价格在 $(p_2, k_2 p_2)$ 的范围里，最高不能高于 $k_1 p_2$。p_1 是卖方报价，报价一定是满意的，即满意度＝1。$b_2 p_1$ 是满意度＝1的临界值，当实际交易价格再减小，卖方满意度将线性减小，直到实际交易价格为 $b_1 p_1$，若再减小则卖方的满意度＝0。买方同理。设企业满意度为关于价格的一次函数。

$$\text{卖方满意度} = \begin{cases} 1 & p \geqslant b_2 p_1 \\ \dfrac{p - b_1 p_1}{b_2 p_1 - b_1 p_1} & p \in (b_1 p_1, b_2 p_1) \\ 0 & p \leqslant b_1 p_1 \end{cases}$$

$$\text{买方满意度} = \begin{cases} 1 & p \leqslant k_2 p_2 \\ \dfrac{k_1 p_2 - p}{k_1 p_2 - k_2 p_2} & p \in (k_2 p_2, k_1 p_2) \\ 0 & p \geqslant k_1 p_2 \end{cases}$$

（二）碳交易实际价格计算

市场上现有的匹配机制定价方法大致分为两种：一种是以证券交易为代

表，实际交易价格为交易所制定，所有的交易价格都按照这个价格统一设定；另一种是电力市场的交易匹配方法，采取的方法是价格为被匹配双方报价的平均数。本节的交易机制充分考虑买卖双方的满意度，所以设置实际价格的计算方法为：使买卖双方满意度之和最大的价格。

因为匹配的结果不能出现满意度 $=0$ 的情况，所以交易价格 $p_0 \in [b_1p_1, k_1p_2]$。k_2p_2 和 b_2p_1 在范围中，它们无法确定大小，分类讨论。

若 $k_2p_2 \geqslant b_2p_1$，如图 6-12 所示，显然满意度之和最大的为 $p_0 \in [b_2p_1, k_2p_2]$ 中所有点。所以实际交易价格为折中价格，表示为：

$$p_0 = \frac{1}{2}(b_2p_1 + k_2p_2)$$

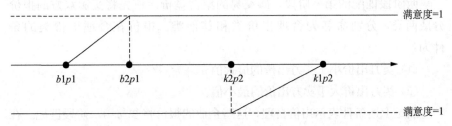

图 6-12　$k_2p_2 \geqslant b_2p_1$ 时，实际价格计算示意图

若 $k_2p_2 < b_2p_1$，如图 6-13 所示，最大满意值肯定出现在 $p_0 \in [k_2p_2, b_2p_1]$ 之内。

$$满意值之和 = \frac{p - b_1p_1}{b_2p_1 - b_1p_1} + \frac{k_1p_2 - p}{k_1p_2 - k_2p_2}$$

$$= p\frac{p_2(k_1 - k_2) - p_1(b_2 - b_1)}{p_2(k_1 - k_2)p_1(b_2 - b_1)} + A$$

其中，A 为常数项。所以价格 p_0 为：

$$p_0 = \begin{cases} b_2p_1 & \frac{p_2(k_1 - k_2) - p_1(b_2 - b_1)}{p_2(k_1 - k_2)p_1(b_2 - b_1)} > 0 \\[2mm] \frac{1}{2}(b_2p_1 + k_2p_2) & \frac{p_2(k_1 - k_2) - p_1(b_2 - b_1)}{p_2(k_1 - k_2)p_1(b_2 - b_1)} = 0 \\[2mm] k_2p_2 & \frac{p_2(k_1 - k_2) - p_1(b_2 - b_1)}{p_2(k_1 - k_2)p_1(b_2 - b_1)} < 0 \end{cases}$$

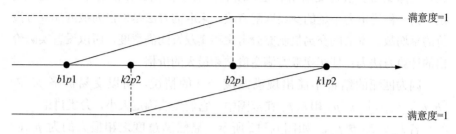

图 6-13　$k_2p_2 < b_2p_1$ 时，实际价格计算示意图

（三）碳交易匹配算法

两阶段匹配的第一阶段，碳交易的集合竞价。首先将买卖双方的报价分成两类，分别命名为合理出价类和其他类。报价在合理出价类的条件为：

（1）卖方出价小于买方出价的最大值；

（2）买方出价大于卖方出价的最小值。

满足上述条件表示出价合理，这些企业的报价将参与第一阶段匹配。在第一阶段匹配结束之后，将未被匹配的企业和不合理出价类的企业进行第二阶段匹配，因为这一阶段匹配的目的是促进更多的交易达成，所以又称撮合匹配。

1. 第一阶段交易匹配

第一阶段匹配的目标是匹配成功对数量最大。匹配时需要满足以下三个条件：一个买方只能与一个卖方匹配，一个卖方只能与一个买方匹配；出价越合理，越优先匹配；匹配结果中买方的价格要大于卖方的价格以满足市场交易规则。据此规则，其模型数学表达式如下：

设：将卖方价格从小到大排列：$x_1 \leqslant x_2 \leqslant x_3 \leqslant \cdots \leqslant x_n$

将买方价格从小到大排列：$y_1 \leqslant y_2 \leqslant y_3 \leqslant \cdots \leqslant y_n$

q 表示匹配矩阵 $q_{ij} \in \{0,1\}$

$$\max \sum_{i=1}^{m} \sum_{j=1}^{n} q_{ij}$$

$$\text{s. t.} \begin{cases} \sum\limits_{i=1}^{m} q_{ij} \leqslant 1 & (1) \\[2mm] \sum\limits_{j=1}^{n} q_{ij} \leqslant 1 & (2) \\[2mm] q_{ij}(y_j - x_i) \geqslant 0 & (3) \\[2mm] \sum\limits_{i=1}^{m} q_{ij}x_i \leqslant \sum\limits_{i=1}^{\sum\limits_{i=1}^{m} q_{ij}x_i} x_i & (4) \\[2mm] \sum\limits_{j=1}^{n} q_{ij}y_j \leqslant \sum\limits_{j=1}^{\sum\limits_{j=1}^{n} q_{ij}y_j} y_j & (5) \\[2mm] q_{ij} \in \{0, 1\} & (6) \end{cases}$$

模型目标函数表示匹配数量最大，约束条件（1）和（2）表示这是一个 1 对 1 的匹配。约束条件（3）表示已对匹配成功的买卖双方，买方价格要大于卖方价格。约束条件（4）和（5）表示以匹配数量最大为目标，企业出价越合理，越优先匹配。

此匹配模型的求解方法为：

第一步：将买方和卖方的报价按照从小到大的顺序排列。

第二步：将买方报价按价格分成两类，分类方法为该价格是否小于卖方报价中最小的报价。如果买方报价小于卖方报价中最小的报价，该买方报价被分为第二类买方报价，否则，该买方报价被分为第一类买方报价。

第三步：将卖方报价按价格分成两类，分类方法为该价格是否大于买方报价中最大的报价。如果卖方报价大于买方报价中最大的报价，该卖方报价被分为第二类卖方报价，否则，该卖方报价被分为第一类卖方报价。

第四步：确定第一类买方报价数量和第一类卖方报价数量，比较大小，其中小的为第一类匹配最大匹配数。

第五步：设匹配数为 i，i 从 0 开始测试，判定卖方前 i 个报价和买方后 i 个报价匹配时，是否满足买方报价大于卖方报价的要求。如果参与比较的范围内，所有的买方报价都大于买方报价，则继续判定匹配数为 $i+1$ 的情况，直到达到最大匹配数为止。如果不是所有买方都大于对应的买方，则确定匹配数为 $i-1$。

第六步：将卖方报价前 $i-1$ 个与买方报价后 $i-1$ 按照报价大小，逐个进行匹配，完成第一阶段匹配。

2. 碳交易撮合匹配

撮合匹配是两阶段匹配的第二阶段，就是将第一阶段之后未被匹配的企业重新匹配，匹配方法是 1 对 1 多属性双边匹配。本节针对碳交易的具体情况设计双边匹配数学模型。第一，根据碳交易的实际特点，将满意度的计算界定为买卖双方对实际价格的满意度，并不是对对方报价的满意度。第二，在现有匹配模式的基础上增加反馈模式，以杜绝不合格匹配的发生。具体的数学表达式如下所示。

$$\text{maximize} \frac{1}{2}\left(\frac{1}{m}\sum_{i=1}^{m}\sum_{j=1}^{n}c_{ij}x_{ij}+\frac{1}{n}\sum_{i=1}^{m}\sum_{j=1}^{n}d_{ij}x_{ij}\right)$$

$$\text{s. t.}\begin{cases}\sum_{i=1}^{m}x_{ij}\leqslant 1 & (1)\\[2mm]\sum_{j=1}^{n}x_{ij}\leqslant 1 & (2)\\[2mm]\sum_{j'\geqslant j}x_{i,\,j'}+\sum_{i'\geqslant j^{i}}x_{i'j}+x_{ij}\geqslant 1 & (3)\\[2mm]x_{ij}\in\{0,\,1\} & (4)\end{cases}$$

目标函数为总体满意度最大，约束条件（1）和（2）表示匹配为一对一匹配，约束条件（3）表示这是一个稳定的匹配。为了符合实际情况，进一步对模型增加反馈模式。参加这阶段匹配的成员由两部分组成，分别是出价不合理的企业和出价合理但是第一阶段未能匹配的企业，他们要么是买方，出价很低，要么是卖方，出价很高，很容易出现对对方的满意度等于 0 的情况。为了符合实际情况和市场交易规则，即不可以强行买卖，本模型增加反馈模式，即匹配结果需要检测，检测是否有匹配对中对对方的满意度为 0 的。如果有，删掉完成匹配的结果，重新匹配剩下的，直到所有的所有企业都被匹配或匹配结果与上一次相同。

模型求解过程如下：

第一步：将所有的买方报价和卖方报价去除第一阶段成功匹配的，剩下的参与第二阶段匹配。

第二步：生成初始解。

第三步：设共有 m' 个卖方报价，n' 个买方报价（其中 m' 为卖方报价个数，n' 为买方报价的个数），每个报价权重相同，以双方满意度之和最大为目标。α_{ij} 为决策变量，即是否将第 i 个买方与第 j 个卖方配对，若匹配 $\alpha_{ij}=$ 1，若不匹配 $\alpha_{ij}=0$。稳定性约束：当检测匹配对 A 的稳定性时，在其他匹配对中取任意一对买卖双方 B，如果 A 的买方与 B 的卖方彼此对对方的满意度不会同时比 A 的买方对 A 的卖方彼此对对方的满意度更高，A 的卖方对 B 的买方彼此对对方的满意度不会同时比 A 的卖方对 A 的买方彼此对对方的满意度更高，那么匹配对 A 是稳定的。

第四步：检测得出的结果。匹配对中双方如果有对对方的满意度＝0 的，该匹配对被称为不合格的解，如果有在所有解中存在不合格的解，执行第五步，如果没有执行第六步。

第五步：删除合格的解，将剩下的报价重新匹配，执行第二步，直到所有的报价都被匹配或者与上一次的匹配结果相同。

第六步：完成第二阶段匹配。

第五节　区块链在碳排放权交易中的风险管理

区块链在碳排放权交易中需要管理以下风险。

一、垄断风险

在碳排放交易市场中垄断者可能通过操控价格来谋求自身利益，从而增加社会减排成本。因此需要预防垄断现象的产生。根据上海环境能源交易所的业务规则，采取配额持有量限额和大户报告制度两种措施来防范垄断风险。

在基于区块链的碳排放交易平台上，各节点持有的配额量不能多于政府所规定的最大持有量。控排企业的最大持有量根据年初所得的免费配额来界定，投资者的最大持有量为一个定值。在配额交易时，节点的配额持有量和购买量之和不能超过最大持有量，如果节点的配额持有量达到规定的上限，该节点不可再买入配额。

当节点的配额持有量达到最大限额的 80％ 时，需要向政府节点提交报告，对当前结算担保金、资金情况和配额持有量进行说明。政府节点对提交的报告进行审核，以保证节点资金及配额的有效性，同时防止节点持有的配额超出限额成为垄断企业操控市场。

二、支付风险

为了规避交易平台上的支付风险，通常会在交易平台上设立一个托管节点来保障用户利益。以 Local Bitcoins.com 为例，在此平台上具有一个专门的托管节点，当节点申请交易后，系统将会自动在卖家钱包中冻结相当数量的比特币，只有卖家确认收款后，托管的比特币才会被放行。此外现金交易也会受到转账服务的保护，如果交易出现问题，用户可以向网站提起申诉。

为了防范支付风险，基于私有链的碳排放交易平台由交易管理系统对交易中的配额进行托管。当卖家向交易系统提交订单后，交易管理系统将会冻结其钱包中与申报数量相当的配额。当卖家收到买家的付款后，用私钥对交易单进行签名并发送给交易管理系统，交易管理系统对该笔交易进行验证，通过验证后将会把冻结的配额转入买家的钱包中。如果卖家收到买家的资金但没有对交易单进行签名，交易管理系统可以将冻结的配额直接放行给买家。

基于公有链的碳排放交易平台通过设置托管节点来规避支付风险，托管节点的作用原理与基于私有链的碳排放交易平台上的交易管理系统相同，但是当卖家收到买家的付款后，还需要用私钥对交易单进行签名并向全网广播，全网验证通过后，托管节点才会放行冻结的配额。

三、信用风险

传统的碳排放交易中往往存在信用风险，例如交易对方未能履行约定契约中的义务、碳资产管理机构不能及时返还配额等，将会给交易者造成经济损失。因此，在基于区块链的碳排放交易中还需要对信用风险进行规避。通过将区块链技术应用于碳排放交易并制定相应的规则，可以保证交易双方诚信交易，规避信用风险，具体规则如下。

（1）每个企业或组织在注册账户时都需要提交企业的组织代码、营业执照和法定代表人身份证复印件等材料，并生成相应的身份代码并记录在区块链中。在交易时，节点可以在区块链中查阅对方的身份代码，对对方的身份进行确认。

（2）所有的交易记录以分布式账本的形式被保存，每个节点都可以访问。交易的配额都是某笔交易的输出，通过附加在配额末尾的签名可以追溯到该交易的输入，而该交易的输入则是前一笔交易的输出，以此类推可以在区块链中追随到与该配额有关的每笔交易，从而确保配额来源的有效性。

（3）每个节点都有一个信用评分，该评分与节点的交易次数和违约次数相关，信用情况越好评分越高。同时交易者也可以对对方在此次交易中的信用情况进行评价，这些评价将会被保存在区块链中可供随时查阅。当节点进行交易时，可以通过信用评分和信用评价了解对方的信用水平。

（4）每个用户在注册账户时，都会缴纳规定数量的交易保证金冻结在钱包中，当出现违约状况时，系统自动扣除违约节点的保证金以弥补对方的经济损失。扣除保证金后违约节点需要再次将保证金补全，否则账户将会被冻结。

第七章
基于区块链的碳监测平台

基于区块链的碳监测平台，在区块链底层公有链平台、联盟链平台、区块链 BaaS 平台及区块链典型（碳交易）应用平台技术上搭建，实现客户端节点、Peer 节点、排序服务节点、CA 证书节点的创建及部署，设计应用程序接口。通过该平台，实现用户通过应用程序与区块链、网络相互通信，基于接口化方式实现对业务数据上链。

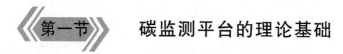

第一节　　碳监测平台的理论基础

一、碳排放数据质量管理

数据质量管理是指碳排放的量化与数据质量保证的过程。数据质量保证是指根据数据质量维度的要求，对数据资源本身进行的一系列技术和管理方面的活动总和，包括监测（monitoring）、报告（reporing）、核查（verification），即 MRV 体系。

MRV 是国际公约中对于所有国家缔约方（发达国家）缓解气候变化承诺必须遵循的原则。MRV 原则方法目前已被国际上多个交易体系采用，形成了全球统一的 MRV 制度。它既是国际通行做法的良好实践，也是我国碳市场建设取得成效的制度保障。

监测指对温室气体排放或其他有关温室气体的数据的连续性的或周期性的监督及测试；报告指向相关部门或机构提交有关温室气体排放的数据以及相关文件；核查指相关机构根据约定的核查准则对温室气体声明进行系统的、独立的评价，并形成文件的过程。科学完善的数据质量管理体系是碳排放权交易机制建设运营的基本要素，是碳市场建设的重要内容，也是企业低碳转型、政府低碳决策的重要支撑。

不仅如此，数据质量还是碳市场的生命线，是全国碳市场平稳有效运行和健康持续发展的基石。同时，企业碳排放数据质量也是维护市场信用信心和国家政策公信力的底线和生命线。

二、碳排放监控与生态环境监控的区别

碳排放监控是生态环境监控的重要内容。环境监控是整体环境保护及管

理工作的重要基础和内容，随着经济的快速发展，越来越多的人开始关心所处环境质量的好坏，要求环境保护及管理工作的效率提高、质量提高、加大透明度。通过信息化技术的应用，改变传统环境监测手段，运用新的通讯网络技术对污染源及环境质量实施长期、连续、有效监测，科学准确、全面高效地监测、管理所辖区域的环境状况，使环保部门的环境管理工作达到监测科学、管理高效、执法公正的新境界。

而碳监测是指通过综合观测、结合数值模拟、统计分析等手段，获取温室气体排放强度、环境中浓度、生态系统碳源汇等信息，主要监测对象为6种人为活动排放的温室气体，包括二氧化碳（CO_2）、甲烷（CH_4）、氧化亚氮（N_2O）、氢氟碳化碳（HFCs）、全氟化碳（PFCs）、六氟化硫（SF_6）。

碳监测主要是针对生态环境中，特别是对大气层中温室气体排放进行有效的监控。2021年9月以来，生态环境部聚焦重点行业、城市和区域3个层面，启动开展碳监测评估试点工作。在重点监测行业上，我国火电、钢铁、石油天然气开采、煤炭开采和废弃物处理5个试点行业的11家集团公司、49家参试企业共设置119个碳排放监测点位，大部分点位已获取3—5个月的监测数据。

目前，我国已经对林地、草地、水域湿地、耕地、建设用地等不同生态类型碳排放数据进行监测，并实现逐年更新。2021年，中国环境监测总站又新增了两个监测试点，在内蒙古自治区和云南省分别选择典型草原、森林生态系统开展试点监测。在城市、在企业，技术人员通过天地一体综合监测，不断提升温室气体无组织排放核算的全面性和准确性。

碳排监测一方面是为保护地球生态环境安全，另一方面也是为人类可持续性发展提供保障的重要内容。碳排放监控与生态环境监控两者既有紧密联系，又有体系方法上的不同。

三、区块链技术在碳排数据质量监控中的优势

区块链技术在数据质量保证和政府监管中的优势及作用是其他应用技术所无法替代的。

区块链技术信息完整透明的特征，即"可追溯、不可篡、分布式账本、智能合约"等特点，就碳排放环节中的痛点问题，采用具有公开透明、可追溯、可共享的优点的区块链技术，能公开有效监督碳排信息及数据的真实及

时性，解决年度额度分配和清缴难以监督的问题。

通过区块链共识机制和透明安全的数据交互构建碳权市场互信增强的管控调节环境，建设数据共享平台，建立起碳生态系统的协同和信任机制，实现碳排数据的可追溯、可共享，提高监管效率，降低治理成本，利用区块链技术，有效解决碳排放企业数量大，排放核算成本高，交易周期长等问题。

由于区块链去中心化的特征和安全性的特点，它可以运用到各个领域，尤其是碳市场。在碳市场中，最重要的就是各个控排企业的碳排放数据，配额和 CCER 的数量、价格，以及数据的真实性和透明性，中心服务器无法对数据安全做到绝对的保障，而信息的不透明也让很多机构和个人无法真正参与进来。这些问题都可以运用区块链技术来解决，通过这项技术，每吨碳以及每笔交易信息都可以追溯，避免篡改以及信息的不对称。

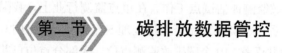

第二节　碳排放数据管控

一、数据质量控制

数据质量保证是指根据数据质量维度的要求，对数据资源本身进行的一系列技术和管理方面的活动总和。从控制目标看，质量保证是按照相关需求，契合特定的目标如数据的真实性、公开性、透明度以及可重复性等开展的相关行动。从方法技术层面看，校正数据错误和不一致的数据清洗技术，被认为可以解决普遍的质量问题，如重复对象检测、缺失数据处理、异常数据检测、逻辑错误检测、不一致数据处理等。碳排放核算涉及的核算对象和气体种类较多，面临的不确定性较大。因此，质量保证的重要性毋庸置疑，是实现高质量碳排放核算的关键因素。本章从碳排放核算的质量控制、建立企业核算 MRV 体系以及完善碳排放统计核算制度三个方面介绍碳排放核算质量保证的内容及过程，确保得到精确、一致和及时可用的碳排放核算数据。

二、碳排放核算

碳排放核算主要是基于碳排放/清除相关假设设定、活动水平数据的获取和核算方法的选取。导致碳排放核算结果与真实数值有误差的原因有很多，部分原因可能产生界定明确的、容易描述特性的潜在不确定性范围，例如取样误差或仪器精确性的局限性导致的不确定性；部分不确定性原因可能较难以识别及量化。主要的不确定性来源包括数据获取、误差和报告偏差三方面。

三、核算中的主要问题

据《2006 年 IPCC 国家温室气体清单指南》和《省级温室气体清单编制指南》，碳排放核算数据获取的主要问题有：

第一，不确定性。主要包括：（1）数据不完整。因数据获取过程未被识别或者测量方式缺乏，无法获得测量结果或其他相关数据。（2）数据缺乏。因条件限制无法获得或者非常难以获得某些碳排放/清除所必需的数据，一般采用相似类别数据进行替代，或者内推法/外推法进行估算。（3）数据偏差。缺乏可获得数据的条件和真实排放/清除或活动的条件而引起偏差。

第二，数据误差。包括：（1）模型误差。核算、计算模型过于简化，精确度有限。（2）统计样品随机误差。与受限的随机样本数有关，一般情况下可采用增加独立样本数的方法减少此类不确定性。（3）测量误差。来源于测量、记录和传输信息的误差，可能是随机或系统性的。

第三，报告偏差。包括：（1）错误报告/错误分类偏差。排放/清除的定义不完整、不清晰或有错误而引起偏差。（2）数据丢失。此类不确定性可能会引起试图开展的测量无法获得数值，如低于检测限度的测量数值。

四、碳排的监测方法

目前碳排放的监测方法分为两种。通常使用的是核算法。核算法也叫物料核算法，目前中国主要采用此方法。核算法是根据煤炭等燃料的使用量多少，来推测出碳排放量。在欧盟体系内，除去核算法，还有一种在线监测法与其并列；而美国则重点使用在线监测法。

在线监测法也叫 CEMS，是英文 Continuous Emission Monitoring System 的缩写，核算法与 CEMS 相比，弊端有二：一是测量误差较大，二是容易造假。全球要想真正落实有信任度的碳排放，以及实现碳资产交易的公平，必须要有统一的在线监测办法才行。只有标准统一，各国才能互相信任。这被认为是实现"碳中和"以及低碳经济全球目标的技术前提。如果标准不统一，全球低碳发展目标难于统一，实现碳中和目标将难于实现。

欧美发达国家使用 CEMS 比较多，尤其在碳数据的管控中，区块链技术的应用已相当普遍，而在碳市场的交易数据中，可以说区块链技术的应用更是几近成熟，必将成为一种技术管理趋势。对于中国来说，一般性的数据管控体系尚未建立健全，以致八大控排企业至今只完成了电力企业的碳排放权的上线交易，且数据漏洞较多，在数据管控的数字化平台建设方面，与国际差距很大。区块链技术应用于碳排数据管控既是国内未来发展趋势，也是我们应争取先于国外实现的目标，只有如此，才能在全球低碳经济中处于领先地位。

五、碳排放统计核算及数据质量控制流程示意

碳排放数据核算范围、核算内容、核算方法以及资料来源及其统计方法，共同构成了建立在国际、国内碳排放标准之上的碳排放核算方法学体系的四大基本要素，其基本框架如图 7-1 所示。

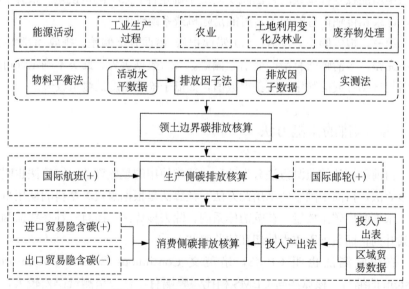

图 7-1　碳排放数据核算基本框架图

区块链技术在碳排放核算中的数据质量

一、区块链技术解决的切入

在数据的世界里，区块链技术从根源保障了记录和信息的真实可靠，不可篡改，强行建立了一条新的信任链。区块链能够推进双碳经济的方向和手段有很多，也非常多元化。本节研究的方向是：第一，立足用区块链技术使碳数据更加可信，并结合数字治理达到政府监测功能实现；第二，通过赋能国际碳排放 MRV 的标准体系，实现数据质量安全保证，并在未来的碳交易体系确立中，能够为实现碳中和目标，提供有效的解决方案。具体的原理图见图 7-2，选用"可信区块链碳排放权管控及交易支撑平台"作为技术支撑平台进行操作实践。

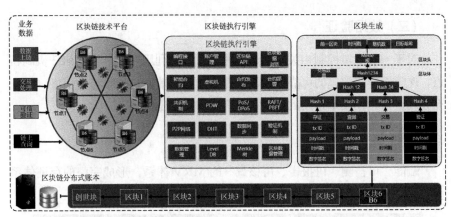

图 7-2　用区块链技术解决碳排放数据质量控制途径原理示意图

二、碳排放核算中的数据质量保证

（一）数据质量控制程序

通过业务数据上链，交叉检查主要参数并建立区块（创区块）。以时间戳对资料来源进行确权及认证，检查处理过程中数据转移的正确性、完整性等。

（二）交易处理

通过节点交易形成分布式的"账本"，确保数据的合理、准确、录入合法。并实现数据的可溯源，以备质量控制活动当中的原始参数和各种数据的检查（见图 7-3）。

图 7-3　节点交易处理示意图

（三）数据验证

对于一般质量控制相关活动通过可信验证，利用区块链机器信任机制特点，保障碳排放核算的可靠性，建立排放估算（数据）和趋势的信度（需在充分调查与验证技术相关的局限和不确定性基础上完成）。

（四）链上查询

赋能"可检测、可报告、可核查"的 MRV 体系，形成完整的存证体系或报告。查询界面如图 7-4 所示。

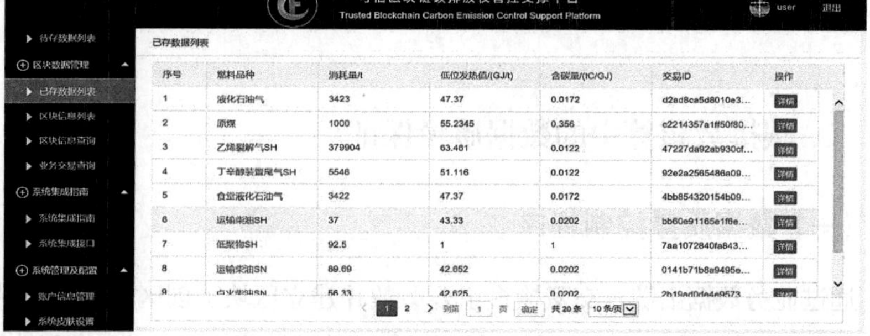

图 7-4　链上查询示意图

（五）安全

平台基于国际主流密码算法 Hash/RIPEMD160/ECDSA 密码学算法，实现底层链数据安全及交易签名和验证；区块链整体维护数据且匿名交易、隐私安全，适用于碳交易分类处理商业数据的保密性与环境数据的公开性。特别适用于政府、央企数据的安全保密要求。

第四节　建设步骤

一、设计思路

（一）建设原则：先易后难、先立后破

碳排放数字化监管平台系统分为三个层次：数据采集层、数据存储层以及数据展示层。

（1）易：现有数据的上链，即数据展示层及存证体系。实现数字化可视管理的初步成果。

（2）难：数据核算体系建立及数据采集、储存数字化平台搭建。

（3）立：统计口径标准；区域数据分类（碳达峰：排放；碳中和：绿电及林汇）；数据排查，以县为单位的现有碳排（当量）及碳汇（储量）数据构成体系（区块链底层）；数据协调，区域碳排与碳补偿数据协调及内部交易（市场）机制建立。

（4）破：人工数据核算及单纯行政监测手段减排。

（二）解决问题

（1）数据安全保密，防泄漏、防攻击及数据灾难恢复。

（2）数据存证及储存备份。

（3）重点排放产业（区域）的减排与区域经济发展的数据协调。

（4）区域内的碳资产流动性。实现区域内企业间碳排放权可信交易，盘活区域内各企业碳资产，并实现区域间碳资产价值高效流动。

（5）通过数据协调及碳资产高效流动，促进合规高效地实现 CCER（国家核证自愿减排量）等"碳补偿"工具运用与碳排放的抵消，促进和提升区域内市场交易活动的参与和行业覆盖程度，在整体区域碳中和的场景下，协助解决区域内高碳排企业的低碳与发展之间的突出矛盾。

（6）实现以技术管技术的数字治理目标，取得政府数字化治理在碳中和战略中的应用成果。

二、实施步骤

平台实施可分为战略定位、数据平台建造、核查碳排放数据、核查碳资产数据、核算计量方法体系、数字化监控治理等六个步骤。

（1）战略定位。具体示意图见图 7-5。

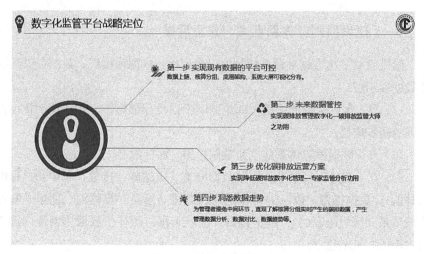

图 7-5 战略定位示意图

（2）可视化现有数据平台建造（数字化大屏展现），见图 7-6。

（3）基于区块链技术厘清域内和重点控排企业的碳排放数据。

（4）基于区块链技术厘清域内和重点碳汇企业的碳资产数据。

（5）建立试点，基于区块链技术的碳排放数据核算计量方法体系（数据质量保证）。

（6）实施现有碳数据基于区块链平台的数字化监控治理。

图 7-6　可视化数据平台示意图

 　平台可搭建功能

一、技术功能

（一）基于区块链技术的地方性碳排放数据管理机制设计与应用

基于区块链技术的地方性碳排放数据管理机制设计主要包括以下主要内容，见图 7-7。

（1）可对碳排放区块链系统进行架构设计。

（2）对碳排放区块链交易应用流程进行设计。

（3）创建链上主体节点、区块管理。

（4）基于可信区块链进行碳排主体注册认证。

（5）建立交易安全（密钥）及安全预警监控系统。

（6）数据、分布式账本、节点、智能合约及共识管理。

（二）区块链碳排放数据管控治理及支撑平台（客户端）

区块链业务支撑及数据上链服务主要包括以下内容。

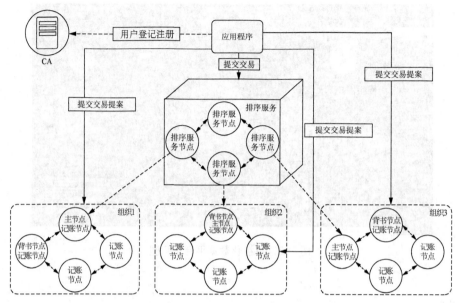

图 7-7　平台部署的技术架构示意

1. 用户注册

提供用户名、用户口令、邮件或其他方式进行注册。注册完成后，提供对用户注册信息的编辑、修改等操作。

2. 数据录入

在业务数据写入区块链过程中，提供接口化访问接口数据访问访录入业务相关数据内容。对录入的业务数据进行审核，如涉及业务数据有误时，可进行编辑、修改或删除。相关业务数据无误后，写入区块链，实现业务数据上链，上链后的数据不可更改。

3. 数据加/解密

基于用户身份相关的会话密钥实现对上链前敏感数据的动态加密。

实现基于用户身份相关的会话密钥实现对链上特定敏感数据的动态解密。

4. 业务数据浏览

浏览已存入区块链平台的带有交易 ID 的业务数据。

浏览已存入区块链平台的对应相关交易数据信息。

浏览已存入区块链平台的对应相关区块数据信息。

5. 区块数据查询

根据不同查询条件查询链上区块信息。

根据业务数据相关字段查询链上区块信息。

根据交易 ID 查询区块链上交易及区块等信息。

(三) 区块链核心技术支撑平台

平台的系统架构示意如图 7-8 所示。

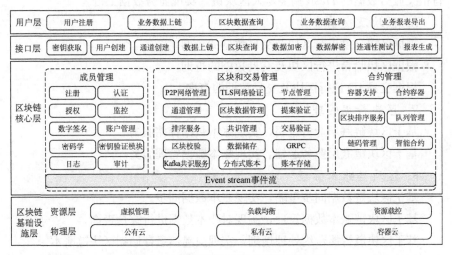

图 7-8　可信碳数链数平台系统架构示意

1. 节点管理

基于区块链核心层功能，实现认证节点、记账节点、管理节点和背书节点部署和配置。

根据区块链支撑平台需要配置管理节点实现账本数据同步和管理。

2. 合约管理

基于区块链支撑平台业务逻辑，实现智能合约的创建功能。

基于区块链核心层功能，实现智能合约的启动、更新、停止等合约管理功能。

3. 共识管理

根据区块链支撑平台业务需要，配置 Solo，Kafka，PBFT 共识算法。

实现 Solo，Kafka，PBFT 共识算法切换功能。

219

4. 通道管理

基于区块链核心层功能，提供通道创建功能。

基于区块链核心层功能，实现数据隔离的多通道管理功能。

5. 数据上链

实现对敏感或关键业务数据加密并上链，仅允许当前合法用户的实时动态解密访问。

实现基于智能合约的数据上链服务，将业务数据及涉及的敏感字段及所有相关业务数据的 Hash 摘要写入区块链，实现业务数据上链。

6. 区块及交易查询

根据区块高度进行区块及交易数据的查询。

根据区块哈希进行区块及交易数据的查询。

根据交易 ID 进行区块及交易数据的查询。

7. 区块数据管理

基于区块链底层业务逻辑，实现账本数据存储服务。

基于区块链底层业务逻辑，实现账本数据管理服务。

8. 区块链账本管理

基于区块链数据同步策略，实现账本数据同步。

基于区块链账本数据管理，实现对账本数据进行综合查询。

基于区块链智能合约处理规则，实现交易信息存储到区块链账本。

9. 节点状态监控

基于区块链底层业务逻辑，实现区块链节点状态监控和区块链异常状态实时推送。

二、监测治理功能

（1）构建覆盖地区的能源生产结构、重点行业、规模及以上企业碳排放、碳汇分析、用户碳足迹、企业配额、碳交易和碳吸收等综合维度的数据汇总及监测平台；重点建立能源侧、企业侧、管理侧监测角度。

（2）通过综合和分屏展现，实现能耗双控分析、碳排放及碳汇分析、碳达峰碳中和趋势等功能板块数据监测及管控。平台可分为地市（县）级、园区级、企业级 3 个版本，助力客户实现双碳目标。推进区域内双碳目标的数字化治理战略实施。

（3）政府通过系统平台，围绕能源消费与能源生产、碳排放与碳汇，从区域、行业、品类多层级多维度进行能耗能量、能耗趋势分析，构建用能全貌一张图，基于多方指南文件和行业标准，实现碳排总量与强度、绿地变化与碳吸收能力等的动态监测可视化展示，便于数据掌控分析。

（4）建设数据共享平台，建立起碳生态系统的协同和信任机制，实现碳排数据的可追溯、可共享，提高监管效率，降低治理成本，利用区块链技术，有效解决碳排放企业数量大，排放核算成本高，交易周期长等问题。

（5）采用具有公开透明、可追溯、可共享的优点的区块链技术，能公开有效监督碳排信息及数据的真实及时性，可为全区域建立碳排放绩效考核管理做技术支撑。

（6）厘清域内及相关绿电能源、林（竹）汇及企业的碳资产。区块链技术核证碳资产 BCCER 的项目，从底层逻辑上解决碳资产核证现存难题，保证了碳资产核证过程可靠、透明、高效。

第八章
碳排放权交易市场的金融
支持

 **碳金融的概念和内涵**

一、碳金融的定义及特征

碳金融（carbon finance）是指所有服务于减少温室气体排放的各种金融交易和金融制度安排。狭义的碳金融是指市场层面的碳金融，即以碳排放权为标的的金融现货、期货、期权交易。广义的碳金融则是机构层面的，泛指所有服务于减少温室气体排放的各种金融制度安排和金融交易活动，包括低碳项目开发的投融资、碳排放权及其衍生品交易和投资，以及其他相关的金融中介活动。

有别于传统金融，碳金融具有以下三个独特之处：一是以碳排放权为标的的交易活动，其本质是"碳交易 + 金融属性"；二是特定价值取向的金融行为，不以经济效益为终极目标，而是以良好的环境效应和社会效应为重心，支持低碳经济的发展；三是综合性强，需融合环境科学、地球科学、气象学等多种学科。

二、碳金融与碳市场的关系

碳金融是在全球气候不断变差的情况下才逐渐被提起并形成的，是为了应对气候变化所做出的举措。由于碳排放权交易市场以碳排放权为标的资产进行交易，是一种比较典型的权证市场，有较强的金融属性。因此，发展碳金融，对建好碳交易市场至关重要。

碳金融与碳交易相互依存、相互促进。碳交易是碳金融发展的前提和基础，只有碳交易市场发展到一定规模，拥有一定的合格主体和健康的风险管控机制后，碳金融市场才得以有序发展。碳金融是碳交易发展的助推剂，碳交易的发展离不开碳金融的支持，排放企业通过碳金融市场，利用融资功能推进减碳技术的应用，达到碳交易控制排放总量的目的。

全国碳市场的健康发展和行稳致远都离不开企业的积极参与。实现碳达峰、碳中和的目标，减排的核心是资金和技术，从试点碳市场和全国碳市场交易情况来看，企业对碳金融有较大需求。因此，坚持服务实现减排目标的定位，积极探索碳金融，要注重风险防控，提升全国碳市场的市场功能，将资金、创新技术引导至绿色低碳发展领域，有效推动产业绿色低碳升级发展，促进我国"双碳"目标的如期实现。

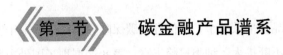

第二节　碳金融产品谱系

碳金融市场作为新兴的金融市场，被认为是应对全球气候变化、保护生态环境以及优化环境资源配置效率最佳的经济手段。碳金融创新，是推进碳交易市场发展的重要手段，是优化碳资产配置的有效途径。随着气候变暖问题的日益严重，旨在减少碳排放的碳金融与碳金融市场得到了迅速发展，碳金融产品体系不断扩充、完善。

一、碳金融产品的分类

作为新兴领域，碳金融存在巨大的发展潜力，也存在着许多未知还有待深入探讨的问题。由于目前对于碳金融及其产品等没有完全统一的界定，故理论界对碳金融产品的种类和划分方式有着不同的观点。

比较受认可的观点是将全球碳金融产品分为碳金融现货交易产品和碳金融衍生产品两大类，前者包括碳信用和碳现货产品，后者包括碳远期、碳期货、碳期权和结构性产品，详见表8-1。

表 8-1　全球碳金融产品分类

碳金融现货交易产品				碳金融衍生产品			
碳信用			碳现货产品	碳远期	碳期货碳期权	结构性产品	其　他
配额	项目	自愿	碳基金、绿色信贷、碳保险、碳股票	远期合约	标准化期货、期权合约	与某标的挂钩的结构性理财产品	证券化产品、碳债券、套利工具
EUA、AAU	CER、ERU	VER					

资料来源：杜莉，《低碳经济时代的碳金融机制与制度研究》，中国社会科学出版社，2014，第122页。

　　碳金融产品和工具伴随金融创新发展和传统金融继承种类多样化。在所有的碳金融产品中，碳基金和碳衍生产品所占的市场份额最大，是最常见的碳市场交易产品。

二、碳金融现货交易产品

　　碳现货产品包括碳基金、碳债券、碳保险等。经过近十年发展，碳金融产品的规模在不断扩大，种类日趋丰富。表8-2展现了国外主要的碳排放交易及其碳金融产品的发展简况。

表8-2　国外主要的碳排放交易及其碳金融产品

区域	名称	碳金融产品
欧洲	欧洲气候交易所（ECX）	EUA、EUR 和 CER 类期货期权类产品
	欧洲能源交易所（EEX）	电力现货、电力、EUA
	北欧电力库（NP）	电力、EUA、CER
	BlueNext 交易所	EUA 和 CER 的现货和衍生品
	Climex 交易所	EUA、CER、VER、ERU 和 AAU
美洲	绿色交易所（Green Exchange）	EUA、CER、RGGI、SO_2 和 NO_x、配额和加州碳排放配额 CCAS，此外还有 VER/VCU、REC
	芝加哥气候交易所（CCX）	北美及巴西的六种温室气体的补偿项目信用交易
	芝加哥气候期货交易所（CCX）	规范、结算的废弃排放量配额和其他环保产品方面的期货合约
大洋洲	澳大利亚气候交易所（ACX）	CER、VER、REC
	澳大利亚证券交易所 ASX	REC
	澳大利亚金融与能源交易所（FEX）	环境等交易产品的场外交易（OTC）服务
亚洲	新加坡贸易交易所（SMX）	碳信用期货以及期权
	新加坡亚洲碳交易所（ACX-exchange）	远期合约或已签发的 CER 或 VER 的拍卖
	印度多种商品交易所有限公司（MCX）	两款碳信用产品合约——CER 和 CFI

（续表）

区域	名称	碳金融产品
亚洲	印度国家商品及衍生品交易所有限公司（NCDEX）	CER

　　资料来源：王遥、刘倩，《2012 中国气候融资报告：气候资金流研究》，经济科学出版社，2013。

（一）碳信用

　　碳信用（carbon credit）是指温室气体排放权，在经过联合国或联合国认可的减排组织认证的条件下，国家或企业以增加能源使用效率、减少污染或减少开发等方式减少碳排放，因此得以进入碳交易市场的碳排放计量单位。

　　碳信用的计量单位是碳信用额，碳信用额是《京都议定书》里的一个经济工具。每个信用额相当于一吨未被排放到大气中的二氧化碳。它们只能通过京都议定书里规定的机制生成。根据这些机制，共有三类不同的信用额。

　　ERU（emission reduction unit）：如果东道国是经济转型国家，则合作机制称为联合履行机制（JI），项目所产生的减排量称为减排单位，即 ERU。

　　CER（certified emission reduction）：如果东道国是发展中国家，则合作机制称为清洁发展机制（CDM），项目所产生的减排量称为核证减排量，即 CER。

　　AAU（assigned amount unit）：IET 是基于温室气体排放量的机制，是在经济转型国家之间进行的交易，即如果该国家的温室气体排放量超过了允许的范围，那么它可以从其他国家购买分配数量单位（AAU）。AAU 是经济转型国家根据其在《京都议定书》中的减排承诺能够得到的排放配额，每1 个单位 AAU 即可排放 1 吨 CO_2。

（二）碳基金

1. 碳基金的发起

　　国际组织，特别是世界银行，是碳金融产品开发最为积极且富有经验的组织，其开发的碳金融产品除了发挥产品本身的功能外，还希望通过实践成为各国学习的范例。世界银行开发的主要减排金融工具为碳基金，以资助具有减排潜力的国家和企业，采取相应的技术手段，尽量减少碳排放，缓解全球气候变暖的趋势。

世界银行的碳基金业务始于 1999 年，2000 年开始运作的规模为 1.80 亿美元的原型碳基金 PCF（prototype carbon fund）。此后，世界银行先后设立了 15 只碳基金，按照 2012 年 12 月 31 日的汇率计算，前十只碳基金规模共计 23 亿美元，这些基金支持了 75 个国家 145 个项目活动。自 2000 年以来，这些举措通过其资助的项目帮助减少相当于 1.87 亿吨的二氧化碳排放。

2. 碳基金的设立及管理模式

跟随世界银行的步伐，各国政府、国际组织、企业也纷纷设立碳基金以应对气候变化的挑战。目前全球碳基金组建与管理模式分类如表 8-3 所示。

表 8-3　全球碳基金组建与管理模式分类

碳基金的主要管理模式	具体类型	主要案例
政府与私人机构	由开发银行管理经营	西班牙碳基金、KIW 碳基金、世行原型碳基金、生物碳基金、意大利碳基金
	由私人机构管理经营	日本碳基金、巴西社会碳基金、NEFCO 碳基金、可持续资本碳基金、多国碳信用基金
政府部门	由开发银行管理经营	荷兰 CDM 碳基金、荷兰-欧盟碳基金、IFC 荷兰碳基金、荷兰温室气体减排合作基金
	由私人机构管理经营	生态安全丹麦碳基金、奥地利 CDM 项目与 CER 碳基金、奥地利 JI/CDM 项目计划
	由政府部门管理经营	埃及碳基金、瑞典碳基金、丹麦碳基金、芬兰 JI/CDM 碳基金
私人机构	由私人机构管理经营	欧洲碳基金、气候变化碳基金、ICECAP、排放交易碳基金

资料来源：碳基金课题组，《国际碳基金研究》，化学工业出版社，2013。

（1）由政府与私人机构合作建立采用商业化管理。这种类型的代表为德国和日本的碳基金。德国复兴信贷银行（KFW）碳基金由德国政府、德国复兴信贷银行共同设立，由德国复兴信贷银行负责日常管理。日本碳基金主要由 31 家私人企业和两家政策性贷款机构组成。政策性贷款机构日本国际协力银行（JBIC）和日本政策投资银行（DBJ）代表日本政府进行投资与管理。

（2）全部由政府设立和政府管理。世界银行的雏形碳基金（PCF）是世界上创立最早的碳基金，政府方面有加拿大，芬兰，挪威，瑞典，荷兰和日本国际合作银行参与，另外还有 17 家私营公司也参与了碳基金的组成。PCF 的日常工作主要由世界银行管理。与此相同的碳基金还有芬兰碳基金、意大利碳基金、奥地利碳基金、丹麦碳基金、西班牙碳基金等。如芬兰政府外交部于 2000 年设立联合履约（JI）/CDM 试验计划，在萨尔瓦多、尼加拉瓜、泰国和越南确定了潜在项目。2003 年 1 月开始向上述各国发出邀请，购买小型 CDM 项目产生的 CERs。奥地利政府创立的奥地利地区信贷公共咨询公司（KPC）为奥地利农业部，林业部，环境部及水利部实施奥地利 JI/CDM 项目，已在印度、匈牙利和保加利亚完成了数项 CDM 项目。

（3）由私人机构管理经营。这些碳基金规模不大，主要从事 CERs 的中间交易。碳基金的经费开支、投资、碳基金人员的工资奖金等由董事会决定，政府并不干预碳基金公司的经营管理业务。

3. 碳基金的设立目标

根据碳基金的设立方式不同，碳基金想要达成的目标也有所不同。

由世界银行设立的碳基金六个最新的碳工具包括，碳伙伴基金、森林碳伙伴基金、伙伴市场准备、碳倡议发展、生物碳基金、森林景观和试点拍卖工具，碳基金目标是扩大减排量的规模，关注以市场为基础的碳初步行动的准备工作，减少最不发达国家的能源获得渠道，以及减少砍伐森林和森林退化的碳排放。

由政府设立的碳基金不管其运营方式、目标基本相同。主要是希望通过 CDM 项目购买的方式，缩小本国《京都议定书》的目标与国内潜在减排量之间的差距。同时这些碳基金还要帮助企业和公共部门减少二氧化碳的排放，提高能源效率和加强碳管理，并且投资低碳技术的研发。

由世界银行参与设立和管理的碳基金都打有世行政策的烙印。这些碳基金不仅要完成本国的目标，还要与世界银行合作完成其战略目标。要求促进高质量的减排，为可持续发展和降低《京都议定书》造成的成本作出贡献。促进知识的传递，使参与者学习到 CDM 和 JI 框架下学习发展所需的政策、规定和商业运行方式。促进国有与私营合作的模式，诠释世界银行的国有与私营合作模式是如何通过市场机制使资源配置更有效率。还要确保碳基金参与者与宗主国之间由于减排项目带来的其他收益、利益分享均衡。由企业出资的碳基金则主要为了从购买 CDM 项目并转卖中获取利润。

4. 碳基金的发展趋势

经过多年发展，碳基金呈现如下发展趋势。一是金融机构投资者的参与程度逐渐提高，表现为自 2005 年开始，越来越多的银行和投资银行等金融界机构通过申购或参与设立及管理的方式进入碳基金市场，如高盛、JP 摩根以及美林银行等。二是国际金融危机促进了碳初级市场的兼并和重组，自2008 年开始，部分碳信用买家如投资银行和金融中介机构纷纷通过收购项目业主进入碳金融市场，扩展其金融活动边界。三是新兴碳信用采购策略不断出现。自 2008 年起部分投资者更愿意购买碳信用组合，即持续性地向已经购买过碳信用的项目注入资金和技术获取碳信用，而不是简单地与新的CDM/JI 项目签订购买协议获取碳信用。

未来全球碳基金发展的机遇广阔，主要动力来源于两个方面。一是不断扩大的国际碳市场发展为碳基金提供了广阔的发展空间。2015 年 2 月 10 日，国际碳行动合作组织（ICAP）发布题为《ICAP 2015 年全球排放交易体系现状报告》（*Emissions Trading Worldwide: ICAP Status Report 2015*）的报告，该报告通过综合专家观点和大量数据，对全球排放交易体系（ETS）趋势进行了分析和预测，评估结果指出 ETS 在全球的发展取得成功。加上之前的中美气候变化联合协议，这些举动为 UNFCCC 谈判达成全球气候协议注入了新鲜的推动力。良好的发展势头也为碳基金的更好发展奠定了坚实的基础，使全球主要经济体在减排立场上逐渐趋于一致。

（三）碳债券

1. 碳债券的定义及特征

碳债券是指政府、企业为筹集低碳经济项目资金而向投资者发行的、承诺在一定时期支付利息和到期还本的债务凭证，其核心特点是将低碳项目的CDM 收入与债券利率水平挂钩。碳债券根据发行主体可以分为碳国债和碳企业债券。

碳债券主要有以下三方特点：

首先，它的投向十分明确，紧紧围绕可再生能源进行投资；

其次，可以采取固定利率加浮动利率的产品设计，将 CDM 收入中的一定比例用于浮动利息的支付，实现了项目投资者与债券投资者对于 CDM 收益的分享；

最后，碳债券对于包括 CDM 交易市场在内的新型虚拟交易市场有扩容的作用，它的大规模发行将最终促进整个金融体系和资本市场向低碳经济导向下新型市场的转变。

2. 碳债券的发展

欧洲投资银行在 2007 年发行了第一只"绿色债券"开启了碳债券发行的第一步。随后，世界银行、美国财政部、标准普尔与点碳公司、国际金融公司等相继发行绿色债券。碳债券的成功发行和筹资使许多国家意识到该模式有助于吸引私人资本支持政府节能减排项目，随着发行方的增多，碳债券的目标、形式也越来越多样化。

世界银行是绿色债券的积极推动者，其 2015 年 6 月发布的《绿色债券影响报告》（*Green Bond Impact Report*）的数据显示，截至 2014 年 6 月 30 日，世界银行已经发行了以 18 种货币计价的 100 只绿色债券，共募集资金 84 亿美元。依据明确定义的绿色债券标准，上述债券募集的资金已用于 77 个符合绿色债券标准的项目。77 个项目投资总计 137 亿美元遍布世界不同地区的不同行业。其中，对中国的两个提高工业能效的项目预计每年减少 1 260 万吨当量的二氧化碳排放，相当于每年减少 270 万辆乘用车的使用。

在我国，浦发银行曾推出国内首单与节能减排紧密相关的绿色债券，其主承销的 10 亿元中广核风电有限公司附加碳收益中期票据已在银行间市场发行。本笔碳债券的发行主体为中广核风电有限公司，发行期限为 5 年，债券利率由固定利率与浮动利率两部分组成，其中浮动利率部分与发行人下属 5 家风电项目公司在债券存续期内实现的碳交易收益正向关联，浮动利率的区间设定为 5 bp 到 20 bp。

浦发银行在债券创新领域先后成功发行市场首单资产支持票据、并购债券等产品。碳债券的成功发行不仅是首次在银行间市场引入跨市场要素产品的债券组合创新，更是对未来国内碳衍生工具发展的一次大胆试水，而企业也通过发行碳债券将其碳交易的经济收益与社会引领示范效应结合，降低了综合融资成本，加快投资于其他新能源项目的建设。

（四）碳保险

1. 碳保险定义及起源

无论是高碳行业转型，还是低碳行业的前期技术开发，均需要投入大量资金，且转型过程与技术孵化具有一定的不确定性，有效的风险管理可以避免引发其他风险。在此过程中，保险公司可以通过保险机制为行业转型与发展提供风险保障，进一步助力行业平稳发展。由此，碳保险产品应运而生。碳保险作为企业低碳转型路径中的风险管理工具之一，可以有效地降低碳市场风险，促进碳金融发展。

环境污染责任保险是以企业发生污染事故对第三者造成的损害依法应承担的赔偿责任为标的的保险。它是一种特殊的责任保险，是在第二次世界大战以后经济迅速发展、环境问题日益突出的背景下诞生的。在环境污染责任保险关系中，保险人承担了被保险人因意外造成环境污染的经济赔偿和治理成本，使污染受害者在被保险人无力赔偿的情况下也能及时得到给付。

从国际视角来看，碳保险以《联合国气候变化框架公约》和《京都议定书》为前提，基于两个国际条约对碳排放的安排而存在，或是保护在非京都规则中模拟京都规则而产生的碳金融活动的保险。目前国际金融提供的碳保险服务主要针对交付风险。2009 年，澳大利亚的保险承保机构斯蒂伍斯·艾格纽（Steeves Agnew）首次提出了碳损失保险概念，该保险覆盖因不可抗力和特定意外事故导致森林无法实现已核定的碳减排量所产生的履约风险。当因上述事件造成碳汇持有者的损失时，保险公司将根据投保者的要求为其提供澳洲联邦政府的在线国家碳核算产品或其他独立的核定单位。

2. 碳保险分类

从被保对象的角度出发，可以将碳保险产品划分为三类：一是保障碳金融活动中买方所承担风险的产品，包含《京都议定书》相关项目风险和碳信用价格波动；二是保障卖方所承担风险的产品，主要提供减排项目风险管理保障和企业信用担保；三是保障除上述交付风险以外的其他风险的产品，如碳捕获保险等。

具体来看，为买方承担风险提供的碳保险方面，可以细分为 3 类产品。

第一是"清洁发展机制（CDM）支付风险保险"。该险种主要管理碳信用在审批、认证和发售过程中产生的风险。如 CDM 项目投资人的减排量（CERs）在核证或发放的过程中遭受损失时，保险公司会给予投资人期望的CERs 或者等值补偿。例如，瑞士再保险公司（Swiss Re）与总部位于纽约的私人投资公司 RNK Capital LLC（RNK）合作，开发了用于管理碳信用交易中与京都议定书项目相关风险的碳保险产品。

第二是碳减排交易担保。碳减排交易担保主要用于保障清洁发展机制和联合履约下的交易风险，以及低碳项目评估和开发中产生的风险。2006 年，瑞士再保险公司的分支机构——欧洲国际保险公司针对碳信用价格，提供了一种专门管理其价格波动的保险；之后，其又与澳大利亚保险公司 Garant 开展合作，根据待购买的减排协议，开发碳交付保险产品。

第三是碳信用保险。该险种主要用于碳配额购买者可能面临的交易对手方风险和交付风险，以确保碳交易在一定成本范围内完成。碳信用保险可以帮助企业转移风险、助力减排或助力新能源企业获得项目融资，为企业信用增级。例如，英国 Kiln 保险集团于 2012 年发行了碳信用保险产品，将碳信用与传统的金融衍生工具相结合，保障商业银行在一定成本范围内有效获得碳信用。并且，在保险产品合同中，银行作为碳信用买方先买入"碳期权"，在期权可行权期限内，如果碳信用价格高于行权价格时，银行可以行使期权买权。

在保障卖方所承担风险的碳保险产品方面，可以细分为四类产品。

第一是碳交易信用保险。碳交易信用保险以合同规定的排放权数量作为保险标的，向买卖双方就权利人因某种原因而无法履行交易时，所遭受的损失给予经济赔偿，具有担保性质。该保险为买卖双方提供了一个良好的信誉平台，有助于激发碳市场的活跃性。例如，2004 年联合国环境署、全球可持续发展项目（GSDP）和瑞士再保险公司推出了碳交易信用保险，由保险或再保险机构担任未来核证排减量（CERs）的交付担保人。

若当事方不履行商定的条款和条件核证减排量，担保人就负有担保责任。该保险主要针对合同签订后出现各方无法控制的情况而使合同丧失了订立时的依据，进而各方得以豁免合同义务的"合同落空"情景进行投保，如突发事件、营业中断等。

第二是碳排放信用担保。碳排放信用担保重点保障企业在新能源项目运营中的风险，可为其提供项目信用担保，促进私营公司参与减抵项目和碳排放交易。例如，美国国际集团与达信保险经纪公司在 2006 年合作推出的碳排放信贷担保与其他新的可再生能源相关的保险产品等。通过降低企业投融资成本，促使企业积极参与碳抵消和减排活动。保障企业新能源项目运营中的风险，提供项目信用担保。

第三是碳损失保险。投保人通过购买碳损失保险可获得一定额度的减排额，当条款事件触发后，保险公司向被保人提供同等数量的 CERs。例如，2009 年 9 月，澳大利亚斯蒂伍斯·艾格纽保险公司推出的碳损失保险，保障因雷击、森林大火、飞机失事、冰雹或者暴风雨等造成森林不能达到经核证的减排量而带来的风险。

第四是森林碳汇保险。森林碳汇保险以天然林、用材林、防护林、经济林等可以吸收二氧化碳的林木作为投保对象，针对林木在其生长全过程中因自然灾害、意外事故等可能引起吸碳量下降而造成的损失给予经济赔偿。例如，中国人寿财险福建分公司在 2021 年创新开发出林业碳汇指数保险产品，将因火灾、冻灾、泥石流、山体滑坡等合同约定灾因造成的森林固碳量损失指数化，当损失达到保险合同约定的标准时，视为保险事故发生，保险公司按照约定标准进行赔偿。保险赔款可用于灾后林业碳汇资源救助和碳源清除、森林资源培育、加强生态保护修复等。

除了以上被开发出来的碳保险产品，还有一些险企正在摸索中的碳保险产品，例如碳捕获保险。在碳捕获过程中，可能会面临碳泄漏的问题并由此导致碳信用额度损失、财产损失等，同时还有可能使得碳排放由严格限制排放区域向气候相关法规相对宽松的区域转移，并由此引发风险转嫁。因此，碳捕获保险可用于保障利用碳捕获技术进行碳封存而带来的各类风险，通常其受益人为受到碳泄漏影响的自然人。但该类险种目前仍有待成熟，投保方、保险方双方的权利和义务仍待进一步明确。

目前碳保险领域在我国尚属新兴领域，还存在不少难点和挑战，如企业碳信用数据不够完善、碳信用价值中存在一些模糊成本导致保险机构在产品设计中存在困难、企业投保意愿有待提升等。在碳保险发展的过程中，需要相关法律制度的配套、不断创新优化的碳保险产品以及专业人才的培养和建设等多效并举，才能够为碳保险的发展保驾护航，并吸引更多主体前来参与，共同助力"双碳目标"早日实现。

三、碳金融衍生产品

全球很多碳交易所都已经推出碳期货、碳期权等金融衍生产品，碳期权目前交易的基础资产类别包括碳排放配额期权合约（EUA options）、经核证减排量期权合约（CER options）等。我国碳金融市场发展还处在起步阶段。

（一）碳互换

碳排放权互换简称为碳互换，是指易双方通过合约达成协议，在未来的一定时期内交换约定数量不同内容或不同性质的碳排放权客体或债务。投资者利用不同市场或者不同类别的碳资产价格差别买卖，从而获取价差收益。

碳排放权互换的产生主要基于两个原因：一为目标碳减排信用难以获得，二为发挥碳减排信用的抵减作用。由此产生两种形式碳排放互换制度安排：一是温室气体排放权互换交易制度，政府机构或私人部门通过资助国家减排项目获得相应的碳排放减排信用，该机制下碳排放权客体是由管理体系（如联合国执行理事会）核准认证后颁布；二是债务与碳减排信用互换交易制度，债务国在债权国的许可下，将一定资金投入于碳减排项目，其实质上是债务国和债权国之间的协议行为。

以欧盟碳排放交易市场为例，其于 2004 年对 EU ETS 指令进行修正，以增强与《京都议定书》的协调性。该指令允许 EU ETS 下的排放实体能够利用清洁能源机制 CDM 和联合国履约机制 JI 中获得的减排信用履行减排义务，即欧盟成员国可以利用 CDM 项目从发展中国家或未参与强制减排的国家购买减排信用，达成减排任务，此举增强了成员国减排方式的可选择性。单就 EU ETS 市场而言，CDM 产生的 CER 可以进入 EU ETS 进行交易，EUA 和 CER 可以进行互换。具体而言，当减排目标不能通过本国减排能力达成的时候，其可以通过投资清洁能源项目，获取由此而产生的 CER，通过 EUA 和 CER 对应比例的互换协议达成互换。

可见，碳互换的推出使得市场参与者获得了更多的灵活性，加速了国际碳交易市场的一体化。碳互换的本质可以看作是一系列碳远期合约的组合，如债务与碳信用互换交易制度，其本质就是以不同期限的固定债务的本金和利息去交换未来相应时间的特定数量的碳排放权，实质上就是一系列碳远期合约的组合。

（二）碳远期

碳远期交易是指双方约定在将来某个确定的时间以某个确定的价格购买或者出售一定数量的碳额度或碳单位，其是适应规避现货交易风险的需要而产生的。

碳远期合约本质上与一般的远期交易无异，是以碳额度或碳排放权为基础资产的一种特殊的远期合约。碳远期交易源于金融市场上的投资者对自己所持有的碳资产保值或者避险等需求，由于碳交易市场的碳排放价格除受供需因素影响外，还受到诸如能源市场波动、政治事件、极端天气、宏观经济等因素的影响，价格波动剧烈。目前市场上，有限排、减排需求的国家参与的 CDM 项目产生的核证减排量（CER）大部分采用碳远期的形式进行交易。

2007 年 11 月，新加坡与日本签订了新加坡的第一份碳交易合约，该合约约定新加坡的 Eco-Wise 公司将在 2008—2012 年交付 95 000 单位的 CER 给日本的 Kansai 电力公司，合约的标的物为新加坡政府于 2006 年 3 月批准的京都议定书机制下的 CDM 减排项目所产生的 CER，以远期的形式进行交割结算，每单位碳信用的价格为 8—12 欧元。

（三）碳期货

碳期货与现货相对。碳期货是二氧化碳进行买卖，但是在将来进行交收或交割的标的物，这个标的物（二氧化碳排放量）。交收期货的日子可以是一星期之后，一个月之后，三个月之后，甚至一年之后。买卖碳期货的合同或者协议叫做碳期货合约。

2004 年，欧洲气候交易所（ECX）在芝加哥气候交易所（CCX）和伦敦国际原油交易所（IPE）成立，该电子交易平台推出了欧洲市场上首个碳期货合约。2005 年 4 月，ECX 推出第一只欧盟碳排放配额期货（EUA），成为欧洲范围内第一家设立碳排放权期货品种的交易所。随后，芝加哥气候交易所、欧洲气候交易所、欧洲能源交易所（EEX）相继推出核证减排量（CER）期货合约，其中位于伦敦的洲际交易所（ICE）是最大的碳期货交易平台。表 8-4 罗列了国际上主要的碳期货产品。

表 8-4　国际上主要的碳期货产品及特点

产品	特点说明
碳排放配额期货（EUA futures）	此产品由交易所统一制定，实行集中买卖，规定在将来某一时间和地点交割一定质量和数量的碳排放指标期货的标准化合约。其价格是在交易所内以公开竞价的方式达成的
经核证的碳减排量期货（CER futures）	可规避 CER 价格大幅波动带来的风险。在清洁发展机制之下，由发达国家提供资金和技术支持，在发展中国家投资开发 CDM 项目，实现经核证的碳减排量（CER）
减排单位期货（ERU futures）	减排单位可以转让给另一个发达国家缔约方，同时在转让方的分配数量（AAU）上扣减相应额度，项目双方为了避免 EUA 价格波动的风险，通常运用减排单位期货进行对冲和套期保值

（续表）

产品	特点说明
碳金融期货合约 （CFI futures）	主要在芝加哥气候交易所、芝加哥气候期货交易所、欧洲气候交易所上市交易。是基于配额下的碳信用，每单位 CFI 代表 100 吨二氧化碳当量，现货可在芝加哥气候交易所交易
区域温室气体排放配额期货 （RGGI futures）	在芝加哥气候期货交易所、美国绿色交易所、ICE 交易所等上市交易，为多家碳排放管制下电厂和投资商提供套期保值的工具
加利福尼亚限额期货（CCA futures）	以加州政府限定碳配额 CCA 为标的，对未来出售或买入的配额进行保值的金融产品。2013 年碳交易正式实行，二级市场碳衍生品逐步丰富

资料来源：笔者根据相关信息整理。

全球的主要碳期货交易所包括欧洲气候交易所（ECX）、芝加哥气候交易所（CCX）、芝加哥气候期货交易所（CCFE）、欧洲能源交易所（EEX）、洲际交易所（ICE CEX）、北欧电力交易所（Nord Pool）、美国绿色交易所（Green X）和印度碳交易所（MCX NCDEX）等。

（四）碳期权

碳期权实质上是一种标的物买卖权，买方向卖方支付一定数额权利金后，拥有在约定期内或到期日以一定价格出售或购买一定数量标的物的权利。碳期权标的物，既可以是碳排权现权，也可以是期货。

如果企业有配额缺口，可以提前买入看涨期权锁定成本；如果企业有配额富余，可以提前买入看跌期权锁定收益。

2006 年 10 月，欧洲气候交易所（ECX）推出第一只 EUA 期权，作为公认的工业基准合约在 ICE 欧洲期货交易所（原伦敦国际石油交易所）上市。期权目前交易的基础资产类别包括碳排放配额期权合约（EUA options）、经核证减排量期权合约（CER options）、区域温室气体排放配额期权合约（RGGI options）、碳金融期权合约（CFI options）等，见表 8-5。

表 8-5　国际主要的碳期权产品

产品名称	产品说明
碳排放配额期权 （EUA options）	以欧盟碳排放体系下 EUA 期货合约为标的，持有者可在到期日或之前履行该权利

（续表）

产品名称	产品说明
经核证减排量期权（CER options）	通过清洁生产机制产生的 CER 的看涨期权或看跌期权。由于国际碳减排单位一致且认证标准及配额管理规范相同，市场衍生出了 CER 和 EUA 期货的价差期权
减排单位期权（ERU options）	在联合履约机制（JI）下，以发达国家之间项目开发产生减排单位（ERU）期货为标的的期权合约
区域温室气体排放配额期权（RGGI options）	美国区域温室气体应对行动计划下，以二氧化碳排放配额期货合约为标的的期权合约。RGGI 期权合约为美式期权，期权将在 RGGI 期货合约到期日前第三个月交易日满期，最小波动值为每排放配额 0.01 美元。合约自 2008 年 8 月开始在纽约商业交易所（NYMEX）场内的 CMEGlobex 电子平台交易进行交易
碳金融期权（CFI options）	以 CFI 期货为标的的期权合约。碳排放金融工具—美国期权（CFI-US Options）以开始于 2013 年的温室气体排放期货合约为标的，该温室气体排放限额必须符合一个潜在准予的联邦美国温室气体总量控制和排放交易项目
加利福尼亚限额期权（CCA options）	以加州政府限定碳配额 CCA 期货为标的的期权合约
核发碳抵换额度期权（CCAR-CRT options）	以 CRT 期货为标的的期权合约。气候储备（CRTs）是由气候行动宣布基于项目的排放减少和加利福尼亚气候行动登记的抵消项目减量额度

资料来源：杨星、范纯，《碳金融市场》，华南理工大学出版社，2015。

第三节　我国碳金融发展现状

　　碳金融产品的发展取决于碳金融市场的成熟和完善程度，碳金融市场的发展与碳减排市场的建设密切相关，虽然目前我国这两大市场尚处于起步阶段，但正历经着快速发展。我国缺少碳金融衍生产品，将导致碳排放定价权的缺失，因而需建立具有中国特色的碳金融体系，推出包括各类碳排放额度的碳金融衍生产品，并通过这些碳金融衍生品的交易来影响国际碳交易市场的价格形成，掌握国际碳交易市场定价的主动权，引导全球碳减排活动向有利于中国的方向发展。

　　伴随着我国碳交易市场的从无到有，不断的成长，在政府的大力推动下，政府机构和金融机构也相继开发出了一系列碳金融产品。

2022 年 4 月，证监会发布碳金融产品的行业标准，明确碳金融产品的分类，给出了具体的碳金融产品实施要求，为金融机构开发、实施碳金融产品提供指引。证监会明确，碳金融产品分为碳市场融资工具、交易工具和支持工具 3 大类 12 个产品。其中，碳市场融资工具包括碳债券、碳资产抵质押融资、碳资产回购、碳资产托管等 4 个产品；碳市场交易工具包括碳远期、碳期货、碳期权、碳掉期、碳借贷等 5 个产品；碳市场支持工具包括碳指数、碳保险、碳基金等 3 个产品。

在"双碳"目标下，金融机构频频发力碳金融，与"碳"挂钩的创新信贷产品和服务体系不断涌现。2022 年，北京银行落地了北京市首单碳配额质押贷款以及首单 CCER（国家核证自愿减排量）质押贷款；2023 年 2 月，四川天府新区川西林盘碳汇线上交易正式达成，这也意味着独立生态碳汇项目在全国范围内第一次通过碳汇市场线上挂牌交易实现价值补偿；2023 年 7 月，中国银行丽水市分行发放首笔林业碳汇质押贷款；2023 年 9 月，金融机构碳核算平台在中国国际服务贸易交易会亮相。

一、CDM 远期交易

清洁基金（简称 CDM）是由国家批准设立的按照社会性基金模式管理的政策性基金，其宗旨是支持国家应对气候变化工作，促进经济社会可持续发展。作为国家财政支持绿色低碳的一支重要创新力量，CDM 通过连接政府与市场、财政与金融，与财政主流工作相结合，探索采用多种 PPP 工作模式，撬动了大量社会资金支持低碳产业发展。

CDM 交易本质上是一种远期交易，具体操作思路为买卖双方根据需要签订合约，约定在未来某一特定时间、以某一特定价格购买特定数量的碳排放交易权。CDM 远期交易已经成为我国碳金融市场最主要的交易工具。

CDM 资金的来源包括四个渠道：一是通过 CDM 项目转让温室气体减排量所获得收入中属于国家所有的部分；二是基金运营收入；三是国内外机构、组织和个人捐赠；四是其他来源。收取 CDM 项目国家收入是清洁基金当前的主要资金来源。

目前，有限排、减排需求的国家参与 CDM 项目多属于 CDM 远期项目，因为在双方签署合同时，项目还没开始运行，从而也没有产生碳信用。碳远期交易与碳现货的价格密切相关，定价方式有固定定价和浮动定价两种。固定定价方式规定未来的交易价格不随市场变动而变化的部分，以确定的价格交割碳排放权。浮动定价在保底价基础上加上与配额价格挂钩的浮动价格，由欧盟参照价格和基础价格两部分构成。例如，假设双方约定 CER 底价为 8 个计价单位，且承诺平均分配配额价格溢出部分，其中固定和浮动定价的比率为 1：1，如果交易时的配额价格为 12 个计价单位，则本次远期合约的交割价格为 8＋(12-8)/ 2 /2＝9 个计价单位。

二、碳信贷产品

2015 年年初，银监会和国家发改委于 1 月 13 日联合印发《能效信贷指引》。能效信贷是指银行业金融机构为支持用能单位提高能源利用效率，降低能源消耗的信贷融资，以落实国家节能低碳发展战略，促进能效小信贷持续健康发展。重点服务领域包括与工业节能、建筑节能、交通运输节能等节能项目、服务、技术和设备有关的领域；信贷方式包括用能单位能效项目信贷和节能服务公司合同能源管理信贷两种信贷方式。

根据中国人民银行发布的数据，中国已成为全球最大的绿色信贷市场和第二大的绿色债券市场。截至 2022 年年末，中国本外币绿色贷款余额已达到 22.03 万亿元，同比增长 38.5%，这比各项贷款的增速高出 28.1 个百分点。同时，绿色债券存量规模为 1.4 万亿元，排名全球第二。2022 年，中国绿色债券发行数量达 610 只，发行规模 8 044.03 亿元，同比增长 32.3%。

由于缺乏统一的监管标准，银行在绿色信贷上依旧"各自为政"，部分存在信息披露的数据类型不完整、贷款流向监管不易等问题。同时，对于中小银行而言，信贷规模受限，也受到银行贷款周期等方面约束，对于绿色金融往往有心无力。

兴业银行代表了我国银行业在碳金融领域的最高水平，作为中国首家和唯一一家赤道银行，多年以来不懈深耕绿色金融，已成为中国绿色金融倡导者和先行者。在绿色金融融资服务方面，兴业银行逐步形成包括十项通用产品、七大特色产品、五类融资模式及七种解决方案的绿色金融产品服务体系。十项通用产品包括固定资产贷款、项目融资、流动资金贷款、买方信贷、订单融资、委托贷款、金融租赁、并购贷款、债务融资工具、股权融资服务；七大特色产品包括合同能源管理项目未来收益权质押融资、合同环境服务融资、国际碳资产质押融资、国内碳资产质押融资、排污权抵押融资、节能减排贷款、结构化融资；五类融资模式包括节能减排设备制造商增产融资模式、公用事业服务商融资模式、特许经营项目融资模式、节能服务商融资模式、融资租赁公司融资模式。

2022 年，兴业银行绿色信贷余额 6 370.72 亿元，居股份制银行之首。截至 2022 年年末，兴业累计支持碳减排项目 800 个，投放金额 445.28 亿元，已获审批碳减排支持工具优惠资金 265.63 亿元。

三、碳基金

碳基金通过集聚公共资金和（或）社会资金，在一级市场上购买碳信用，向基金参与方分配碳信用或回报利润，有的碳基金不仅在一级市场上购买碳信用，还参与项目的前期融资和碳信用注册过程的管理，如世界银行和亚洲开发银行的碳基金。

在我国目前的碳金融产业初创阶段，碳基金的角色尚处于空缺阶段，这为碳基金领域的先行者提供了商业机遇。尽管当前中国碳基金、中国绿色碳基金、中国清洁发展机制基金等基金从名称来看都可被称为碳基金，但实际上并不能自主地进行碳减排量的买卖交易，故并不是真正意义上的碳基金，只能称为"准碳基金"，因为其也是为促进碳减排和低碳发展而专门设立并且与 CDM 密切联系的基金。2014 年 11 月，华能集团与诺安基金在湖北共同发布了全国首只经监管部门备案的"碳排放权专项资产管理计划"基金，成为我国首只真正意义上的碳基金，规模为 3 000 万元，将全面参与湖北碳排放权交易市场的投资。以下简要介绍我国目前拥有的碳基金、"准碳基金"的情况。

（一）中国绿色碳汇基金会

中国绿色碳汇基金会（China Green Carbon Foundation）由中石油和嘉汉林业等企业倡议建立，前身是 2007 年成立的"中国绿色碳基金"（China Green Carbon Fund）。原始基金数额为人民币 5 000 万元，来源于中国石油天然气集团公司的捐赠，总部位于北京。

自 2010 年成立以来，基金会累计筹集公益资金近 10 亿元，先后在中国 20 多个省（区、市）资助实施和参与管理的碳汇营造林项目达 120 多万亩，支持林业碳汇领域的相关公益活动，推动林业碳汇项目方法学开发和标准体系建设，开展林业碳汇项目建设及开发示范，实施国内外重要会议、活动和赛事的碳中和，为企业和社会公众搭建起参与应对气候变化的有效平台。

例如，2021 年度，澄迈县林业局通过碳汇基金会澄迈碳汇专项基金实施"澄迈乡土珍贵树种造林项目"，该项目在澄迈林场种植面积 897 亩的乡土珍贵树种，包括青皮、油茶、胭脂等乡土珍贵树种，增加和扩大乡土珍贵树种面积，提高造林绿化面积和水平，改善生态环境，为实现碳达峰、碳中和目标和应对气候变化以及维护生态安全做出贡献。

老牛冬奥碳汇林项目的受益对象主要为当地社区农户、燕山山系亚高山森林态系统和京津冀地区水源涵养区。该项目由国家林业局、中国绿色碳汇基金会、老牛基金会、河北省林业厅和张家口市人民政府共同发起。项目目标是在冬奥会举办地及周边地区建设多树种、多层次、多色彩的森林景观，改善和美化冬奥会周边生态环境，为国家举办冬奥会做贡献。项目从 2016 年开始在张家口市崇礼区、赤城县、怀来县共营造碳汇林 31 130 亩（2 075.33 公顷），2018 年完成造林初植任务，并拟将项目开发成为 CCER 碳汇造林项目，现在进入森林抚育管护期。项目执行期 30 年。

（二）中国清洁发展机制基金

中国清洁发展机制基金（China Clean Development Mechanism Fund）于 2006 年 8 月经国务院批准建立，于 2007 年 11 月正式启动运行，管理中心位于北京，它是政策性与开发兼顾的、开放式、长期性、公益性和不以营利为目的国家基金。它的成立是中国政府高度重视气候变化问题，积极参与应对气候变化国际合作，并利用国际合作成果创新应对气候变化工作模式的重要里程碑。2010 年 9 月 14 日，经国务院批准，财政部、国家发展和改革委员会等 7 部委联合颁布《中国清洁发展机制基金管理办法》，基金业务由此全面展开。随着经济社会发展和改革推进，此办法进行了修订。2022 年 6 月 28 日，经国务院批准，财政部等 7 部委公布了修订后的《中国清洁发展机制基金管理办法》。

清洁基金的宗旨是支持国家碳达峰碳中和、应对气候变化、污染防治和生态保护等绿色低碳领域活动，促进经济社会高质量发展，重点支持新兴产业减排、技术减排、市场减排活动，推动应对气候变化事业的产业化、市场化和社会化发展。

清洁基金的来源包括：（1）通过 CDM 项目转让温室气体减排量所获得收入中属于国家所有的部分；（2）基金运营收入；（3）国内外机构、组织和个人捐赠；（4）其他来源。

清洁基金的使用以保本微利、实现可持续发展为原则，采取赠款、有偿使用等方式。

清洁基金通过安排一定规模赠款支持以下项目活动：（1）与碳达峰碳中和、应对气候变化相关的政策研究和学术活动；（2）与碳达峰碳中和、应对气候变化相关的国际合作和交流活动；（3）旨在加强碳达峰碳中和、应对气候变化能力建设的培训活动；（4）旨在提高公众碳达峰碳中和、应对气候变化意识的宣传和教育活动；（5）符合基金宗旨的其他项目。

基金通过债权投资、股权投资、融资性担保等有偿使用方式支持以下项目活动：（1）有利于实现碳达峰碳中和、产生应对气候变化效益的项目活动；（2）落实国家有关污染防治和生态保护重大决策部署的项目活动；（3）符合基金宗旨的其他项目活动。

（三）中国碳减排证卖方基金及其他碳基金

1. 中国碳减排证卖方基金

从实践来看，中国碳基金（China Carbon）是全球第一家卖方减排证交易中心，总部设在荷兰，其核心业务是为中国 CDM 项目的减排量进入国际碳市场交易提供专业服务，特别是为欧洲各国政府、金融机构、工业用户同中国的 CDM 开发方之间的合作和碳融资提供全程服务，欧洲用户通过中国碳基金采购碳减排证。

中国碳基金作为碳减排证卖方基金，其特点有以下几个方面：（1）是全球第一家卖方减排证交易中心，对项目源有强大的控制能力，有强大的中国和欧洲 CDM 团队；（2）合作伙伴和投资机构包括荷兰合作银行、Ecofys、Climate Focus 等知名企业以及荷兰和奥地利等政府 CDM 计划；（3）包括水电、风电及其他形式、方法产生的减排证；（4）可以向减排证用户提供有保障的供货计划；（5）可以向碳减排证项目公司提供 7—21 年碳融资计划和多种方式的融资；（6）提供现货、远期或多种货源的组合交易；（7）公司注册地在京都议定书签字国，在欧洲多国开设减排证账户。

2. 中国核证减排量（CCER）开发基金

CCER 的开发是个复杂而艰巨的过程，涉及项目开发、风险评估、审定、核查、上会及项目退出等诸多环节，只有形成一个统一的业务操盘主体，深入参与到 CCER 的开发投资中去才能真正为中国碳市场服务。目前国内已经在北京、上海和深圳有三家碳基金开始运作。

一是华碳基金。华碳基金成立于 2014 年 1 月 6 日，隶属于中科华碳（北京）信息技术研究院旗下内部私募基金，是国内首家开展扶持开发 CCER 碳减排指标的碳基金，该基金依托于中国碳排放交易网（www. tanpaifang. com），并于成立当日启动了"中国碳资产开发扶持计划"，除了帮助企业开发碳指标，给予优质项目资金扶持和技术支持以外还可以收购碳指标，目前已经扶持三个光伏电站项目，期待更多的优质碳减排项目加入进来为碳市场增砖添瓦。

二是上海碳元基金管理公司。上海宝碳全资子公司上海碳元基金管理公司成立于 2014 年 4 月 25 日，基金管理公司在募集、投资、管理、退出等主要环节中充分考虑了行业特点，在风险控制及信息披露等方面都进行了合法合规的完善设计。上海宝碳是一家专注于气候变化和低碳领域的领军型企业，致力于发展成为国内外领先的低碳综合服务商，推动中国的低碳发展和与国外的低碳交流。

2014 年 12 月 30 日，海通资管与上海宝碳新能源环保科技有限公司（简称"上海宝碳"）在上海环境能源交易所的帮助和推动下成立规模 2 亿元的专项投资基金——海通宝碳 1 号集合资产管理计划（简称"海通宝碳基金"）。海通宝碳基金是迄今为止国内最大规模的中国核证减排量（CCER）碳基金，其提升了碳资产价值，填补了碳金融空白，所具有的突破性和创新性对整个碳金融行业有着深远的意义和影响。海通宝碳基金由海通资管对外发行，海通新能源和上海宝碳作为投资人和管理者，对全国范围内的 CCER 进行投资。海通宝碳基金的成立有助于活跃碳市场，激发更多金融机构掀起碳市场的投资热情，加大资金对新能源和节能减排项目的支持力度，为全国碳市场的发展提供坚实基础。

三是嘉碳开元基金。深圳在 2014 年 6 月路演了我国国内首只私募碳基金——"嘉碳开元基金"，该基金的规模为 4 000 万元，运行期限为 3 年，认购起点为 50 万元，保守收益率为 28%，若以掉期方式换取配额并出售，按照配额价格 50 元/吨计算，乐观的收益率可达 45%。同时路演的还有"嘉碳开元平衡基金"这只私募碳基金产品，其规模为 1 000 万元，运行期限为 10 个月，以深圳、广东、湖北三个市场为投资对象，该基金的认购起点为

20万元，保守年化收益率为25.6%，乐观估计则为47.3%。上述两只基金的交易标的为碳配额和CCER。所谓碳配额，即为政府分配给各控排企业的，企业依法向大气排放一定数量二氧化碳等温室气体的权利，当企业实际排放量超出所得配额，超出部分需在碳交易市场上购买，支出超排放成本，反之，则可在市场上出售，获得减排收益，由此实现国家对温室气体排放的总量控制。CCER则是中国温室气体自愿减排量，由于采用了新能源或新技术带来节能减排效果的项目，经第三方机构认证，国家发改委签发产生，可用于抵扣控排企业的碳排放指标。

3. 其他基金

包括国家低碳产业基金、浙商诺海低碳基金、湖北节能创新（股权）投资基金（碳谷基金）、国龙碳汇基金等。

但2013年9月《21世纪经济报道》证实，我国通过CDM能在国际市场上交易的森林碳汇项目只有5个，市场上类似"国龙碳汇基金"的项目涉嫌做假，是典型的传销，简介中的"双轨"加"级差"是传销术语。中国科学院院士、中国绿色碳汇基金会碳汇研究院院长蒋有绪曾公开表示，由于人们对应对气候变化的国际活动以及国际碳贸易产生的背景和条件、碳市场的规则不清楚，目前社会上存在诸多对于林业碳汇的认识误区，这些误区被一些不法集资者利用并宣传扩大，形成投资陷阱。对于公众对碳汇林概念理解的偏差，蒋有绪将其归纳为三点：一是有些地方，只要造林都说成是碳汇林；二是有一些企业、组织或者个人为了达到某种目的而故意炒作碳汇林或者过分夸大碳汇林的经济收益；三是有的企业或个人到处动员造林企业或造林大户，把自己造的林地交给他们命名为碳汇林，并宣传可以高价卖出碳汇，获得高回报。

在我国，碳基金还存在发展无序的现象，这主要是因为目前相关法律未有效跟进、公众对碳排放权交易和碳基金的不熟悉给不法分子留下可乘之机。

四、碳保险产品

2007年由原国家环境保护总局和中国保险监督管理委员会联合发布的《关于环境污染责任保险工作的指导意见》开启了我国保险行业进入环境保护领域的里程碑。

2013 年 1 月，环保部和中国保监会联合发文，指导 15 个试点省份在涉及重金属企业、石油化工等高环境风险行业推行环境污染强制责任保险，首次提出了"强制"概念，但该文件现阶段仍属于"指导意见"。目前已有中国人民财产保险股份有限公司、中国平安保险（集团）股份有限公司和华泰财产保险股份有限公司等 10 余家保险企业推出环境污染责任保险产品。

2022 年 4 月证监会发布的《碳金融产品》（JR/T 0244—2022）中对碳保险给出了明确的定义，指出碳保险是为了规避减排项目开发过程中的风险，确保项目减排量按期足额交付的担保工具。碳保险可以被界定为与碳信用、碳配额交易直接相关的金融产品。

环境责任保险与一般责任保险的显著不同是它的技术要求高、赔偿责任大。每一个企业的生产地点、生产流程各不相同，经营环节、技术水平各有特点，对环境造成污染的可能性和污染的危害性都不一样。这就要求保险公司在承保时有专门通晓环保技术和知识的工作人员对每一个标的进行实地调查和评估，单独确定其保险费率。情况不同，每个保险标的适用的保险费率就可能千差万别。一次污染事故的发生，可能造成多个人身伤亡和财产损失，加上相关的罚款和清理费用，保险人承担的赔偿金额是很大的。单就罚款而言，虽然各国的标准不同，但对污染行为都不轻饶。为降低保险公司的风险，在设计保单时，保险公司一般要确定其承担的责任限额，有时也会要求被保险人共同承担赔偿金。在德国，环境责任保险对第三者人身伤亡和财产损害的责任最高限额都是 1.6 亿德国马克。

五、低碳理财产品

国外的低碳理财产品在银行的大力推动下得到了迅猛的发展，对于银行而言，不仅顺应时代潮流扩大了业务范围，而且能够提升企业形象，增强竞争力。

在低碳理财产品的开发方面，兴业银行再次走在国内银行的前列。2010 年，兴业银行联合北京环境交易所在京推出国内首张低碳主题认同信用卡——中国低碳信用卡，目前有风车版与绿叶版两种类型。低碳信用卡片具有以下特色：可降解，时尚又绿色；个人碳信用，溯源可查询；电子化账单，便捷且环保；国内首创信用卡碳减排量个人购买平台；特设"低碳乐活"购碳基金，倡导绿色刷卡理念。兴业银行还推出多项优惠策略，刺激支持低碳信用卡的发行，保障用户多项权益，促进节能减排。此后，中国光大银行、中国农业银行、中国银行也陆续模仿兴业银行推出了类似低碳概念的信用卡，推动了低碳消费理念与实践，取得了良好的社会效益。

2020 年 9 月，我国提出"力争 2030 年前实现碳达峰、2060 年前实现碳中和"的目标，以环境、社会和公司治理为主题的 ESG 理财投资成为了低碳理财产品的代表。新冠疫情期间，市场上传统金融产品普遍承受抛售压力，而具有低碳、绿色可持续发展理念的 ESG 理财产品逆势上扬，带来明显稳定的收益。

随着越来越多的投资者开始注意到 ESG 银行主题理财，ESG 投资产品的发行数量快速提升、发行规模大幅扩张、产品结构逐步衍生，参与发行 ESG 理财产品的机构不断增加，2021 年该类产品数量环比增长 66%，达到 73 款。

2022 年，随着可持续发展理念不断加强，叠加地缘政治、气候变化等多方面因素，投资者和机构更加注重挑选具有可持续发展的产品，银行 ESG 主题理财产品再次迎来新一轮的发展机遇，发行节奏明显加快。2022 年累计发行 ESG 主题理财产品 110 只，合计募集资金超 700 亿元。截至 2022 年年底，ESG 主题理财产品存续规模达 1 304 亿元，较年初增长 35.55%。其中：

（1）工银理财：坚持把绿色金融投资与助力低碳转型结合起来，扎实搭建 ESG 投研体系，目前绿色债券、绿色非标在工银理财信用债及非标投资中占比突破 50%，较年初增长 4.8%；

（2）建信理财：在绿色金融、ESG 领域业务规模快速增长。截至当年三季度末，公司在绿色金融领域投资规模达 407 亿元，ESG 产品规模达 161 亿元，绿色金融业务规模、增量、增速在集团中均名列前茅；

（3）农银理财：截至 2022 年年末，ESG 主题理财产品存续数量 43 只，规模达到 492.18 亿元。

（4）中邮理财：与德交所集团合作，在境内外联合发布"STOXX 中国邮政储蓄银行 A 股 ESG 指数"，布局 ESG 等主题相关产品。

（5）招银理财：主动引入具有 ESG 理念的理财产品，截至 2022 年年末，累计发行 3 只 ESG 主题类产品，存续规模 14.10 亿元。

（6）兴银理财：应用 ESG 投资理念，产品采用正面筛选与负面清单的 ESG 底层资产，报告期内 ESG 及绿色理财产品发行规模 957 亿元，同比增长 168%。

（7）信银理财：报告期内发行 9 只 ESG、绿色概念主题产品。截至报告期末，绿色主题理财产品存续 12 只，规模达 29.96 亿元。

（8）民生理财：持续推动产品创新，成功发行首只 ESG 主题的"贵竹固收增强低碳领先一年定开理财产品"。

（9）北银理财：践行 ESG 投资理念，北银理财发行"碳中和"主题理财产品，推出"中债—北银理财绿色发展风险平价指数"。

截至 2023 年 5 月 28 日，ESG 银行理财产品存续产品共 202 只（另有 14 只待成立，48 只已终止）。除未披露规模产品外，ESG 银行理财产品的产品净值总规模达到人民币 1 526.90 亿元，其中规模超过人民币 10 亿元的产品有 37 只，占比 18.3%；超过 29.7% 的产品资产规模大于人民币 5 亿元（见图 8-1）。

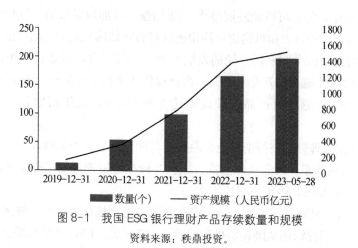

图 8-1　我国 ESG 银行理财产品存续数量和规模

资料来源：秩鼎投资。

银行理财的净值化转型之后，近两年 ESG 及绿色主题理财产品发行升温，一方面显示出银行理财在产品创新能力上不断加强，希望通过此类产品构建自身业务特色；另一方面也反映出投资者对具有稳定长期收益的固收类 ESG 主题产品的认同。

六、碳债券

碳债券是指政府、企业为筹集低碳经济项目资金而向投资者发行的、承诺在一定时期支付利息和到期还本的债务凭证，其核心特点是将低碳项目的 CDM 收入与债券利率水平挂钩。碳债券根据发行主体可以分为碳国债和碳企业债券。

碳债券可以分为三种类型：一为气候项目直接融资（项目债券、市政收益债券）；二为气候项目再融资（项目债券、资产支持债券），对新融资有一定替代；三是通过发行人整体资产负债表支持的债券进行间接融资或再融资用于绿色领域（包括主权债券、公司债券、一般市政债券和金融机构债券等）。

碳债券出现的时间比碳排放权质押贷款更早，但由于针对节能项目发行的碳债券存在开发周期长、成本较高、资金回报慢等多种问题，使得发行难度比较大，所以目前市碳债券面上流通的碳债券都是由实力比较雄厚企业发行的，对中小企业而言门槛太高，所以目前的发展并不尽如人意。

我国的第一只碳债券在 2014 年 5 月由中广核风电有限公司在银行间交易商市场发行，总金额 10 亿元，发行期限为 5 年，主承销商为浦发银行和国开行。该债券利率由固定利率与浮动利率两部分组成，其中浮动利率部分与发行人下属 5 家风电项目公司在债券存续期内实现的碳（CCER）交易收益正向关联，浮动利率的区间设定为 5 bp 到 20 bp。

七、其他

随着我国碳市场交易日益活跃，2015 年以来碳金融产品的创新加速，碳互换、碳远期产品都有了新的突破，甚至带有互联网金融思维的众筹也被首次引入碳减排行动中。尽管目前仅是个案，但能够带来良好的示范和社会影响。

（一）碳互换和碳远期

2015 年 6 月 15 日，中信证券股份有限公司、北京京能源创碳资产管理有限公司以"非标准化书面合同"形式开展掉期交易，并委托北京环境交易所负责保证金监管与合约清算，成为我国首笔碳排放权场外掉期合约交易，交易量为 1 万吨。

2015 年 8 月 27 日，我国第一笔担保型 CCER 远期合约在京签署，此次合约的标的项目是山西某新能源项目，预计每年产生减排量 30 万吨，为非标准化合约。而此次担保型 CCER 远期合约买方为中碳能投，该买家此前曾在北京完成第一笔履约 CCER 交易；卖家为山西某新能源公司；此合约中引入了第三方担保方——易碳家，其通过持有的线上碳交易撮合平台整合的千万吨级的碳资源为该合约提供担保，保证该笔 CCER 量能够在履约期前及时签发与交付。此次担保交易为易碳家的创新产品"碳保宝"，属于首次应用，该交易通过引入担保方降低交付环节的不确定性，为交易双方有效降低了风险。

（二）众筹

2015 年 7 月 24 日，我国首个基于中国核证减排量（CCER）的碳众筹项目——"红安县农村户用沼气 CCER 开发项目"在湖北碳排放权交易中心正式发布，项目用时 5 分钟完成众筹，筹集资金 20 万元。项目发起人是汉能碳资产管理（北京）股份有限公司，项目在武汉火焰高众筹网站上发布，众筹的资金将用于支付开发红安县减排量所产生的各项费用支出。资助这一项目的投资人，可根据投资金额的不同获得荣誉证书、项目 CCER 减排量、红安县革命红色之旅等回报。该项目资金将用于红安当地 11 740 户户用沼气池的 CCER 项目开发，计划开发 CCER 23 万吨，预计通过湖北碳市场交易实现当地农民增收 300 万元。众筹作为互联网金融的模式之一，被引入 CCER 项目开发，通过碳市场与众筹模式的结合，在获得良好的环境效应的同时，还能够让更多的机构、更多的人参与到环保中来，扩大影响，可谓一举多得。

第四节　金融支持碳排放权交易市场的政策建议

一、我国碳金融发展的未来展望

全国碳市场的碳金融产品种类有望增加。目前全国碳市场主要为现货交易，而各个试点碳市场除现货交易外，有更多衍生类碳金融产品。如湖北、上海和广东碳市场的碳远期产品（见表 8-6），北京碳市场发展的碳互换业务以及广州期货交易所积极研发的碳期货产品。多样化的碳金融产品的出现，有助于市场交易主体多样化交易需求的满足，也有利于市场交易活跃度的提升。

表 8-6　碳远期产品情况

产品名称	上海碳配额远期合约	湖北碳配额远期合约	广东碳配额远期交易
清算方式	中央对手方（上海清算所）	双边清算	双边清算
是否标准化/合约是否可转让	是（可转让）	是（可转让）	否（不可转让）
标的资产	上海碳排放配额（SHEA）	湖北省碳排放配额（HBEA）	广东省碳排放配额（GDEA）；CCER
适用规则	《上海碳配额远期业务规权现货远期交易规则》、上海清算所《大宗商品衍生品中央对手清算业务指南》	《湖北碳排放权交易中心碳排放权现货远期交易规则》《湖北碳排放权交易中心碳排放权现货远期交易结算细则》《湖北碳排放权交易中心碳排放权现货远期交易履约细则》	《广州碳排放权交易中心远期交易业务指引》

资料来源：苏萌、席索迪，《中国碳衍生品市场观察及〈期货和衍生品法〉对碳衍生品市场的影响》，金杜研究院，2022 年 7 月。

二、辩证看待碳市场金融化的机遇和风险

目前，中国碳交易市场尚处于发展的初期阶段，碳市场以现货交易为主，产品和服务创新性不足，金融化程度有待提高。例如，部分试点市场联合金融机构推出了包括碳衍生品的碳金融产品，但交易范围和规模都较小，主要有抵/质押融资、碳金融结构性存款、附加碳收益的绿色债券、低碳信用卡等。

相比之下，欧盟、美国等碳交易市场在建设之初就是现货期货一体化市场。欧盟碳市场早在 2005 年就推出了与碳排放配额挂钩的碳期货产品，截至 2020 年年底，期货交易占欧盟碳市场交易总量的 90% 以上，使欧盟碳市场的流动性得到有效提高。此外，由于欧盟碳市场的主体不仅包括控排企业，还有众多的商业银行、投资银行等金融机构，以及政府主导的碳基金、私募股权投资基金等各种机构投资者，其碳金融产品和服务的设计创新发展快速。如荷兰银行等一些金融机构从事碳交易中介业务，提供融资担保、购

碳代理、碳交易咨询等。

尽管相较传统金融市场，我国碳金融市场的相关配套制度、平台和机制建设尚不完善，在运行过程中会面临更多的问题和不确定性，但差距也预示着巨大的发展机遇与发展空间，存在明显的后发优势。

同时，碳市场金融化有利于发挥碳市场在价格发现、引导预期等方面的作用，但也可能引发金融风险。碳金融市场的发展高度依赖碳市场发展的成熟程度和政策、制度的约束力。因此，要辩证看待碳市场金融化过程中的机遇和风险，在按照金融市场发展规律建设碳交易市场的同时，格外重视对碳金融风险的识别和防范，引导碳金融业务和产品稳健有序发展，防范潜在的金融风险。

（一）注重防范碳金融政策风险

碳金融市场依托相关政策而建立，配额分配、履约规则、项目审批、减排量审核等相关政策的变动，都会引发相应的碳金融市场政策风险。并且，这一类风险的全局性、外生性特征显著，会对碳金融市场产生非常直接和迅速的影响。

碳金融政策风险，主要包括两个方面。一是由于政策不连续造成的市场波动。碳金融市场的基础交易标的是碳排放权，其稀缺性直接受碳减排政策强度的影响。只有在相关政策和法律法规连续且具有约束力的情况下，才能保障市场的稳定。反之，市场的稳定性则会受到冲击。例如，2016 年，上海试点碳交易市场在第一阶段试点期临近结束时，未及时出台明确的配额结转政策，引发市场预期恐慌，导致上海试点碳交易市场的碳配额价格在 4 个月内跌至 5 元/吨，直到配额结转相关文件正式发布才止跌回升。二是由于减排项目审批和减排量核证的相关政策变动引发的风险。碳减排项目普遍具有投资规模大、回收周期长的特征，项目生命周期中各个环节相关政策的不合理变动都会对市场预期造成负面影响，并降低项目的回报率。

（二）注重防范碳金融相关的信用风险

信用风险是金融市场中重要的非系统性风险之一。碳金融的信用风险包括两类。一是因政策变动、自然灾害等不可抗力导致的碳资产或项目整体价值波动而引发的信用风险。此类风险在防范上存在一定难度，但可以借助技术手段及时识别并采取止损措施。二是因交易对手方的"逆向选择"和"道德风险"造成的信用风险。由于信息披露机制尚不健全，碳金融市场的信息不对称现象显著，相较传统金融市场，更容易产生"逆向选择"和"道德风险"。

例如，由于缺乏相关绿色评价标准和信息披露数据，在商业银行投放绿色信贷的过程中，部分减排技术较差的企业反而可能更容易获得信贷资金；此外，部分"洗绿""漂绿"的企业在获得绿色信贷资金支持后，存在偏离资金既定用途的行为。2010年，欧盟碳交易市场爆出的"旋木欺诈"丑闻，就是一宗典型的由于信息不对称和监管缺位造成的碳金融信用风险。此类由于信息不对称造成的信用风险识别难度较高，需要在交易全流程中加大监测监管和违法处置力度。

（三）注重防范碳金融相关的操作风险

操作风险也是碳金融市场需要防范的一项重要风险，主要由违规操作引发，包括操纵市场、内幕交易等违法违规行为和技术层面的系统漏洞风险。一是部分不法交易商或个人利用自身资金、信息优势操纵碳金融市场的风险。碳金融相关项目的信息不对称现象显著，普通投资者难以获得充分的项目信息，容易受到别有用心的交易经纪服务商或交易平台的诱导，做出非理性投资决定。二是内幕知情人违反规定进行内幕交易的风险。由于碳金融相关信息披露机制尚不健全，内幕知情人更容易以不正当手段获取内幕信息，违反相关规定泄露企业的核查、交易、资产组成、技术设备等信息，谋取不法利益。三是碳市场注册登记系统的系统漏洞导致的技术风险。碳配额是一种虚拟化的无形电子凭证，记录于各碳交易市场的注册登记系统中。相较传统金融市场，还存在因系统漏洞导致的配额盗窃或因人为操作失误造成的重复分配等问题。

例如，由于互联网技术安全漏洞，2010年罗马尼亚的碳交易注册登记系统账户被盗，丢失160万吨欧盟碳排放配额（EUA）；2011年，部分欧盟国家的碳交易注册登记系统遭到黑客入侵，约有300万吨EUA被盗窃，造成了近5 000万欧元的经济损失。这些操作风险不仅严重影响了碳市场的稳定运行，而且对投资者的信心造成打击。

三、促进我国碳金融发展的措施建议

虽然碳金融在我国处于稳步发展的状态，但依然处于相对初级的阶段，需要进一步完善制度规则，创新更多的产品，同时需要政策端和市场端不断配合，形成最适合中国碳市场、碳金融发展的现代化机制。

（一）明确碳市场金融属性，提高碳市场定价的有效性

只有对碳排放合理定价，才能引导资源有效配置，充分发挥碳市场的减排作用。处在初级发展阶段的碳市场往往存在碳市场定价有效性不足的问题。造成这一问题的主要原因在于碳市场的金融属性不足。从国际经验来看，成熟的碳市场需要普遍具有较强的金融属性。随着中国碳交易市场的不断发展，市场参与主体对价格发现、期限转换、风险管理等需求将更加强烈，碳市场的金融属性将被充分激活。因此，在当前全国性碳市场建设的关键时期，需要明确碳市场金融属性，将碳配额列为金融工具，将碳配额现货、衍生品及其他碳金融产品均纳入金融监管，鼓励更多的金融机构参与碳市场交易，提高碳市场的价格发现能力和市场有效性。

（二）防范碳金融的潜在风险，保障碳市场的稳定发展

在碳达峰、碳中和目标的导向下，中国碳金融市场发展需求迫切。据初步估计，未来碳市场的现货交易金额约为每年 50 亿元到 150 亿元，如果加上期货，交易金额可能达到 6 000 亿元。但是，从国际经验和国内实践来看，碳市场金融化潜在的金融风险不容忽视。中国碳市场的金融化发展需结合自身国情，避免因生搬硬套国际经验而造成金融风险。目前中国碳市场发展尚不成熟，碳金融相关的监管制度和法律法规体系有待完善。因此，需要引导金融机构和投资者正确认识碳金融的机遇和风险，稳健有序地开发开展碳金融业务和产品，防范相关的金融风险。一是加强碳市场的顶层设计，建立健全碳金融监管体制；二是完善碳市场监管框架，明确各部门的职责分工；三是推进碳金融相关法律法规建设，为有效防范碳金融风险提供法律保障；四是鼓励金融机构在积极参与碳金融活动的同时，强化金融机构应对气候风险的意识和能力，保障碳市场的健康稳定发展。

（三）探索碳金融中介服务创新，发挥商业银行的助力作用

在全球碳市场快速发展的背景下，一方面碳金融相关产品和服务需求增大，另一方面碳金融市场信息不对称和风险监管问题也不容忽视。商业银行是营业网络最广泛、联通行业最齐全的金融机构，在信息、人才和信誉等方

面都具有明显优势，能够发挥重要的金融中介作用，推动碳金融市场健康高效发展。未来，商业银行应积极探索创新碳金融中介服务，为碳金融市场的发展提供助力。例如，商业银行可通过出具保函为跨国、跨区域碳交易提供担保增信服务；为碳基金提供托管业务；为减排项目各环节提供咨询服务等。

（四）设立碳减排货币政策工具，发挥货币政策调节作用

从国际经验来看，发达国家碳市场在发展过程中，通过不断创新金融产品和服务，提高碳市场的金融化程度，有利于保障碳市场的有效性和流动性。

2020 年 7 月 7 日国务院常务会议决定，设立碳减排货币政策工具，通过这种稳步有序、准确直接的方式支持碳减排，充分发挥社会资金的杠杆作用达到促进节能减排的效果。随着碳减排支持工具的推出，其政策示范效应势必对碳排放权交易产生积极影响，引导金融机构和企业更深刻地认识绿色转型、低碳节能的重要意义，激发社会资金向绿色低碳领域流动的热情。

附　录

 **《温室气体自愿减排交易**
管理办法(试行)》

《温室气体自愿减排交易管理办法（试行）》已于 2023 年 9 月 15 日由生态环境部 2023 年第三次部务会议审议通过，并经国家市场监督管理总局同意，现予公布，自公布之日起施行。

生态环境部部长　黄润秋
市场监管总局局长　罗文
2023 年 10 月 19 日

温室气体自愿减排交易管理办法（试行）

第一章　总　则

第一条　为了推动实现我国碳达峰碳中和目标，控制和减少人为活动产生的温室气体排放，鼓励温室气体自愿减排行为，规范全国温室气体自愿减排交易及相关活动，根据党中央、国务院关于建设全国温室气体自愿减排交易市场的决策部署以及相关法律法规，制定本办法。

第二条　全国温室气体自愿减排交易及相关活动的监督管理，适用本办法。

第三条　全国温室气体自愿减排交易及相关活动应当坚持市场导向，遵循公平、公正、公开、诚信和自愿的原则。

第四条　中华人民共和国境内依法成立的法人和其他组织，可以依照本办法开展温室气体自愿减排活动，申请温室气体自愿减排项目和减排量的登记。

符合国家有关规定的法人、其他组织和自然人，可以依照本办法参与温室气体自愿减排交易。

第五条　生态环境部按照国家有关规定建设全国温室气体自愿减排交易市场，负责制定全国温室气体自愿减排交易及相关活动的管理要求和技术规范，并对全国温室气体自愿减排交易及相关活动进行监督管理和指导。

省级生态环境主管部门负责对本行政区域内温室气体自愿减排交易及相关活动进行监督管理。

设区的市级生态环境主管部门配合省级生态环境主管部门对本行政区域内温室气体自愿减排交易及相关活动实施监督管理。

市场监管部门、生态环境主管部门根据职责分工，对从事温室气体自愿减排项目审定与减排量核查的机构（以下简称审定与核查机构）及其审定与核查活动进行监督管理。

第六条　生态环境部按照国家有关规定，组织建立统一的全国温室气体自愿减排注册登记机构（以下简称注册登记机构），组织建设全国温室气体自愿减排注册登记系统（以下简称注册登记系统）。

注册登记机构负责注册登记系统的运行和管理，通过该系统受理温室气体自愿减排项目和减排量的登记、注销申请，记录温室气体自愿减排项目相关信息和核证自愿减排量的登记、持有、变更、注销等信息。注册登记系统记录的信息是判断核证自愿减排量归属和状态的最终依据。

注册登记机构可以按照国家有关规定，制定温室气体自愿减排项目和减排量登记的具体业务规则，并报生态环境部备案。

第七条　生态环境部按照国家有关规定，组织建立统一的全国温室气体自愿减排交易机构（以下简称交易机构），组织建设全国温室气体自愿减排交易系统（以下简称交易系统）。

交易机构负责交易系统的运行和管理，提供核证自愿减排量的集中统一交易与结算服务。

交易机构应当按照国家有关规定采取有效措施，维护市场健康发展，防止过度投机，防范金融等方面的风险。

交易机构可以按照国家有关规定，制定核证自愿减排量交易的具体业务规则，并报生态环境部备案。

第八条　生态环境部负责组织制定并发布温室气体自愿减排项目方法学（以下简称项目方法学）等技术规范，作为相关领域自愿减排项目审定、实施与减排量核算、核查的依据。

项目方法学应当规定适用条件、减排量核算方法、监测方法、项目审定与减排量核查要求等内容，并明确可申请项目减排量登记的时间期限。

项目方法学应当根据经济社会发展、产业结构调整、行业发展阶段、应对气候变化政策等因素及时修订，条件成熟时纳入国家标准体系。

第二章　项目审定与登记

第九条　申请登记的温室气体自愿减排项目应当有利于降碳增汇，能够避免、减少温室气体排放，或者实现温室气体的清除。

第十条　申请登记的温室气体自愿减排项目应当具备下列条件：

（一）具备真实性、唯一性和额外性；

（二）属于生态环境部发布的项目方法学支持领域；

（三）于 2012 年 11 月 8 日之后开工建设；

（四）符合生态环境部规定的其他条件。

属于法律法规、国家政策规定有温室气体减排义务的项目，或者纳入全国和地方碳排放权交易市场配额管理的项目，不得申请温室气体自愿减排项目登记。

第十一条　申请温室气体自愿减排项目登记的法人或者其他组织（以下简称项目业主）应当按照项目方法学等相关技术规范要求编制项目设计文件，并委托审定与核查机构对项目进行审定。

项目设计文件所涉数据和信息的原始记录、管理台账应当在该项目最后一期减排量登记后至少保存十年。

第十二条　项目业主申请温室气体自愿减排项目登记前，应当通过注册登记系统公示项目设计文件，并对公示材料的真实性、完整性和有效性负责。

项目业主公示项目设计文件时，应当同步公示其所委托的审定与核查机构的名称。

项目设计文件公示期为二十个工作日。公示期间，公众可以通过注册登记系统提出意见。

第十三条　审定与核查机构应当按照国家有关规定对申请登记的温室气体自愿减排项目的以下事项进行审定，并出具项目审定报告，上传至注册登记系统，同时向社会公开：

（一）是否符合相关法律法规、国家政策；

（二）是否属于生态环境部发布的项目方法学支持领域；

（三）项目方法学的选择和使用是否得当；

（四）是否具备真实性、唯一性和额外性；

（五）是否符合可持续发展要求，是否对可持续发展各方面产生不利影响。

项目审定报告应当包括肯定或者否定的项目审定结论，以及项目业主对公示期间收到的公众意见处理情况的说明。

审定与核查机构应当对项目审定报告的合规性、真实性、准确性负责，并在项目审定报告中作出承诺。

第十四条　审定与核查机构出具项目审定报告后，项目业主可以向注册登记机构申请温室气体自愿减排项目登记。

项目业主申请温室气体自愿减排项目登记时，应当通过注册登记系统提交项目申请表和审定与核查机构上传的项目设计文件、项目审定报告，并附具对项目唯一性以及所提供材料真实性、完整性和有效性负责的承诺书。

第十五条　注册登记机构对项目业主提交材料的完整性、规范性进行审核，在收到申请材料之日起十五个工作日内对审核通过的温室气体自愿减排项目进行登记，并向社会公开项目登记情况以及项目业主提交的全部材料；申请材料不完整、不规范的，不予登记，并告知项目业主。

第十六条　已登记的温室气体自愿减排项目出现项目业主主体灭失、项目不复存续等情形的，注册登记机构调查核实后，对已登记的项目进行注销。

项目业主可以自愿向注册登记机构申请对已登记的温室气体自愿减排项目进行注销。

温室气体自愿减排项目注销情况应当通过注册登记系统向社会公开；注销后的项目不得再次申请登记。

第三章　减排量核查与登记

第十七条　经注册登记机构登记的温室气体自愿减排项目可以申请项目减排量登记。申请登记的项目减排量应当可测量、可追溯、可核查，并具备下列条件：

（一）符合保守性原则；

（二）符合生态环境部发布的项目方法学；

（三）产生于 2020 年 9 月 22 日之后；

（四）在可申请项目减排量登记的时间期限内；

（五）符合生态环境部规定的其他条件。

　　项目业主可以分期申请项目减排量登记。每期申请登记的项目减排量的产生时间应当在其申请登记之日前五年以内。

　　第十八条　项目业主申请项目减排量登记的，应当按照项目方法学等相关技术规范要求编制减排量核算报告，并委托审定与核查机构对减排量进行核查。项目业主不得委托负责项目审定的审定与核查机构开展该项目的减排量核查。

　　减排量核算报告所涉数据和信息的原始记录、管理台账应当在该温室气体自愿减排项目最后一期减排量登记后至少保存十年。

　　项目业主应当加强对温室气体自愿减排项目实施情况的日常监测。鼓励项目业主采用信息化、智能化措施加强数据管理。

　　第十九条　项目业主申请项目减排量登记前，应当通过注册登记系统公示减排量核算报告，并对公示材料的真实性、完整性和有效性负责。

　　项目业主公示减排量核算报告时，应当同步公示其所委托的审定与核查机构的名称。

　　减排量核算报告公示期为二十个工作日。公示期间，公众可以通过注册登记系统提出意见。

　　第二十条　审定与核查机构应当按照国家有关规定对减排量核算报告的下列事项进行核查，并出具减排量核报告，上传至注册登记系统，同时向社会公开：

　　（一）是否符合项目方法学等相关技术规范要求；

　　（二）项目是否按照项目设计文件实施；

　　（三）减排量核算是否符合保守性原则。

　　减排量核查报告应当确定经核查的减排量，并说明项目业主对公示期间收到的公众意见处理情况。

　　审定与核查机构应当对减排量核查报告的合规性、真实性、准确性负责，并在减排量核查报告中作出承诺。

　　第二十一条　审定与核查机构出具减排量核查报告后，项目业主可以向注册登记机构申请项目减排量登记；申请登记的项目减排量应当与减排量核查报告确定的减排量一致。

　　项目业主申请项目减排量登记时，应当通过注册登记系统提交项目减排量申请表和审定与核查机构上传的减排量核算报告、减排量核查报告，并附具对减排量核算报告真实性、完整性和有效性负责的承诺书。

第二十二条 注册登记机构对项目业主提交材料的完整性、规范性进行审核，在收到申请材料之日起十五个工作日内对审核通过的项目减排量进行登记，并向社会公开减排量登记情况以及项目业主提交的全部材料；申请材料不完整、不规范的，不予登记，并告知项目业主。

经登记的项目减排量称为"核证自愿减排量"，单位以"吨二氧化碳当量（tCO_2e）"计。

第四章 减排量交易

第二十三条 全国温室气体自愿减排交易市场的交易产品为核证自愿减排量。生态环境部可以根据国家有关规定适时增加其他交易产品。

第二十四条 从事核证自愿减排量交易的交易主体，应当在注册登记系统和交易系统开设账户。

第二十五条 核证自愿减排量的交易应当通过交易系统进行。

核证自愿减排量交易可以采取挂牌协议、大宗协议、单向竞价及其他符合规定的交易方式。

第二十六条 注册登记机构根据交易机构提供的成交结果，通过注册登记系统为交易主体及时变更核证自愿减排量的持有数量和持有状态等相关信息。

注册登记机构和交易机构应当按照国家有关规定，实现系统间数据及时、准确、安全交换。

第二十七条 交易主体违反关于核证自愿减排量登记、结算或者交易相关规定的，注册登记机构和交易机构可以按照国家有关规定，对其采取限制交易措施。

第二十八条 核证自愿减排量按照国家有关规定用于抵销全国碳排放权交易市场和地方碳排放权交易市场碳排放配额清缴、大型活动碳中和、抵销企业温室气体排放等用途的，应当在注册登记系统中予以注销。

鼓励参与主体为了公益目的，自愿注销其所持有的核证自愿减排量。

第二十九条 核证自愿减排量跨境交易和使用的具体规定，由生态环境部会同有关部门另行制定。

第五章 审定与核查机构管理

第三十条 审定与核查机构纳入认证机构管理，应当按照《中华人民共和国认证认可条例》《认证机构管理办法》等关于认证机构的规定，公正、独立和有效地从事审定与核查活动。

审定与核查机构应当具备与从事审定与核查活动相适应的技术和管理能力，并且符合以下条件：

（一）具备开展审定与核查活动相配套的固定办公场所和必要的设施；

（二）具备十名以上相应领域具有审定与核查能力的专职人员，其中至少有五名人员具有二年及以上温室气体排放审定与核查工作经历；

（三）建立完善的审定与核查活动管理制度；

（四）具备开展审定与核查活动所需的稳定的财务支持，建立与业务风险相适应的风险基金或者保险，有应对风险的能力；

（五）符合审定与核查机构相关标准要求；

（六）近五年无严重失信记录。

开展审定与核查机构审批时，市场监管总局会同生态环境部根据工作需要制定并公布审定与核查机构需求信息，组织相关领域专家组成专家评审委员会，对审批申请进行评审，经审核并征求生态环境部同意后，按照资源合理利用、公平竞争和便利、有效的原则，作出是否批准的决定。

审定与核查机构在获得批准后，方可进行相关审定与核查活动。

第三十一条　审定与核查机构应当遵守法律法规和市场监管总局、生态环境部发布的相关规定，在批准的业务范围内开展相关活动，保证审定与核查活动过程的完整、客观、真实，并做出完整记录，归档留存，确保审定与核查过程和结果具有可追溯性。鼓励审定与核查机构获得认可。

审定与核查机构应当加强行业自律。审定与核查机构及其工作人员应当对其出具的审定报告与核查报告的合规性、真实性、准确性负责，不得弄虚作假，不得泄露项目业主的商业秘密。

第三十二条　审定与核查机构应当每年向市场监管总局和生态环境部提交工作报告，并对报告内容的真实性负责。

审定与核查机构提交的工作报告应当对审定与核查机构遵守项目审定与减排量核查法律法规和技术规范的情况、从事审定与核查活动的情况、从业人员的工作情况等作出说明。

第三十三条　市场监管总局、生态环境部共同组建审定与核查技术委员会，协调解决审定与核查有关技术问题，研究提出相关工作建议，提升审定与核查活动的一致性、科学性和合理性，为审定与核查活动监督管理提供技术支撑。

第六章　监督管理

第三十四条　生态环境部负责指导督促地方对温室气体自愿减排交易及相关活动开展监督检查，查处具有典型意义和重大社会影响的违法行为。

省级生态环境主管部门可以会同有关部门，对已登记的温室气体自愿减排项目与核证自愿减排量的真实性、合规性组织开展监督检查，受理对本行政区域内温室气体自愿减排项目提出的公众举报，查处违法行为。

设区的市级生态环境主管部门按照省级生态环境主管部门的统一部署配合开展现场检查。

省级以上生态环境主管部门可以通过政府购买服务等方式，委托依法成立的技术服务机构提供监督检查方面的技术支撑。

第三十五条　市场监管部门依照法律法规和相关规定，对审定与核查活动实施日常监督检查，查处违法行为。结合随机抽查、行政处罚、投诉举报、严重失信名单以及大数据分析等信息，对审定与核查机构实行分类监管。

生态环境主管部门与市场监管部门建立信息共享与协调工作机制。对于监督检查过程中发现的审定与核查活动问题线索，生态环境主管部门应当及时向市场监管部门移交。

第三十六条　生态环境主管部门对项目业主进行监督检查时，可以采取下列措施：

（一）要求被检查单位提供有关资料，查阅、复制相关信息；

（二）进入被检查单位的生产、经营、储存等场所进行调查；

（三）询问被检查单位负责人或者其他有关人员；

（四）要求被检查单位就执行本办法规定的有关情况作出说明。

被检查单位应当予以配合，如实反映情况，提供必要资料，不得拒绝和阻挠。

第三十七条　生态环境主管部门、市场监管部门、注册登记机构、交易机构、审定与核查机构及其相关工作人员应当忠于职守、依法办事、公正廉洁，不得利用职务便利牟取不正当利益，不得参与核证自愿减排量交易以及其他可能影响审定与核查公正性的活动。

审定与核查机构不得接受任何可能对审定与核查活动的客观公正产生影

响的资助，不得从事可能对审定与核查活动的客观公正产生影响的开发、营销、咨询等活动，不得与委托的项目业主存在资产、管理方面的利益关系，不得为项目业主编制项目设计文件和减排量核算报告。

交易主体不得通过欺诈、相互串通、散布虚假信息等方式操纵或者扰乱全国温室气体自愿减排交易市场。

第三十八条　注册登记机构和交易机构应当保证注册登记系统和交易系统安全稳定可靠运行，并定期向生态环境部报告全国温室气体自愿减排登记、交易相关活动和机构运行情况，及时报告对温室气体自愿减排交易市场有重大影响的相关事项。相关内容可以抄送省级生态环境主管部门。

第三十九条　注册登记机构和交易机构应当对已登记的温室气体自愿减排项目建立项目档案，记录、留存相关信息。

第四十条　市场监管部门、生态环境主管部门应当依法加强信用监督管理，将相关行政处罚信息纳入国家企业信用信息公示系统。

第四十一条　鼓励公众、新闻媒体等对温室气体自愿减排交易及相关活动进行监督。任何单位和个人都有权举报温室气体自愿减排交易及相关活动中的弄虚作假等违法行为。

第七章　罚　则

第四十二条　违反本办法规定，拒不接受或者阻挠监督检查，或者在接受监督检查时弄虚作假的，由实施监督检查的生态环境主管部门或者市场监管部门责令改正，可以处一万元以上十万元以下的罚款。

第四十三条　项目业主在申请温室气体自愿减排项目或者减排量登记时提供虚假材料的，由省级以上生态环境主管部门责令改正，处一万元以上十万元以下的罚款；存在篡改、伪造数据等故意弄虚作假行为的，省级以上生态环境主管部门还应当通知注册登记机构撤销项目登记，三年内不再受理该项目业主提交的温室气体自愿减排项目和减排量登记申请。

项目业主因实施前款规定的弄虚作假行为取得虚假核证自愿减排量的，由省级以上生态环境主管部门通知注册登记机构和交易机构对该项目业主持有的核证自愿减排量暂停交易，责令项目业主注销与虚假部分同等数量的减排量；逾期未按要求注销的，由省级以上生态环境主管部门通知注册登记机构强制注销，对不足部分责令退回，处五万元以上十万元以下的罚款，不再受理该项目业主提交的温室气体自愿减排量项目和减排量申请。

第四十四条　审定与核查机构有下列行为之一的，由实施监督检查的市场监管部门依照《中华人民共和国认证认可条例》责令改正，处五万元以上二十万元以下的罚款，有违法所得的，没收违法所得；情节严重的，责令停业整顿，直至撤销批准文件，并予公布：

（一）超出批准的业务范围开展审定与核查活动的；

（二）增加、减少、遗漏审定与核查基本规范、规则规定的程序的。

审定与核查机构出具虚假报告，或者出具报告的结论严重失实的，由市场监管部门依照《中华人民共和国认证认可条例》撤销批准文件，并予公布；对直接负责的主管人员和负有直接责任的审定与核查人员，撤销其执业资格。

审定与核查机构接受可能对审定与核查活动的客观公正产生影响的资助，或者从事可能对审定与核查活动的客观公正产生影响的产品开发、营销等活动，或者与项目业主存在资产、管理方面的利益关系的，由市场监管部门依照《中华人民共和国认证认可条例》责令停业整顿；情节严重的，撤销批准文件，并予公布；有违法所得的，没收违法所得。

第四十五条　交易主体违反本办法规定，操纵或者扰乱全国温室气体自愿减排交易市场的，由生态环境部给予通报批评，并处一万元以上十万元以下的罚款。

第四十六条　生态环境主管部门、市场监管部门、注册登记机构、交易机构的相关工作人员有滥用职权、玩忽职守、徇私舞弊行为的，由其所属单位或者上级行政机关责令改正并依法予以处分。

前述单位相关工作人员有泄露有关商业秘密或者其他构成违反国家交易监督管理规定行为的，依照其他有关法律法规的规定处理。

第四十七条　违反本办法规定，涉嫌构成犯罪的，依法移送司法机关。

第八章　附　则

第四十八条　本办法中下列用语的含义：

温室气体，是指大气中吸收和重新放出红外辐射的自然和人为的气态成分，包括二氧化碳（CO_2）、甲烷（CH_4）、氧化亚氮（N_2O）、氢氟碳化物（HFCs）、全氟化碳（PFCs）、六氟化硫（SF_6）和三氟化氮（NF_3）。

审定与核查机构，是指依法设立，从事温室气体自愿减排项目审定或者温室气体自愿减排项目减排量核查活动的合格评定机构。

唯一性，是指项目未参与其他温室气体减排交易机制，不存在项目重复认定或者减排量重复计算的情形。

额外性，是指作为温室气体自愿减排项目实施时，与能够提供同等产品和服务的其他替代方案相比，在内部收益率财务指标等方面不是最佳选择，存在融资、关键技术等方面的障碍，但是作为自愿减排项目实施有助于克服上述障碍，并且相较于相关项目方法学确定的基准线情景，具有额外的减排效果，即项目的温室气体排放量低于基准线排放量，或者温室气体清除量高于基准线清除量。

保守性，是指在温室气体自愿减排项目减排量核算或者核查过程中，如果缺少有效的技术手段或者技术规范要求，存在一定的不确定性，难以对相关参数、技术路径进行精准判断时，应当采用保守方式进行估计、取值等，确保项目减排量不被过高计算。

第四十九条 2017 年 3 月 14 日前获得国家应对气候变化主管部门备案的温室气体自愿减排项目应当按照本办法规定，重新申请项目登记；已获得备案的减排量可以按照国家有关规定继续使用。

第五十条 本办法由生态环境部、市场监管总局在各自的职责范围内解释。

第五十一条 本办法自公布之日起施行。

 **《湖北碳排放权交易中心**
碳排放权交易规则》

第一章 总 则

第一条 为控制温室气体排放，促进低碳发展，规范碳排放权交易行为，维护市场正常秩序，保护市场参与人合法权益，根据《温室气体自愿减排交易管理暂行办法》《湖北省碳排放权管理和交易暂行办法》等法律、行政法规，制定本规则。

第二条 湖北碳排放权交易中心（以下简称"本中心"）碳排放权交易遵循公开、公平、公正和诚实信用的原则。

第三条 市场参与人应遵守本规则及相关细则。

第二章　交易标的物种类及交易时间

第四条　在本中心交易的标的物为：

（一）湖北省温室气体排放分配配额（Hubei Emission Allowances，以下简称 HBEA）；

（二）经国家自愿减排交易登记簿登记备案的中国核证自愿减排量（Chinese Certified Emission Reduction，以下简称 CCER）；

（三）经主管部门认定的其他交易品种。

第五条　本中心交易的标的物采用单个计量单位独立交易，计量单位为"吨二氧化碳当量（tCO_2e）"。每单位标的物为 1 吨二氧化碳当量的碳排放权或自愿减排量。市场参与人可以同时买卖一个或多个标的物。报价单位为元（人民币）/吨，价格最小变动单位为 0.01 元/吨。

第六条　本中心交易时间为每周周一至周五 9：30—11：30，13：00—15：00；国家法定节假日和本中心公告的休息日不进行交易。交易时间内因故停止交易的，交易时间不作顺延。根据市场情况，本中心有权调整交易时间。

第三章　市场参与人

第七条　市场参与人须为本中心会员，包括：国内外机构、企业、组织和个人（第三方核查机构与结算银行除外），均可参与本中心标的物的交易。

本中心制定会员管理暂行办法，对会员进行监督管理。

第八条　本中心根据标的物交易的特点，对市场参与人的财务状况、相关市场知识水平、投资经验以及诚信记录等进行综合评估，选择适当的市场参与人参与标的物交易。

第九条　市场参与人须在本中心指定结算银行开立资金账户，并向其在本中心申请开立的交易账户存入资金，用以保障成交价款及各项费用的支付。

第十条　市场参与人应妥善保管交易账户和密码，不得将本人的账户提供给他人使用。市场参与人账户下发生的所有行为，均视为市场参与人的自主行为。

第十一条　市场参与人应保证提交的交易账户开户资料真实、有效、准确、完整，并承担相应法律责任。市场参与人应依法纳税和向本中心缴纳交易服务费。

第十二条　因标的物价格的变化、标的物未及时使用或转让等引起的风险和损失，由市场参与人自行承担。

第四章　交易方式

第十三条　本中心采用"协商议价转让"和"定价转让"的混合交易方式。

第十四条　市场参与人进行交易时，应通过本中心交易系统进行申报。申报是指市场参与人提交标的物交易指令的行为。

第十五条　市场参与人申请买入或卖出标的物，其买入或卖出标的物的金额或数量不得超过其交易账户中持有的金额或数量。个人市场参与人持碳量不得超过 100 万吨。

第十六条　市场参与人在本中心申请卖出标的物时，其申请卖出的数量在交易账户中扣减。市场参与人申请挂牌交易的标的物，不得超过其有效期限。

第十七条　市场参与人向本中心交易系统提交申报指令，交易系统收到申报指令后，按规则进行交易。本中心交易系统接受市场参与人的交易申报时，锁定申报卖出的标的物和申报买入标的物的交易价款。达成交易的，本中心交易系统向买方交易账户移交标的物，并将对应价款划转至卖方交易账户。

成交结果以本中心交易系统记录的成交数据为准。

第一节　协商议价转让

第十八条　协商议价转让是指在本中心规定的交易时段内，卖方将标的物通过交易系统申报卖出，买方通过交易系统申报买入，本中心将交易申报排序后进行揭示，交易系统对买卖申报采取单向逐笔配对的协商议价交易方式。

第十九条　协商议价按下列方式进行：

（一）当买入价大于、等于卖出价时配对成交，成交价等于买入价、卖出价和前一成交价三者中居中的一个价格。开盘后第一笔成交的前一成交价为上一交易日的收盘价；

（二）未成交的交易申报可以撤销，撤销指令经交易系统确认后方为有效；

（三）报价被交易系统接受后即刻生效，并在该交易日内一直有效，直到该报价全部成交或被撤销。

第二十条 本中心对标的物实行日议价区间限制，议价幅度比例为10%。超过议价区间的报价为无效报价。

议价区间的最高价格为前一交易日收盘价×（1＋10%），最低价格为前一交易日收盘价×（1－10%）。计算结果按照四舍五入原则取至价格最小变动单位。

日开盘价为该标的物当日第一笔成交价格。日收盘价为交易收盘前最后五笔成交的加权平均价，若当日成交小于五笔时，收盘价为当日所有成交的加权平均价。若当日无成交，收盘价为昨日收盘价。

第二节　定价转让

第二十一条 定价转让分为公开转让和协议转让，由卖方提出申请，经本中心同意后挂牌。

第二十二条 公开转让是指卖方将标的物以某一固定价格在本中心交易系统发布转让信息，在挂牌期限内，接受意向买方买入申报，挂牌期截至后，根据卖方确定的价格优先或者数量优先原则达成交易。单笔挂牌数量不得小于10 000吨二氧化碳当量。

挂牌期截至时，全部意向买方申报总量未超过卖方挂牌总量的，按申报总量成交，未成交部分由卖方撤回；意向买方申报总量超过卖方总量的部分则不予成交。

第二十三条 挂牌期限根据卖方的要求确定，最短不少于1个交易日，最长不超过5个交易日。挂牌期限自挂牌之日起计算，当年度配额挂牌截至日期不得超过该年度配额注销截至日期。

挂牌期限截至，无意向买方报价的终止挂牌。若由卖方申请挂牌延期，经本中心同意后，可以延长挂牌期限。

第二十四条 意向买方报价低于卖方定价的为无效报价。挂牌期限截至前，如选择价格优先成交原则的，意向买方报价后，可修改报价，但不得低于其上一次报价，且不能撤单或修改申报数量；如选择数量优先成交原则的，意向买方可修改申报数量，但不得低于其上一次申报数量，且不能撤单或修改申报价格。

第二十五条 当符合条件的买方产生后，双方履行交付义务，本中心将标的物移交给买方交易账户，将交易价款移交至卖方交易账户。

第二十六条　本中心对公开转让实行价格申报区间限制，限制申报幅度为30%。超过申报区间的报价为无效报价。

价格申报区间的最高价格为签订公开转让协议前一交易日协商议价收盘价×(1＋30%)，最低价格为签订公开转让协议前一交易日协商议价收盘价×(1－30%)。计算结果按照四舍五入原则取至价格最小变动单位。

第二十七条　协议转让是指卖方指定一个或多个买方为交易对手方，买卖双方场外协商确定交易品种、价格及数量，签订协议转让协议，并在交易系统内实施标的物交割的交易方式。

协议转让协议自签订之日起10个工作日内有效，对于超过10个工作日的，交易中心有权拒绝挂牌。

第二十八条　买卖双方应当向本中心提交协议转让协议及相关材料。买卖双方提交的材料符合中心要求的，中心应当予以接受登记，并对买卖双方提交的材料进行形式审核。审核时间不应超过5个工作日。如审核通过，则进入交易和结算程序，如审核不通过，应书面通知买卖双方；如需买卖双方提供补充材料的，应一并告知。买卖双方应自接到该书面通知后5个工作日内提供补充材料，未按期提供补充材料的视为放弃协议转让挂牌。买卖双方应当对其提供的所有材料的真实性、准确性、完整性和合法性负责。

第二十九条　协议转让协议的内容包括但不限于：

（一）转让方和受让方的名称；

（二）交易标的物类型；

（三）交易数量；

（四）交易单价和总价款；

（五）交割时间；

（六）违约责任以及纠纷解决方式。

第三十条　系统成交完成后，双方履行交付义务，本中心将标的物移交给买方交易账户，将交易价款移交至卖方交易账户。

第三十一条　中心对协议转让实行价格申报区间制度，申报幅度比例为30%。超过申报区间的报价为无效报价。

价格申报区间的最高价格为签订协议转让协议前一交易日协商议价转让收盘价×(1＋30%)，最低价格为签订协议转让协议前一交易日协商议价转让收盘价×(1－30%)。计算结果按照四舍五入原则取至价格最小变动单位。

第五章　结算

第三十二条　本中心指定结算银行负责提供交易资金的结算。结算是指本中心根据交易结果和相关细则，通过指定结算银行对市场参与人进行资金清算和划转的流程。

第三十三条　本中心交易采用全额支付结算原则，市场参与人应全额支付对应标的物的价款。

第三十四条　本中心实行当日结算制度。当日交易结束后，本中心对市场参与人的成交价款、交易服务费等款项进行结算。市场参与人可通过本中心交易系统获取相关的结算数据。

第三十五条　市场参与人对于当日结算数据持有异议的，应在 3 个交易日内以书面形式向本中心提出，未在规定时间内提出的，则视作市场参与人认可结算数据。

第三十六条　本中心制定结算管理细则，对结算行为进行监督管理。

第六章　标的物登记管理

第三十七条　市场参与人需将标的物转入或转出交易系统，须通过本中心交易系统提出申请，申请内容包括标的物名称、类型、数量、划转方向等。

第三十八条　本中心对标的物登记数据进行管理；未经本中心同意，任何人不得将本中心数据和资料用于商业目的。

第三十九条　本中心工作人员及知晓相关数据和资料的机构和个人，依法对标的物登记业务有关的数据和资料负有保密义务。

第四十条　因司法机关和碳排放权交易行政主管部门需要查询或冻结相应标的物的，本中心审核其主体身份和相关书面查询文件等法律依据后予以配合。

第四十一条　市场参与人因合并、分立，或因解散、破产、被依法责令关闭等原因丧失交易资格的，应向本中心申请办理销户。

第四十二条　若市场参与人因被采取司法强制措施，导致其市场参与人权利受到限制的，本中心可强制其退出交易。

第四十三条　标的物因司法或行政强制措施，致使市场参与人无法履行交易时，本中心不承担由此产生的任何责任。

第七章　信息披露

第四十四条　本中心披露的信息包括实时交易信息、统计资料、本中心发布的公告信息以及要求披露的其他相关信息。

第四十五条　交易信息包括标的物代码、标的物简称、日起始价、日收盘价、最高价、最低价、最新价、当日累计成交数量、当日累计成交金额、最高五个买入价格和数量、最低五个卖出价格和数量等。

第四十六条　本中心制定交易信息管理办法，对信息披露行为进行监督管理。

第八章　监管与争议处理

第四十七条　本中心对以下情况可以采取暂停交易、特殊处理及特别停牌等监管措施：

（一）连续 3 个交易日日收盘价均达到日议价区间最高或最低价格的，本中心有权于第 4 个交易日 9：30—10：30 对该标的物暂停交易，并发布警示公告；

（二）连续 20 个交易日（D1—D20）内累计有 6 个交易日收盘价均达到日议价区间最高价或最低价，且第 20 个交易日（D20）相比第 1 个交易日（D1）收盘价涨跌幅达到或超过 30% 的，本中心对该标的物进行特殊处理；

特殊处理期为 20 个交易日。特殊处理的标的物在其名称前用"＊"加以标注，其议价幅度比例调整为 ± 5%。

如特殊处理期结束当日的收盘价较连续 20 个交易日（D1—D20）的第 1 个交易日（D1）收盘价涨跌幅达到或超过 30% 的，继续进行特殊处理；否则，从特殊处理之日起第 21 个交易日取消特殊处理。

（三）本中心可以对特殊处理的标的物和价格异常波动的标的物实施特别停牌处理。

因上述监管措施造成的损失，本中心不承担责任。

第四十八条　为防范市场风险，本中心可以采取包括但不限于调整标的物日议价区间限制幅度、限制出入金等风险控制措施。本中心制定风险控制管理办法，对风险管理制度作出具体规定。

第四十九条　本中心有权对市场参与人的交易行为进行监督管理，市场参与人应接受本中心的监督管理。

第五十条　本中心对交易账户的相关情况进行监督。市场参与人在账户开立和使用过程中存在违规行为的，本中心可对违规市场参与人的账户采取限制使用等处置措施。因违反本办法被取消交易资格的，不再享有交易权，其标的物应限期退出或转让。

第五十一条　市场参与人严重违反本规则及相关细则的，本中心有权要求其做出改正，并采取暂停其交易资格、限制交易、取消交易资格等措施。由此造成的后果及损失由违规方承担。

第五十二条　市场参与人在交易过程中对本中心行为存在异议的，应向本中心提出书面异议，本中心在接到书面异议后 15 个交易日内予以答复，根据实际状况采取相应处理措施。

第五十三条　本中心有权对违反本中心相关规定的市场参与人进行处置。对处置有异议的，可以自接到处置通知之日起 15 个交易日内向本中心申请复核。复核期间不停止相关处置的执行。

第五十四条　市场参与人与本中心之间发生纠纷时，可以协商解决。协商不成的，可以依法向武汉仲裁委员会申请仲裁。

第五十五条　本中心制定违约违规处理办法，并按照其规定对违约违规行为进行处理。

第九章　附　则

第五十六条　发生下列情况之一，导致部分或全部交易不能进行的，本中心可以采取技术性暂停交易措施，并予以公告：

（一）因地震、水灾、火灾等不可抗力的；

（二）因国家政策、法律法规调整的；

（三）技术故障及意外突发事件；

（四）交易系统被非法侵入等；

（五）其他不可归责于本中心的原因导致交易无法正常进行的；

（六）本中心认定的其他情况。

因上述原因引起交易信息传输发生异常或者中断而造成的任何损失，本中心不承担责任。导致技术性暂停交易措施的原因消失时，本中心及时恢复交易，并予以公告。

第五十七条　技术性暂停前交易系统已经达成的交易结果有效。因不可抗力、意外事件、交易系统被非法侵入等原因导致本中心无法采取技术性暂停措施的，本中心可以认定交易结果无效。

第五十八条　因市场参与人的网络服务系统、设备等发生故障，影响市场参与人交易的，本中心不承担任何责任。

第五十九条　本规则所述时间，以本中心交易系统的时间为准。

第六十条　本规则由湖北碳排放权交易中心负责解释和修订。因法律、法规、政策调整等因素需修改本规则时，本中心按调整后的法律、法规、政策进行修改。市场参与人承诺遵守修改后的规则，并不得因此要求本中心承担任何法律责任。

第六十一条　本规则自公布之日起施行。

本规则部分名词解释：

温室气体：指大气中能吸收地面反射的太阳辐射，并重新发射辐射的气体。目前，《京都议定书》要求控制的六种温室气体包括二氧化碳（CO_2）、氧化亚氮（N_2O）、甲烷（CH_4）、氢氟碳化物（HFCs）、全氟碳化物（PFCs）和六氟化硫（SF_6）。

碳排放权：指为控制温室气体排放总量，政府通过无偿或有偿形式赋予排放主体向大气排放温室气体的权利。当前，主管部门确定的湖北省碳排放权仅指二氧化碳（CO_2）一种温室气体的排放权利。

配额：指通过设置区域或行业的温室气体排放总量上限，对纳入温室气体减排考核体系的企业分配一定数量单位的排放权。湖北省碳排放配额是指经省相关行政主管部门核定、发放，并允许纳入考核体系的企业在特定时段内排放二氧化碳的数量，单位以"吨二氧化碳当量（tCO_2e）"计。

核证自愿减排量：由相关行政主管部门委托第三方核查机构，对因项目（或设备）在生产过程中吸收、减少的温室气体的数量进行核查、测算，并对吸收或减少的温室气体的量予以签发认证，称为"核证自愿减排量"，单位以"吨二氧化碳当量"计。其中，国家发改委签发的项目减排量称为"中国核证自愿减排量"，湖北省发改委签发的项目减排量称为"湖北核证自愿减排量"。

二氧化碳当量：是指用作比较不同温室气体排放的量度单位。为了统一度量整体温室效应之结果，规定以二氧化碳当量（carbon dioxide equivalent）为度量温室效应的基本单位。

行政主管部门：根据《湖北省碳排放权管理和交易暂行办法》，目前湖北省碳排放权交易的行政主管部门是湖北省发展和改革委员会。

指定结算银行：指为本中心市场参与人进行碳排放权交易资金清算、结算、划转，提供相关金融服务、并得到本中心认可的银行。

技术故障：指不可归责于本中心的软件系统故障、硬件及服务器故障、网络设施故障、电力中断、系统安全故障等。

意外突发事件：指自然灾害，包括但不限于台风、地震、海啸、暴雪、日凌、洪涝灾害；重大公共卫生事件，包括但不限于传染病疫情、群体性不明原因疾病、食品安全事件以及其他严重影响公众健康和生命安全的事件；社会安全事件，包括但不限于恐怖袭击事件、经济安全事件、涉外突发事件以及其他严重影响公共安全的事件。

本规则所称"超过""低于""不足"不含本数，"达到""以上""以下"含本数。

参 考 文 献

[1] Lamport L. Time, Clocks and the Ordering of Events in a Distributed System[J]. Communications of the ACM, 1978, 21(7): 558-565.

[2] Pease M, Shostak R, Lamport L. Reaching Agreement in the Presence of Faults[J]. Journal of the ACM, 1980, 27(2): 228-234.

[3] Lamport L. The Part-time parliament [J]. ACM Transactions on Computer Systems, 1998, 16(2): 133-169.

[4] Castro M, Liskov B. Practical Byzantine Fault Tolerance and Proactive Recovery [J]. ACM Transactions on Computer Systems, 2002, 20(4): 398-461.

[5] Squarepants S. Bitcoin: A Peer-to-Peer Electronic Cash System[J]. SSRN Electronic Journal, 2022, doi:10.2139/ssrn.3977007.

[6] Back A, Corallo M, Dashjr L. Enabling Blockchain Innovations with Pegged Sidechains. In: Proc. of the URL, 2014.

[7] Joseph P, Thaddeus D, The Bitcoin Lightning Network: Scalable Off-Chain Instant Payments [DB/OL], lightning-network-presentation-time-2015-07-06.pdf.

[8] Gentry C, Halev S. Implementing Gentry's Fully-Homomorphic Encryption Scheme [C]. Annual International Conference on the Theory and Applications of Cryptographic Techniques. Springer, Berlin, Heidelberg, 2011.

[9] López A Adriana, Tromer E, Vaikuntanathan V. On-the-fly Multiparty Computation on the Cloud via Multikey Fully Homomorphic Encryption [C]. Forty-fourth ACM Symposium on Theory of Computing, 2012.

[10] Miers I, Christina G, Matthew G, et al. Zerocoin: Anonymous Distributed E-Cash from Bitcoin[J]. IEEE Symposium on Security and

Privacy, 2013: 397-411.

[11] Reid F, Harrigan M. An Analysis of Anonymity in the Bitcoin System [C]. 2011 IEEE Third International Conference on Social Computing, 2012.

[12] Bhargavan K, Swamy N, Santiago Zanella-Béguelin, et al. Formal Verification of Smart Contracts: Short Paper[C]. Acm Workshop. ACM, 2016.

[13] Sompolinsky Y, Zohar A. Secure High-rate Transaction Processing in Bitcoin[C]. Proc. Int. Conference Financial Cryptogr. Data Secur. (FC). Springer, 2015: 507-527.

[14] Li C X, Li P L, Zhou D, et al. Scaling Nakamoto Consensus to Thousands of Transactions per Second[J]. arXiv. 1805. 03870, 2018. DOI:10.48550.

[15] Zhang Z X. Why Did the Energy Intensity Fall in China's Industrial Sector in the 1990s? The Relative Importance of Structural Change and Intensity Change. [J]. Energy Economics, 2003, 25(6): 625-638.

[16] Zhang Z X. Climate Commitments to 2050: A Roadmap for China [C]. Special topic for the Copenhagen Climate Talks. East-West Dialogue, 2009(4).

[17] Zhang Z X. China in the Transition to a Low-Carbon Economy[J]. Energy Policy, 2010, (11): 6638-6653.

[18] Zhang Z X. The U.S. Proposed Carbon Tariffs, WTO Scrutiny and China's Responses[J]. International Economics and Economic Policy, 2010, 7(2-3): 203-225.

[19] Auffhammer M. Energy and Environmental Policy in China: Towards a Low-Carbon Economy [J]. The Energy Journal, 2014, 35(3): 183-184.

[20] Zhang Z X. In What Format and under What Timeframe Would China Take on Climate Commitments? A Roadmap to 2050 [J]. International Environmental Agreements: Politics, Law and Economics, 2011, 11(3): 245-259.

[21] Zhang Z X. Assessing China's Carbon Intensity Pledge for 2020:

Stringency and Credibility Issues and their Implications [J]. Environmental Economics and Policy Studies, 2011, 13(3): 219-235.

[22] Zhang Z X. Energy Prices, Subsidies and Resource Tax Reform in China[J]. Asia and the Pacific Policy Studies, 2014, 1(3): 439-454.

[23] Zhang Z X. Crossing the River by Feeling the Stones: The Case of Carbon Trading in China[J]. Environmental Economics and Policy Studies, 2015, 17(2): 263-297.

[24] Zhang Z X. Carbon Emissions Trading in China: The Evolution from Pilots to a Nationwide Scheme[J]. Climate Policy, 2015b (15): S104-S126.

[25] Zhang Z X. Some Reflections of the National Perspectives for Carbon Price[A]. In the former Mexican President Ernesto Zedillo (Ed.), Proceedings of the International Conference on Global Harmonized Carbon Pricing: Looking Beyond Paris, Center for the Study of Globalization, Yale University, 2015, 5(27-28): 8-15.

[26] Zhang Z X. Policies and Measures to Transform China into a Low carbon Economy[A]. In Ligang Song, Ross Garnaut, Cai Fang, et al (Ed.), China's New Sources of Economic Growth: Reform, Resources and Climate Change, Australian National University Press and Social Sciences Academic Press, 2016: 397-418.

[27] Zhang Z X. Vital Steps toward a Greener China[N]. China Daily, 2016-10-23.

[28] 贺海武,延安,陈泽华.基于区块链的智能合约技术与应用综述[J].计算机研究与发展,2018,55(11):2452-2466.

[29] 陈伟利,郑子彬.区块链数据分析:现状、趋势与挑战[J].计算机研究与发展,2018,55(9):1853-1870.

[30] 高峰,毛洪亮,吴震,等.轻量级比特币交易溯源机制[J].计算机学报,2018,41(5):989-1004.

[31] 邵佩英.分布式数据库系统及其应用[M].2版.北京:科学出版社,2005.

[32] 斯雪明,徐蜜雪,苑超.区块链安全研究综述[J].密码学报,2018,5(5):458-469.

[33] 李芳,李卓然,赵赫.区块链跨链技术进展研究[J].软件学报,2019,

30(6):1649-1660.

[34] 潘晨,刘志强,刘振,等.区块链可扩展性研究:问题与方法[J].计算机研究与发展,2018,55(10):2099-2110.

[35] 韩璇,袁勇,王飞跃.区块链安全问题:研究现状与展望[J].自动化学报,2019,45(1):206-225.

[36] 袁勇,倪晓春,曾帅,等.区块链共识算法的发展现状与展望[J].自动化学报,2018,44(11):2011-2022.

[37] 祝烈煌,高峰,沈蒙,等.区块链隐私保护研究综述[J].计算机研究与发展,2017,54(10):2170-2186.

[38] 陈潇君,金玲,雷宇,等.大气环境约束下的中国煤炭消费总量控制研究[J].中国环境管理,2015(5):42-49.

[39] 柴发合,薛志钢,支国瑞,等.农村居民散煤燃烧污染综合治理对策[J].环境保护,2016(6):15-19.

[40] 关保英.行政处罚中行政相对人违法行为制止研究[J].现代法学,2016(6):33-44.

[41] 郭丕斌,周喜君,李丹,等.煤炭资源型经济转型的困境与出路:基于能源技术创新视角的分析[J].中国软科学,2013(7):39-46.

[42] 蓝虹,刘朝晖.PPP 创新模式:PPP 环保产业基金[J].环境保护,2015(2):38-43.

[43] 李增林.我国散煤治理现状及措施[J].煤炭加工与综合利用,2017(1):4-6+14.

[44] 刘卫平.我国环境污染第三方治理产业投资基金建设路径探讨[J].环境保护,2014(20):23-27.

[45] 陆雅静,王辉,鲍晓磊,等.石家庄市 2005—2012 年环境空气质量变化及影响因素分析[J].河北工业科技,2014(5):401-406.

[46] 罗宏,张保留,吕连宏,等.基于大气污染控制的中国煤炭消费总量控制方案初步研究[J].气候变化研究进展,2016(3):172-178.

[47] 马骏.国际绿色金融发展与案例研究[M].北京:中国金融出版社,2017.

[48] 万志宏,曾刚.国际绿色债券市场:现状、经验与启示[J].金融论坛,2016(2):39-45.

[49] 魏国强,崔桂芳,宋艳彬.京津冀各地散煤治理经验探析[J].环境保护,2016(6):28-34.

［50］魏星.煤燃烧和机动车排放对空气质量的影响［D］.复旦大学硕士学位论文,2011.

［51］魏静娴,高舸帆.区块链智能合约法律问题研究——以 The DAO 事件为例［J］.法制与社会,2018(15):44-45.

［52］宋国君.环境政策分析［M］.北京:化学工业出版社,2008.

［53］宋国君,金书秦,冯时.论环境政策评估的一般模式［J］.环境污染与防治,2011,33(5):100-106.

［54］宋国君,马中,姜妮.环境政策评估及对中国环境保护的意义［J］.环境保护,2003(12):34-37+57.

［55］徐春草.我国绿色保险的现状问题与未来发展［J］.中国商论,2016(18):12-13.

［56］许光清,董小琦.基于合作博弈模型的京津冀散煤治理研究［J］.经济问题,2017(2):46-50.

［57］杨念.我国产业投资基金投资方向研究［J］.武汉金融,2013(1):36-37.

［58］易爱华,丁峰,胡翠娟,等.我国燃煤大气污染控制历程及影响分析［J］.生态经济,2014(8):173-176.

［59］余熙.我国煤炭总量控制对关联产业的影响［J］.常州大学学报(社会科学版),2016(6):57-62.

［60］喻辉,张宗洋,刘建伟.比特币区块链扩容技术研究［J］.计算机研究与发展,2017,54(10):2390-2403.

［61］袁家海,徐燕,雷祺.电力行业煤炭消费总量控制方案和政策研究［J］.中国能源,2015(3):11-17.

［62］张伟,王金南,蒋洪强,等.《大气污染防治行动计划》实施对经济与环境的潜在影响［J］.环境科学研究,2015(1):1-7.

［63］张有生,苏铭.严守资源环境红线 控制煤炭消费总量［J］.宏观经济管理,2015(1):43-47.

［64］张军,王圣.我国煤炭消费总量控制政策阶段分析及思考［J］.环境保护,2017(7):44-46.

［65］中国煤控项目.中国煤炭消费总量控制规划研究报告［R］."建言十三五·中国煤控规划研究"国际研讨会,2015-11.

［66］张泽宇.比特币运行原理和金融属性研究［J］.全国流通经济,2018(16):69-71.

图书在版编目（CIP）数据

区块链在碳排放权交易中的应用与金融支持研究/牛淑珍，曹爱红著.—上海：复旦大学出版社,2024. 8
ISBN 978-7-309-17044-3

Ⅰ.①区…　Ⅱ.①牛…②曹…　Ⅲ.①区块链技术-应用-二氧化碳-排污交易-金融支持-研究
Ⅳ.①X511②F831.0

中国国家版本馆 CIP 数据核字(2023)第 235614 号

区块链在碳排放权交易中的应用与金融支持研究
牛淑珍　曹爱红　著
责任编辑/姜作达

复旦大学出版社有限公司出版发行
上海市国权路 579 号　邮编：200433
网址：fupnet@fudanpress.com　http://www.fudanpress.com
门市零售：86-21-65102580　团体订购：86-21-65104505
出版部电话：86-21-65642845
江苏凤凰数码印务有限公司

开本 787 毫米×960 毫米　1/16　印张 18.25　字数 308 千字
2024 年 8 月第 1 版
2024 年 8 月第 1 版第 1 次印刷

ISBN 978-7-309-17044-3/F・3018
定价：72.00 元